嵌入式软件设计之思想与方法

张邦术 编著

北京航空航天大学出版社

内容简介

本书从教学的角度出发，全面讨论了嵌入式软件设计的思想与方法。在编排上循序渐进，从基础准备，到驱动模型，再深入到整个系统及系统的构建。在讲解上通过建立模型来帮助读者系统掌握嵌入式软件设计的普遍原理与编程接口。内容包括：高效、稳定和规范的程序基础，多任务环境，I/O 系统的内部结构，驱动模型，BSP 设计要素，嵌入式软件设计的经验技巧；在硬件基础方面讨论了总线与设备的模型，基于 MIPS 和 ARM SoC 在多个系统平台 VxWorks、Linux 及 WinCE 下的系统资源的操控。

本书可作为在校学生学习嵌入式软件设计原理的教学参考用书，也可作为嵌入式软件开发工程人员深入掌握系统软件设计的指南，以及嵌入式软件培训的参考教材。

图书在版编目(CIP)数据

嵌入式软件设计之思想与方法/张邦术编著. —北京：
北京航空航天大学出版社，2009.1
ISBN 978-7-81124-420-5

Ⅰ. 嵌⋯　Ⅱ. 张⋯　Ⅲ. 软件设计　Ⅳ. TP311.5

中国版本图书馆 CIP 数据核字(2008)第 159679 号

© 2009，北京航空航天大学出版社，版权所有。
未经本书出版者书面许可，任何单位和个人不得以任何形式或手段复制本书内容。
侵权必究。

嵌入式软件设计之思想与方法

张邦术　编著

责任编辑　史海文　杨　波

*

北京航空航天大学出版社出版发行

北京市海淀区学院路 37 号(100191)　发行部电话：010-82317024　传真：010-82328026
http://www.buaapress.com.cn　E-mail:emsbook@gmail.com
涿州市新华印刷有限公司印装　各地书店经销

开本：787 mm×960 mm　1/16　印张：18.25　字数：409 千字
2009 年 1 月第 1 版　2009 年 1 月第 1 次印刷　印数：5 000 册
ISBN 978-7-81124-420-5　定价：32.00 元

前　言

　　硬件技术的飞速发展,使硬件的性能显著提高,并且成本极速降低。微处理器已经深入到人们生活和生产的各个领域,各种产品和设备都逐渐增加了复杂的智能化功能,使得消费类电子产品、个人媒体产品、个人数字助理以及工业控制等领域得以快速发展。随着这些产品的高度智能化和复杂化,嵌入式软件的需求得到迅猛发展。从单片机的控制软件,到功能强大的多任务实时操作系统平台,产品的智能化程度越来越高,易用性越来越好,嵌入式软件及其应用领域越来越广泛,从而对嵌入式软件的要求也变得越来越复杂。

　　本书旨在为嵌入式软件开发爱好者提供一个入门的引导。面对复杂的嵌入式系统软件,作为一位初学者,如何清楚把握嵌入式软件的设计对象与目标,如何寻找一个很好的切入点,尽快参与到嵌入式软件的设计当中,对于这些问题,希望通过本书的讲解,能够为读者提供一些有益的启示。

　　笔者多年来一直在嵌入式软件领域从事实际项目的开发工作,出于对软件设计的执著与偏爱,笔者把这些年从事嵌入式软件设计的经验点滴整理出来,与更多的嵌入式软件设计爱好者分享。目前,尽管介绍嵌入式软件设计方面的书籍较多,但全面、系统地讨论如何从头开始设计嵌入式系统软件的书籍却很少。很多嵌入式软件设计方面的书籍都是一些诸如百科全书的参考手册,由于体系过于庞大,或讨论过于专业,初学者很难在短时间内把握其中有用的部分,因而更难将庞大体系里各书籍中的精华串到一起,而本书正是这些书籍精华的一种提炼。本书以讲述的方式,深入剖析嵌入式系统软件设计的各个层面,以及设计实践中的各个关键之事,以帮助读者轻松地领会嵌入式软件设计的方法,掌握嵌入式软件的核心架构。

　　书中通过对嵌入式系统的分解,重点讲述嵌入式系统软件的层次结构。通过对目前多个主流系统(VxWorks,Linux,WinCE)内核进行深入浅出的剖析与对比,帮助读者建立起正确的驱动设计模型;通过对不同硬件平台(MIPS,ARM)所开发的板级支持包(BSP)的深入讨论,帮助读者掌握硬件适配层(OAL)设计的核心概念,使读者清楚理解系统环境的上下文,前因后果,从而更好地把握各个软件模块设计的分界与接口,把握设计的对象与目标,在设计中做到心中有数,目标明确,从而更好、更快地解决问题。

　　要想成为一名成功的嵌入式软件程序员,程序的设计能力是首要的技能。如何打好程序设计基础,如何编写工程化的程序,如何在设计中与团队协作开发、在后续开发中有效地升级

前言

与维护,如何编写规范的文档等,这些都是工程化软件设计中非常关键的环节,本书花费大量篇幅进行介绍,以帮助读者提高程序设计能力。

书中从各种复杂的软件系统中抽象出驱动模型和板级支持包的设计模型;对于硬件基础,也通过模型化的方法讲述了总线的一般概念与作用,抽象出输入/输出设备的模型。通过这些模型化的讲解,便于读者掌握嵌入式软件设计的目标与内容,从而提高软件设计能力。

1. 读者对象

本书的读者对象为嵌入式程序设计的初学者,本书也可作为大中专学生学习嵌入式软件设计的入门参考。对于那些已从事嵌入式软件设计一段时间,但是在设计实践中感觉力不从心,需要全面掌握嵌入式软件设计内容与目标,掌握一些新的技巧与方法的读者,相信本书将会起到良师益友的作用。

本书也可以作为嵌入式软件培训的教材。

2. 题材与组织

本书共分为四篇,其中第一篇着重讨论作为一名优秀的嵌入式软件设计人员所必备的知识和技能。需要说明的是:限于时间和精力,本书没能全面囊括嵌入式软件设计的所有知识点和技术面,但希望本书能让读者掌握基本的框架,使读者在今后的学习和工作实践中,更好地结合优秀读物和参考资料,不断学习和实践,从而提高自身的软件设计能力和水平。

(1) 基础方法篇

第一篇包含三部分内容:程序基础、多任务系统和硬件基础。要想成为一名优秀的嵌入式软件设计人员,概括地讲,需要熟练掌握以下 4 方面的知识技能:

- 程序基础;
- 操作系统原理;
- 硬件知识;
- 调试能力与学习能力。

在此篇中,简要分析了嵌入式软件设计的特殊性及其要求,讨论接口、代码及文档的要求规范,通过各种例证,以点带面,引导读者一步步设计出高性能、稳定可靠、维护性强和可读性好的嵌入式程序。

在"多任务操作系统"一章中,着重讨论了与嵌入式软件设计相关的多任务环境、模块间同步与通信协同、驱动设计以及动态库设计中可重入性等问题。为了避免重复,与驱动设计密切相关的 I/O 系统则放在驱动模型一章中详细讨论。与其他书籍不同,本书没有展开那些与嵌入式软件设计关系不大的内核机制,例如进度调度、内存管理的实现等,除非在涉及操作系统核心开发时才有所展开。在讨论多任务话题时,本书也是从程序实现的角度来分析系统需求以及软件的实现,而不单从理论上加以分析。去除了那些既复杂,又与 OEM 硬件平台开发不相关的内容,增加了实践中的理论相关性,使本书非常简明、实用。

在"硬件基础"一章中简要地讨论了 MIPS 和 ARM 的汇编程序设计基础,以及与板级支持包(BSP)开发紧密相关的 CPU 中断与异常的处理。通过对 MIPS 与 ARM 两种 RISC 架构内部机制的比较,帮助读者理解硬件的工作机制,以及软件与硬件交互所要实现的任务。

除此之外,还简要地分析作为硬件设备基础的总线模型,并通过两种常用的总线 I^2C 和 PCI 的相关例子,帮助读者学习和理解总线协议。总线是设备的命脉,设备通过总线传达信息,交互数据。理解了这些原理和硬件的工作行为后,就能做到在驱动实现和板级支持包的开发中得心应手,游刃有余。

对于嵌入式软件开发的工具包,以及一些软件的调试技能和技巧,由于篇幅所限,在此未作讨论,将在后续的版本中不断丰富和完善。

(2) 驱动模型篇

在第二篇中深入讨论了嵌入式软件设计中重要任务之一的驱动程序的模型架构。从抽象、一般的概念到多个实际嵌入式操作系统的驱动架构的分析,读者可以深入学习驱动设计的层次模型,清晰地掌握驱动设计过程中各种接口及其相互关系,从而准确地把握各个模块的设计任务。

第二篇从第 4 章到第 7 章,共分 4 章,第 4 章讨论驱动的通用模型,从驱动的层次结构,驱动与应用及与系统的交互,驱动种类,驱动的系统初始化、挂接以及内部实现例程的各种接口来讨论驱动设计的一般概念。

后面三章分别就前一章所讨论的一般概念,结合 VxWorks、Linux 和 WinCE 等实际操作系统,深入分析 I/O 系统的内部运行机制、内部数据结构、应用程序打开、关闭设备文件以及进行各种读、写、控制操作所关联的驱动实现,并通过一个简单的例子,介绍如何编写一个完整、复杂的驱动程序。

(3) BSP/OAL 篇

第三篇是板级支持包(BSP)的开发。板级支持包的开发比驱动的开发更复杂,涉及的问题更多,要求的知识更专业。从编排上将这一更复杂的系统驱动放在第三部分,体现了由易到难的编排方式。本篇从中断、异常、硬件 I/O 访问等核心要素,讲解如何设计硬件适配层的支持软件包,详细讨论了中断处理的完整架构,异常处理的向量表安装和分发机理,并通过大量例子说明如何进行实际代码实现。

(4) 扩展篇

作为本书的结尾篇"扩展篇",进一步介绍了作者在嵌入式软件设计中的一些心得体会。另外,再次讨论作为软件表现形式——"程序"的内部结构。深入理解程序的内部结构是开发板级支持包以及开发系统程序的核心基础。

本书虽然在最后一章才提到思想,事实上,前面的章节都通过嵌入式软件开发的实践阐述了嵌入式软件设计的方法与设计理念,从而将嵌入式软件的设计思想贯穿于全书之中。

本书通过实际例子,从驱动模型和操作系统底层设计模型来讲述嵌入式软件设计的一般原理与方法。在体系的安排上也采用循序渐进、由简到难的方式。虽然本书不能作为某个平台开发的完整参考，但是对每个问题的讨论，都力求深入、完整。

3. 如何理解本书内容

对于驱动的开发，本书不是针对一些特定设备讨论具体的驱动编程开发，而是讲述驱动开发必备的知识与技能，其逻辑关系如图0-1所示。

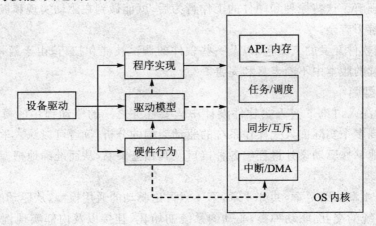

图 0-1 设备驱动开发的知识与技能

同样，对于BSP，本书也讲述了所有必需的知识与技能，其逻辑关系如图0-2所示。

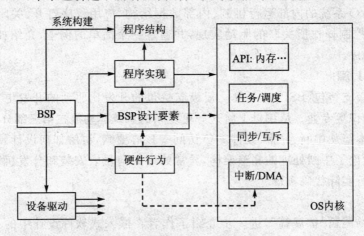

图 0-2 BSP开发的知识与技能

这些内容的选材与组织编排体现了本书"思想与方法"的宗旨。本书详细地讨论所有这些相关知识与技能的各个方面，着重从能力方面培养读者设计嵌入式系统软件的各个部件乃至整个嵌入式产品。

前言

为何要谈思想与方法？生活中这样的例证很多，若做一件事情不得法或不得要领，往往收效甚微。嵌入式软件是一项复杂的设计工作，如果方法不当，往往顾此失彼，或只见树木，不见森林。本书之所以谓之为思想与方法，是因为从一个程序员的角度来看问题，力求讲清楚问题的实质，从整体到局部，从个性到共性，从理论到实践，都有比较深入的讨论。

历史上曾经有一位射影几何学大师帕斯卡，在研究圈圈棒棒的过程中，于16岁就发表了射影几何中最重要的定理之一——帕斯卡定理。以下摘引一个"圈圈棒棒非欧几何"的典故(http://www.6edu.org.cn/news/ReadNews.asp？NewsID=6518)，以提起读者兴趣。

帕斯卡的神秘六边形

差不多与笛沙格同时，对射影几何作出重要贡献的是数学天才帕斯卡。1623年，他出生在法国克勒芒，小时候虽体弱多病，却很早就显出非凡的数学才能。父亲不让小帕斯卡过早接触数学，怕过度紧张的思考损害他的健康，将所有的数学书籍都藏起来。

严格的禁令反而激发了小帕斯卡的好奇心，12岁时他问父亲："几何学究竟是什么？"

父亲回答说："几何学是一门提供正确作图，并找出各图形之间存在的关系的学科。"说完，马上强调以后再不能谈论数学问题了。

然而帕斯卡听了父亲的谈话后，激动的心情不能自已。他自立定义，把欧氏几何中的线段叫"棒棒"，圆叫"圈圈"，整日迷恋着棒棒和圈圈组成的图形。当父亲知道他自行证明，独立地发现了三角形的内角和定理时，不禁惊喜交加，叹服他的几何才能，从此不再阻止他学习数学了，还送给他一部《几何原本》。

从14岁起，帕斯卡经常随父亲参加巴黎一群数学家的每周聚会(法国科学院就是从这发展起来的)，耳濡目染，使帕斯卡在科学之路上迅速成长。1639年，当笛沙格构造的射影空间遭非议、受排斥时，只有帕斯卡为其新思想所吸引。他用笛沙格的射影观点研究圆锥曲线，得到许多令人欣喜的新发现。

1640年，16岁的帕斯卡发表了《试论圆锥曲线》的8页论文，文中包含了3条定义，3个推理和一些定理。其中一个定理被认为是射影几何中最重要的定理："圆锥曲线的内接六边形，延长相对的边得到3个交点，这3点必共线"。该定理命名为帕斯卡定理，定理中的六边形叫做"神秘六边形"。据说帕斯卡从这个定理导出了400多条推论。帕斯卡定理向人们展示了射影几何深刻、优美的直观魅力，其宏伟壮观的气势令人惊叹！

作为笛卡儿的学生，在解析法风靡一时，同时代人都不愿意接受射影观点的潮流下，帕斯卡独树一帜，用纯几何的方法发现了神秘六边形，取得了自古希腊阿波罗尼斯以来研究圆锥曲线的最佳成果，为射影几何大厦奠定了基石。帕斯卡的精神难能可贵。据说笛卡儿读了他的著作后大为叹服，竟不相信是出自己的学生，一位16岁少年之手。

从上面这个例子中可以看出，一旦对于系统设计的原理有了深刻的掌握，对于某一个模块的设计有了系统、完整的实现，那么对于其他系统或模块的设计就会触类旁通，以至于凭直觉就可以推想在一个未知领域应该如何设计，而不在于它的形式上是"棒棒"还是"直线"，是 Vx-

前 言

Works 还是 WinCE，其实质都是一样的。

本书重在讲解嵌入式操作系统软件设计的一些原理和方法。讨论思想虽然是一个哲学的范畴，而不是设计的问题。但一个软件产品的设计好坏，归根结底是在于一个人的品性，一个人的品性决定一个人能够把任何事情做到什么样的水平。所以在设计实践中，除了要学习专业知识，培养专业技能，更多地，还要培养自己认真负责的态度，锻炼程序设计的意志！中国有句"宝剑锋从磨砺出，梅花香自苦寒来"的名言。程序的设计、嵌入式软件的设计、操作系统原理的理解以及对总线协议的理解，都需要设计人员艰苦的劳动。

4. 感 谢

首先要感谢我读研究生时的导师谢文楷教授，笔者的成长离不开导师的指导和辛勤的培育。在我的研究生学习和研究生涯中，导师不但教给我学习和研究的方法，更教育了我应该如何做人，如何在人生道路上去接受挑战，如何去面对挫折。导师宽广的胸怀，诲人不倦的风格，严谨的学术作风，深刻地影响着我以后的学习和工作，也体现了本书的精神与实质。

感谢我的母校电子科技大学，云阳师范学校！歧阳小学！谨以此书献给培育我成长的所有母校。感谢我的中学数学老师邓世文、李必信，他们在数学思维方面对我的影响极其深刻和重要。感谢我的启蒙老师刘丙章老师！感谢泰克(Tektronix)科技的 Michael Flaherty 和 Jeff Yost 对我工作的帮助与支持。

感谢北京航空航天大学出版社马广云博士、胡晓柏主任对本书的支持与关怀，他们的耐心鼓励与支持，使得本书才能够成功问世。非常感谢本书的编辑史海文先生，史先生认真地阅读了书稿，从书中的错字、别字、语句表达，到专业知识的理论与术语都提出了细致的修改和指导意见。

感谢我的家人、父母、兄弟姐妹张定寿、张邦松、张淑琼、刘文宣、陈瑶、张毅祥、刘仁芳和张佳婉，是父母和家人培育了我的智慧，激发了我工作中的灵感，锻炼了我坚韧顽强的品性！感谢我的朋友刘滢、方荣、戴慰如、贾如和卓志伟对本书直接和间接的帮助与启发！

感谢我的同事，联想集团的万长青、刘洪、郭建军、李建辉、黄平、柴治；泰鼎多媒体的薛强、张立人、唐国峰、Simon Hong、汪永宁；杰得微电子总裁欧阳合博士、张泉、杨海；微开半导体的技术总裁艾保罗(Paul van der AREND)先生、李文华总经理、徐世彰(Ray Hsu)、管华亮等。同事永远是学习和工作中的良师益友。

限于笔者水平有限，加之时间仓促，错误不当之处，诚望读者批评指正，联系方式是E-mail：MOL@263.NET。

目 录

第一篇 基础方法篇

第1章 程序基础

1.1 设计高性能程序的必要性 ………………………………………………… 3
   1.1.1 设计高性能程序的必要性 ……………………………………… 3
   1.1.2 嵌入式软件的设计范畴 ………………………………………… 3
   1.1.3 嵌入式软件的分层结构 ………………………………………… 6
1.2 嵌入式软件的程序设计要求 ……………………………………………… 8
   1.2.1 代码结果的要求 ………………………………………………… 9
   1.2.2 代码形式的要求 ………………………………………………… 10
1.3 嵌入式软件开发的基本思路和原则 ……………………………………… 10
   1.3.1 系统分析,定义接口 ……………………………………………… 11
   1.3.2 函数实现,优化算法 ……………………………………………… 12
   1.3.3 清理代码,补充注释 ……………………………………………… 14
   1.3.4 测试修订,完善文档 ……………………………………………… 14
1.4 程序实例剖析 ……………………………………………………………… 14
   1.4.1 正确理解栈 ……………………………………………………… 14
   1.4.2 内存泄漏 ………………………………………………………… 18
   1.4.3 消除编译依赖 …………………………………………………… 18
   1.4.4 消除潜在隐患 …………………………………………………… 20
   1.4.5 规范实现范例 …………………………………………………… 21
   1.4.6 性能优化 ………………………………………………………… 23
1.5 程序设计其他注意点 ……………………………………………………… 30

目录

    1.5.1 谨慎使用"宏" ········· 30
    1.5.2 正确理解预定义宏 ········· 34
    1.5.3 避免歧义 ········· 37

第 2 章 多任务操作系统

2.1 板级支持包 ········· 40
2.2 嵌入式操作系统与实时性 ········· 40
    2.2.1 嵌入式操作系统 ········· 41
    2.2.2 实时操作系统 ········· 42
2.3 多任务概述 ········· 42
    2.3.1 进程、线程与任务 ········· 43
    2.3.2 何时需要多任务 ········· 44
    2.3.3 任务状态的转换 ········· 50
    2.3.4 进程调度与调试算法 ········· 51
    2.3.5 任务相关的 API ········· 51
2.4 进程间共享代码与可重入性 ········· 53
    2.4.1 共享代码 ········· 53
    2.4.2 共享代码可重入性问题 ········· 53
    2.4.3 使用私有数据 ········· 55
    2.4.4 使用临界区数据 ········· 57
2.5 线程间通信 ········· 57
    2.5.1 共享数据结构 ········· 57
    2.5.2 互 斥 ········· 59
    2.5.3 信号量 ········· 60
    2.5.4 临界区与信号量的实现实例 ········· 63

第 3 章 硬件基础

3.1 ARM ········· 74
    3.1.1 ARM 编程模式 ········· 75
    3.1.2 ARM 指令概述 ········· 78
    3.1.3 ARM 异常及处理 ········· 80
3.2 MIPS ········· 86
    3.2.1 MIPS 编程模式 ········· 87
    3.2.2 MIPS 指令概述 ········· 90

3.2.3　MIPS 中断与异常 ················· 95
3.3　接口基础 ···························· 98
　　3.3.1　总线概述 ····················· 99
　　3.3.2　I²C 总线 ···················· 105
　　3.3.3　PCI 总线 ···················· 108
　　3.3.4　设备模型 ···················· 115
　　3.3.5　一个 IDE 控制器设备实例 ········· 117

第二篇　驱动模型篇

第 4 章　驱动的通用模型

4.1　设备驱动的作用 ······················ 121
4.2　驱动类型 ·························· 123
　　4.2.1　Linux 中的驱动类型 ············· 123
　　4.2.2　WinCE 中的驱动类型 ············ 125
　　4.2.3　VxWorks 中的驱动类型 ·········· 125
4.3　设备驱动的通用模型 ··················· 126
　　4.3.1　模块部分的驱动 ················ 126
　　4.3.2　设备的驱动例程 ················ 127

第 5 章　VxWorks 的驱动模型

5.1　VxWorks 的 I/O 系统 ·················· 131
　　5.1.1　I/O 系统概述 ·················· 131
　　5.1.2　文件名与设备 ·················· 133
　　5.1.3　基本 I/O ····················· 134
　　5.1.4　缓冲 I/O ····················· 136
　　5.1.5　格式化 I/O ···················· 136
5.2　VxWorks 的驱动及其内部结构 ············· 137
　　5.2.1　驱动的安装、驱动表 ············· 138
　　5.2.2　设备的创建、设备链表 ············ 140
　　5.2.3　文件的打开、文件描述符表 ········· 142
　　5.2.4　文件的读、写、控制和关闭操作 ······ 143

第 6 章　Linux 的驱动模型

6.1　Linux 的驱动加载方式 ·················· 145

目 录

    6.1.1 内核驱动模块与模块化驱动 …………………………………… 145
    6.1.2 模块化驱动的加载与卸载 …………………………………… 146
  6.2 Linux 的驱动架构 ………………………………………………… 147
    6.2.1 一个最简单的内核驱动 ……………………………………… 148
    6.2.2 一个最简单的模块驱动 ……………………………………… 151
    6.2.3 Linux 驱动中注册驱动 ……………………………………… 153
    6.2.4 Linux 系统中的设备文件 …………………………………… 154
  6.3 Linux 字符型设备驱动 …………………………………………… 155
    6.3.1 驱动的加载与清理 …………………………………………… 155
    6.3.2 中断的申请与释放 …………………………………………… 156

第 7 章 WinCE 的驱动模型

  7.1 WinCE 驱动类型 …………………………………………………… 158
  7.2 设备管理器及其驱动模型 ………………………………………… 159

第三篇 BSP/OAL 篇

第 8 章 BSP 的基本概念

  8.1 BSP 与驱动 ………………………………………………………… 161
  8.2 BSP 开发的目标任务 ……………………………………………… 162

第 9 章 BSP 的设计要素

  9.1 中断处理 …………………………………………………………… 163
    9.1.1 物理中断号与逻辑中断号 …………………………………… 163
    9.1.2 CPU 中断与中断控制器扩展 ………………………………… 164
    9.1.3 中断源的查找 ………………………………………………… 165
    9.1.4 中断处理线程 ………………………………………………… 166
  9.2 CPU 异常 …………………………………………………………… 166
    9.2.1 异常向量表 …………………………………………………… 167
    9.2.2 向量表的安装 ………………………………………………… 173
    9.2.3 异常处理代码实例 …………………………………………… 177
  9.3 硬件 I/O 的访问 …………………………………………………… 188
    9.3.1 避免使用绝对物理地址 ……………………………………… 188
    9.3.2 内存一致性问题 ……………………………………………… 192

9.3.3　I/O 访问的刷新 ……………………………………………………………… 198

第 10 章　Linux 的启动过程

10.1　Linux 的启动流程 …………………………………………………………………… 199
10.2　Linux 的启动过程简介 ……………………………………………………………… 201
　10.2.1　_stext 函数 …………………………………………………………………… 201
　10.2.2　start_kernel 函数 …………………………………………………………… 203
　10.2.3　setup_arch 函数 ……………………………………………………………… 204
　10.2.4　trap_init 函数 ……………………………………………………………… 204
　10.2.5　init_IRQ 函数 ………………………………………………………………… 205
　10.2.6　sched_init 函数 ……………………………………………………………… 205
　10.2.7　do_initcalls 函数 …………………………………………………………… 205
　10.2.8　init 函数 ……………………………………………………………………… 206
　10.2.9　init 程序 ……………………………………………………………………… 207

第 11 章　WinCE 的设计

11.1　WinCE OS 平台开发简介 …………………………………………………………… 209
　11.1.1　WinCE 平台的开发流程 ……………………………………………………… 209
　11.1.2　WinCE 内核结构 ……………………………………………………………… 211
　11.1.3　WinCE 设计中的一些名词术语 ……………………………………………… 212
11.2　WinCE BSP 开发 ……………………………………………………………………… 213
　11.2.1　启动装载器 …………………………………………………………………… 213
　11.2.2　OAL 开发 ……………………………………………………………………… 215
　11.2.3　WinCE 配置文件 ……………………………………………………………… 219
11.3　WinCE 设备驱动的开发流程 ………………………………………………………… 221
　11.3.1　设备驱动源代码 ……………………………………………………………… 221
　11.3.2　修改配置文件 ………………………………………………………………… 222
　11.3.3　向 OS 平台注入驱动 ………………………………………………………… 223

第四篇　扩展篇

第 12 章　理解程序的内部结构

12.1　x86 汇编及其程序结构 ……………………………………………………………… 226
　12.1.1　x86 程序段定义 ……………………………………………………………… 227

目录

12.1.2 关联段寄存器、确定段的种类 …… 230
12.1.3 段组伪指令 …… 230
12.2 嵌入式系统中的程序结构 …… 231
12.2.1 嵌入式系统中执行程序的映像 …… 231
12.2.2 链接器与命令脚本 …… 236
12.3 ELF 文件格式 …… 241
12.3.1 ELF 文件格式概述 …… 241
12.3.2 ELF 文件格式分析器 …… 248

第 13 章 嵌入式系统的设计思想

13.1 直截了当的思想 …… 262
13.2 层次化的思想 …… 267
13.3 循序渐进的思想 …… 269
13.4 实践是最好的老师 …… 269
13.5 团队协作意识 …… 270
13.6 大胆尝试与积极创新 …… 270

结 束 语 …… 272
参考文献 …… 273

插图索引

图 1-1 嵌入式软件的分层结构 ……………………………………………………… 7
图 2-1 VxWorks 中的任务状态转换图 …………………………………………… 50
图 2-2 驱动中的可重入性问题 1 …………………………………………………… 54
图 2-3 驱动中的可重入性问题 2 …………………………………………………… 56
图 2-4 使用共享数据区访问临界区的例子 ………………………………………… 58
图 3-1 ARM 程序状态寄存器格式 ………………………………………………… 77
图 3-2 MIPS CPU 寄存器 …………………………………………………………… 88
图 3-3 MIPS FPU 寄存器 …………………………………………………………… 90
图 3-4 I^2C 数据位的传输 …………………………………………………………… 106
图 3-5 I^2C 起始条件和停止条件 …………………………………………………… 106
图 3-6 I^2C 总线数据传输时序图 …………………………………………………… 107
图 3-7 PCI CONFIG – ADDRESS 寄存器格式 ………………………………… 113
图 3-8 PCI 类型 0 配置空间头部 …………………………………………………… 114
图 3-9 ITE8172 IDE 控制器框图 …………………………………………………… 118
图 5-1 驱动在系统中的层次结构 …………………………………………………… 132
图 5-2 VxWorks I/O 系统的调用关系 ……………………………………………… 133
图 5-3 VxWorks 驱动安装 ………………………………………………………… 140
图 5-4 VxWorks 设备添加 ………………………………………………………… 141
图 5-5 VxWorks 文件打开 ………………………………………………………… 142
图 5-6 文件读操作的 I/O 控制流程 ………………………………………………… 143
图 6-1 Linux 驱动与操作系统核心之间的关系 …………………………………… 147
图 7-1 WinCE 驱动内部框图 ……………………………………………………… 158
图 7-2 WinCE 系统中应用程序与设备驱动的交互 ……………………………… 160
图 9-1 驱动程序中完整的中断处理架构 …………………………………………… 164
图 9-2 IT8172G 中断控制器内部框图 ……………………………………………… 177

插图索引

图 10-1　Linux 启动流程框图 ································· 200
图 10-2　Linux 启动执行过程细节 ··························· 201
图 11-1　WinCE OS 开发的工作流程 ······················· 210
图 11-2　WinCE 的内部层次结构 ···························· 211
图 11-3　WinCE BSP 框图 ····································· 214
图 12-1　x86 汇编段结构 ······································· 228
图 12-2　宏汇编中的段链接映像 ····························· 230
图 12-3　x86 段组定义 ·· 231
图 12-4　节的简单格式 ·· 237
图 12-5　节的完整定义 ·· 239
图 12-6　口（ENTRY）的定义 ································ 240
图 12-7　ELF 目标文件格式 ···································· 242

插表索引

表 3-1	ARM 寄存器组织结构	75
表 3-2	ARM 状态寄存器的模式位	78
表 3-3	ARM 异常处理的入口地址	81
表 3-4	ARM 异常的优先级	86
表 3-5	MIPS 系统控制寄存器 CP0	88
表 3-6	MIPS32/MIPS64 装入/存储指令所支持的数据类型	91
表 3-7	MIPS 对齐的装入存储指令	91
表 3-8	MIPS 非对齐的装入存储指令	91
表 3-9	MIPS 原子更新的装入存储指令	92
表 3-10	协处理器装入存储指令	92
表 3-11	MIPS 立即数操作的算术指令	92
表 3-12	MIPS 三操作数算术指令	92
表 3-13	MIPS 二操作数算术指令	93
表 3-14	MIPS 移位指令	93
表 3-15	MIPS 乘除法指令	94
表 3-16	MIPS 256M 区域内无条件跳转指令	95
表 3-17	MIPS PC 相对的条件转移指令	95
表 3-18	MIPS 的中断、状态及缘由寄存器的映射关系	96
表 3-19	MIPS 异常向量的基地址	97
表 3-20	MIPS 异常向量的偏移地址	97
表 3-21	I^2C 总线术语定义	105
表 3-22	PCI 总线命令	110
表 3-23	ITE8172 IDE 控制器的 PCI 配置寄存器	119
表 3-24	ITE8172 IDE 总线主设备 IDE 输入/输出寄存器	119
表 3-25	IDE 命令寄存器	120
表 11-1	WinCE 常见的映像配置文件	219
表 12-1	字符串表简单例子	246
表 12-2	对字符串表索引所得到的字符串	246

第一篇　基础方法篇

本篇就笔者的理解来讨论一些嵌入式软件设计所必备的基础技能。如果读者急于了解嵌入式系统软件设计的方法，可以直接跳到第二篇"驱动模型篇"。借用一些老套的话——"万丈高楼从地起""磨刀不误砍柴功"，打好扎实的基础是非常重要的。在我看来，对嵌入式软件系统的基本要求是高效和稳定，它要求软件开发人员设计出的程序逻辑严密，层次清楚，效率优化，品质高精；与此同时，软件需要与硬件系统打交道，需要处理复杂的应用问题，涉及到的专业面广泛且深入，由此软件开发人员还需要掌握很多复杂的专业知识。所以，基础与方法对于嵌入式软件的设计至关重要。

本书虽然不求将各种专业知识与技能讲解得全面透彻，但希望笔者多年积累的一些点滴经验，能够给读者带来开门指路的功效。

1. 心理准备

如上所述，嵌入式软件的设计是一项极其艰辛复杂的程序设计工作，它需要有丰富、扎实的专业知识，还需要有艰苦卓绝、锲而不舍、敢于拼搏和敢于挑战的精神。在最开始着手研究嵌入式软件开发时，就需要树立脚踏实地的学习和工作作风，在设计工作中要实事求是，不能臆想，不能武断，不能自大。

另外，也要去除心目中的畏难情绪和神秘观念。只要认真学习、深入钻研，就可以设计出性能优秀的嵌入式产品；只要思路清晰、方法正确，也可以创造奇迹。

嵌入式软件系统既是软件设计，又是艺术设计。它要求不但要实现产品的功能，还要设计出友好、易用、能够一眼就吸引住用户眼球的界面。所以嵌入式软件不但要求内部结构精细，还要求外部界面设计精细，每一个细微角落都要体现出设计者的独具匠心！

诚然，嵌入式软件设计也是软件设计人员人生的一大乐趣。当一个产品从你手中诞生时；当一个用户津津乐道地使用一个 PS2 玩一个游戏，或者使用一个手持设备观看一部惊险电影时；当一名工作人员使用办公室的大屏幕进行远程监控，或远程操作一个复杂的机器设备时；如果这些软件系统都是出自于自己的作品，那么这些岂不是为之振奋的事情？

当大家有了这些心理准备，有了这些远景的乐趣，就会为自己的学习产生巨大潜能和动力。兴趣是攻克难关的先导，希望读者带着强烈的兴趣阅读完本书！

2. 知识与技能准备

作为一位嵌入式软件工程师，需要做哪些准备工作，需要掌握哪些工具、哪些技能，才能顺利着手嵌入式软件的开发呢？如引言中所讨论的，有4项基本功非常重要而且是必须培养与掌握的：

一是程序基础。

二是操作系统原理。

三是硬件知识，即接口技术，包括总线以及一些外部设备。

四是编译调试工具及调试能力。

后面章节将对这些基本知识与技能逐一进行讨论。

第 1 章

程序基础

任何一个软件产品都是通过程序来实现的，程序能力是软件产品实现的最根本能力。尤其对于复杂的嵌入式系统设计工程，只有具备了深厚的程序功底，才能比较轻松地走入嵌入式软件设计的大门。嵌入式软件的程序设计要求程序员逻辑严密、思路清晰、语言精炼，对每一个函数和每一个数据结构的设计，都要表达精准，都要围绕一个模块的实现目标去精心设计。

之所以特别强调程序能力，不仅仅是因为它非常重要，更因为无论是在聘用软件工程师时，还是在检查一些软件工程师所设计的程序时，都会发现很多粗糙的设计。由此看出，嵌入式软件设计者对于程序重要性的认识并不够。随着技术的发展和进步，新的技术不断涌现，嵌入式软件产品的设计对于人的要求也越来越高，由此，绝大多数人把目光集中在对协议的学习和理解上，而忽略了软件实现的程序能力这一基本功。

另外，很多初学者，或是在校学生，由于没有从事太多的程序设计实践，往往只学习了书本上的一些基础程序语法，或是在实验室编译通过了一些练习程序，这对于实际的项目开发是远远不够的。

本书后续内容会针对一些相关的程序题目进行讨论，从这些讨论中可以看出大多数人的程序设计能力仍然很低。究其原因，一方面是因为上面所说的新技术的涌现，对于专业知识的需求占据了从业人员的学习钻研时间；另一方面，因为目前存在大量的开源软件，以及别人已经实现的代码，或者第三方代码，从而软件工作者从头到尾设计一个项目的机会非常小。很大一部分人是在基于别人的实现上进行局部修改，这种修改客观上导致维护人员并不理解设计者的完整意图，加之设计初创者并不是针对一个完整的项目所做的精心设计，由此导致在此基础上修改出来的工程设计根基不牢、实现粗糙。最终结果是模块或系统经常面临不稳定状态，从而迟迟不能产品化，即便勉强推向市场，也是漏洞甚多，错误百出。因此，打好程序基础是至关重要的。

1.1 设计高性能程序的必要性

1.1.1 设计高性能程序的必要性

在人们常常看到的一些协议软件，或者一些操作系统里的服务原语中，专业的程序设计师能够通过简短的几行代码，表达出常人用几百、几千行代码都难以实现的逻辑功能。程序设计中，代码量的多少往往与软件的质量、性能、稳定性和健壮性成反比。程序基本功是一个"锤炼"的过程，程序设计基本功与技巧的练习永无止境，是一个逐步提高的过程。"锤"与"炼"需要具备坚强的意志，不能停留在肤浅的表面，要求人们肯动脑筋，深入钻研，在实践中汲取前人的设计精华。此外，还需要具有对事业的热情，只有拥有热情，才能产生持久动力。

除此之外，程序功底的"锤炼"还体现一个人的责任感，首先它体现对自己所从事事业的责任，即对自身的责任；其次体现对自己所负责的项目、团队、所在公司的责任。

1.1.2 嵌入式软件的设计范畴

嵌入式软件对于大多数程序员来说不再是一个陌生的字眼；但是，面对复杂的软件系统，却令一些初学者望而却步，显得高深莫测。

由于嵌入式软件不只是涉及字处理、数据表格、媒体播放、网络应用、聊天互动等常规的应用程序，它还涉及各种应用产品所必需的中间件、底层核心平台的开发，底层操作系统的核心组件，各种外部设备驱动，整个应用产品的系统配置和引导程序，以及产品管理、调试、升级等各个方面。因此，嵌入式软件是一个庞大的体系。与此同时，嵌入式软件还要求具有高度的稳定性和实时性。

粗略说来，嵌入式产品作为一个完整、独立的设备产品，它所需开发的主要软件组件包括嵌入式操作系统和应用程序这两大核心部分。前一部分提供应用软件运行的平台，后一部分解决各种各样的实际应用问题，比如，播放一部电影或者听一首 MP3，阅读新闻，浏览照片，等等。

操作系统平台软件以及应用程序软件都是可以看得见、摸得着的部分，也就是说，是为众多软件设计者所熟知的部分。除此之外，嵌入式软件的设计还包括对产品系统的管理程序，常常称这一部分程序为固件程序(firmware)。它们驻留于产品的存储设备中，平常不为程序员和产品用户所感知。作为一个完整产品的固件程序，它与人们常说的某个外部设备如 USB 设

第1章 程序基础

备的固件程序,或者音视频编解码的固件程序不同。后者主要是内嵌在某个设备之中,或者装入到系统内存里,目的是扩充使用硬件的部分或全部功能。而作为一个产品的固件程序,其功能类似于个人电脑里的 BIOS,它需要管理整个产品系统,保存系统配置数据,做系统必要的初始化工作,引导操作系统,更新整个系统的软件,以及当系统出现严重错误时进行诊断与系统恢复。

综上所述,嵌入式软件大体分为 3 类:一是操作系统平台软件,二是应用软件,三是产品化软件。产品化软件是对前两类实体的包装,是对整个产品的管理,包括引导、以及必要的调试、下载和升级等辅助功能。

1. 嵌入式平台软件

为什么要设计嵌入式平台软件?对于应用软件开发的工程师来说,平常很少关心平台软件的事情。为什么在嵌入式系统的设计中要提平台软件呢?

由于嵌入式产品硬件的不通用性,即各个厂家所设计的 SoC 硬件互不兼容,因此就没有一个完全通用的软件产品是针对特定某一个硬件环境设计的。这方面与 PC 机的体系架构和软件体系架构完全不同。

PC 机的硬件体系目前只有几大阵容,最大的 PC 机提供商 Intel,使用了大家熟知的 x86 体系,采用标准的 PCI 总线,南桥北桥结构;另一硬件体系的提供商 AMD,也使用了几乎与 x86 类似的 CPU 指令系统,只是在内存管理方式上去除了老式、繁杂的段页模式。PC 机硬件体系结构的相对单一,给系统软件的实现带来了极大的便利和兼容的可能。软件方面,微软的 Windows 操作系统平台占据了主流,各个 PC 硬件厂商所提供的软件支持都会兼容 Windows 平台。除此之外,Linux 也被广泛用于 PC 硬件平台。由于它们的底层硬件体系很相似,所以系统软件都相似;对于不同的 PC 设备,只要增加支持不同硬件所需的驱动软件即可。与此同时,在 PC 平台下,广大程序员也只需关心操作系统平台之上的应用程序的开发,例如数据库、播放软件、财务软件、聊天软件、绘图软件和网页制作软件等。

但是在嵌入式软件领域中,这个情形发生了显著的变化。嵌入式硬件设备商往往为了解决某些专用问题而设计出专用的 SoC 芯片。首先,这些 SoC 芯片采用了不同体系结构的 RISC CPU,比较著名的有 MIPS、ARM、PowerPC 等,它们从指令集上就完全不同。其次,每个 SoC 芯片定义了完全不同的地址分布和引脚功能,并且片内集成的外围设备也互不相同。因此,为某一个硬件芯片组所编写的与硬件相关的软件,在另一个芯片组系统里完全不能使用。换句话说,一个开发团队的软件工程师需要针对不同的硬件平台开发或移植不同的固件程序、操作系统程序和应用程序。

由此看来,嵌入式软件设计的范畴非常广泛,这对于嵌入式软件设计程序员来说是一个非常严峻的挑战。因为一个团队要负责某电子产品嵌入式软件设计的方方面面,最终要向市场或向用户递交一个完整的、该电子产品所涉及的软件系统。

2. 应用软件

应用软件的开发与在 PC 机系统里开发的各种财务、邮件和通信程序非常类似，也可以使用图形化控件、可视化工具、脚本工具和面向对象语言等来设计，但两者还有很多差别：

首先，运行的平台不一样，指令系统不一样，因此，必须使用交叉编译工具进行编译。在嵌入式设备里运行的所有库文件和各种依赖文件必须全部是针对这个平台的二进制格式文件。

其次，嵌入式平台提供的调用接口库不如 PC 机平台中的完备，有些模块可能没有实现，有些函数调用也可能没有实现；有些功能类似的函数调用，名字可能不同，所使用的参数也可能不同。那么针对这些类似的情况，就必须了解这些平台所提供的具体功能；在设计应用时，对于平台没有实现的功能，就必须通过其他方法来实现，或者自己在程序中将这些功能实现。

在设计嵌入式应用软件时还要考虑跨平台的需求，以增强所开发软件的通用性。由于各种操作系统的差异和各个硬件平台的不同，必要时可能需要对一些系统调用进行封装，以实现跨平台的外部接口的一致性。

例如，某公司开发了一个浏览器，为了在不同操作系统平台上推广，或者在不同硬件平台和不同图形界面上推广，则该浏览器在实现时须将那些调用操作系统、调用图形输出的接口抽象出来，以提供单一的外部接口。比如定义创建线程的函数 create_brws_thread()、create_brws_semaphore()、init_brws_graphics()、create_brws_device_context()、create_brws_event_queue()、brws_rect_fill()、brws_line_to()、brws_draw_text()，等等。

除了使用统一的接口外，还可以使用编译宏来包含不同平台或不同硬件系统下的特定代码。例如：

```
#ifdef _WINCE_PLAT_
// code for WinCE platform
#elif defined (_LINUX_PLAT)
// code for Linux platform
#endif
```

3. 产品固件程序

最常见的产品固件程序就是 Boot-loader。Boot-loader 的基本功能是在设备电源上电的最初过程中，对硬件进行必要的设置，以使整个硬件平台工作于可知的预定状态，比如，在产品设备上电时，中断控制寄存器的中断请求位或中断允许位可能存在随机的不确定值，各个外部设备的寄存器值也可能处于随机状态，这些不确定值可能导致不期望的中断产生，或者影响系统的正常运行，这些情况都需要对硬件设备进行初始设置。Boot-loader 随后的工作是初始化内存，开辟系统正常工作的存储空间，设置调用函数时所需用的栈，禁止中断，必要时，开启 cache，使能 MMU，然后将操作系统从指定的 ROM 区域搬运到系统内存中，并开始运行它。

除了 Boot-loader 的这些基本功能之外，固件程序还有许多扩展功能。比如下载功能、调试功能、与用户交互的功能和编程 Flash 的功能，等等。为此，Boot-loader 里面需要实现一些额外的驱动，例如，用于下载的串口驱动，网络驱动，USB 驱动，用于调试的串口驱动，以及用于编程 Flash 的驱动。为了支持这些设备，除了驱动之外，还需要一些协议的实现，如 UDP 协议以及对文件系统的简要支持。

另外，Boot-loader 还需要管理一些额外的有关系统配置的信息，比如，操作系统存放的位置，电源电量的数值，或其他与设备相关的用户设置等。这些数据可能存放在固件程序的某个数据区域，以便在系统引导时能够正确加载到操作系统，对设备进行正确的配置。

1.1.3 嵌入式软件的分层结构

在一个复杂系统的设计中，层次结构模型永远是适用的，也是必需的。在上面所讲的三大组件中，产品固件程序，即系统固件程序是系统的一个管理监控程序。系统固件程序的一个重要任务就是执行硬件初始化，例如，禁止中断，初始化内存，清理 cache 等最基本的操作，从而将设备在加电之后置于确定的起始（"零"）状态；然后再把操作系统加载（复制或解压缩）到内存中，并开始执行。在此之后，它的使命即算完成。

一些固件程序在加载完操作系统之后还可能继续为操作系统提供服务，比如台式机中的 BIOS。BIOS 命名为基本输入/输出系统（Basic Input and Output System），顾名思义，其主要作用就是为操作系统提供低级的输入/输出调用，直接操作输入/输出硬件设备，由此为操作系统提供后续服务。同样，对于便携式嵌入式设备，一些私有的配置数据如果交由固件程序来处理会更加灵活，性能会更加稳定。因此，在一些系统设计中，当操作系统加载之后，固件程序仍然会驻留于内存，系统程序仍然可以通过软件中断的方式调用固件程序提供的某些服务，来实现对产品设备私有数据的存取操作。

如前所述，平台软件和应用程序是一个系统设备的实体软件。对于一个系统在正常使用时的实体软件，为了简化设计，可以将它们划分出一些层次来。实践中，一个小小的软件团队没有办法从头到尾设计一个完整的软件系统。由此，需要对一个大的系统进行分解，从中提炼出一些公用模块，由此构成一个公有平台，它们就是与硬件无关的软件层次。现在有很多嵌入式操作系统提供商，他们开发和维护了绝大部分操作系统核心功能，这部分核心功能包括基本的操作系统组件，如进程调试，内存管理，文件系统，基本的输入/输出子系统，图形子系统，网络通信协议子系统。除此之外，在设备管理方面，也包含与硬件无关的公用处理模块，或者与通用硬件相关的软件模块，例如一些总线的驱动。

软件分层给人们带来了极大利益，诸如微软，GNU 开源软件，风河公司，他们提供了很多可选的基本平台，如，微软提供的 WinCE 和 Windows Mobile；Monta Vista 等公司提供的嵌入式 Linux-2.4,2.6,等多个版本的源代码；风河公司（WindRiver）提供的 VxWorks。这些专业的实时操作系统 RTOS（Real Time Operating System）提供商把操作系统中与硬件无关的代码部分抽象出来，封装成统一的、标准化的软件包。

采取分层的结构之后,留给 OEM 开发商所要实现的系统软件大大减少。作为芯片厂商或硬件厂商,只须关心、修改或重新设计与特定硬件相关(与其他硬件平台不同的硬件)的驱动代码、系统配置及硬件系统管理,即"设备相关"代码。而这一层代码可以很"薄",有时又叫做"硬件抽象层",或者"OAL"层(OEM 适配层),体现在嵌入式操作系统设计上,又叫做 BSP(板级支持包:Board Support Package),该部分程序设计工作就是将在第三篇中重点介绍的内容。

图 1-1 显示了嵌入式软件分层结构的粗略框图。

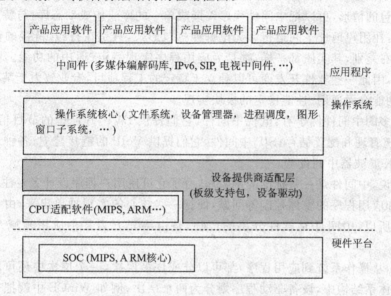

图 1-1 嵌入式软件的分层结构

经过这样的分层之后,OEM 开发商只需专注于 OAL 层(OEM Adaption Layer,即原始设备制造商适配层)的开发,而不必关心操作系统核心的框架及其实现细节。开发人员的任务就是根据用户系统的需求,选择一款合适的、与所开发硬件平台最接近的嵌入式系统平台软件包来作为开发的基点,移植或重新设计这些模块,即可在所开发硬件平台上实现特定的实时操作系统(RTOS)。

随着开发的深入和完善,在设计后期也可能涉及对整个系统性能的优化(tuning),必要时可对操作系统的内核进行优化、剪裁和加速,尤其对于开源的 Linux 系统,为开发者提供了广阔的优化空间。

应用程序也可以分层。可以把一些通用的模块提炼出来,为更多的应用提供统一的接口,以提供一组通用的服务。这些通用模块依赖于操作系统提供的应用接口,为各种各样的应用程序提供服务。对于这些模块,有时称它们为中间件,有时也把它们作成标准的库文件。

之所以称之为中间件,是因为它们的层次位于操作系统核心与应用程序之间;还因为它们既可运行于操作系统核心的地址空间,也可运行于用户地址空间。从打包的形式来看,中间件可以与操作系统的平台软件一起打包提供，或者以一个库文件(动态库或静态库)的形式，提供一个与操作系统分离的软件包。

对于与操作系统一起打包的情形，中间件则更像操作系统的一部分，或对操作系统的扩展。如多媒体应用处理器里含有很多视频编码器和解码器，如果用 DirectX 来实现滤波器(filters)，就可以把滤波器程序放在操作系统的代码树下面，在编译时与操作系统一起编译，从功能上看对于视频编码器/解码器的支持就相当于对现有操作系统功能的扩展。对于与操作系统分离打包的情形，可以把中间件程序编译成单一的库或作成动态库，与特定的应用程序一起编译链接，在用户地址空间运行。无论哪种打包形式，只是在打包、链接的位置和运行的地址空间上存在差别，其实质都一样，都是为应用程序实现特定、通用的功能。中间件都是软件分层的产物，因此一些软件开发商可以独立于特定的工程项目，专业致力于某些中间件的开发，从而提供功能全面通用、性能稳定的模块实现。

目前比较多的中间件例子有：电视中间件，它们提供 DVB，ATSC 的节目信息分析，提供 EPG 数据、频道管理和配置储存；SIP 中间件，它们提供 VoIP 的链接建立；各种音视频解码显示用的 DirectX 滤波器中间件等。

从本质上说，中间件是一些标准的函数库，有了它可使用户程序设计者专注于解决用户问题、界面问题和应用程序的整体控制等问题，而把一些核心的实现抽象出来，由专业队伍精心实现及维护。所以，中间件是软件分层的产物，是由第三方为某个应用领域开发的通用程序包。

由此可见，从操作系统到应用程序，都可以分成许多层次，一个层次中还可以划分更小的层次。在某些体系结构中，设备驱动程序划分为两个层次，例如 WinCE 中就把一些驱动分为 MDD 层和 PDD 层。后面章节会进一步详细讨论。

1.2 嵌入式软件的程序设计要求

系统程序的设计目标是提供通用的软件平台，而应用软件主要是解决各种不同的应用。后者往往可以独立于平台，在多个系统平台上能够做到兼容运行。

系统程序的设计内容主要是底层的支持软件和设备驱动程序等，而应用程序则依赖于操作系统及扩展的平台软件所提供的 API(应用编程接口)来实现各种各样的应用需求，包括可交互的界面。

系统软件与应用软件的设计目标和内容差别很大，它们对于软件设计的要求也有很大差别。但是无论是应用程序、中间件、软件库、操作系统核心还是固件程序，一句话，它们都是程序，都是用代码写出来的。一个应用程序员，经过学习与培训，可以转向系统设计；同样，一个系统程序员也可以转向应用程序的设计。然而，所设计的软件层次越靠近(硬件)底层，对相应软件的质量要求也越高，设计难度也越大，从而对程序员的能力要求也越高。

如何才能达到系统程序员的标准呢？诚然，设计能力的高低，优秀与否，没有一个统一的界定标准。在学校的课程考试中获得一个高分，并不意味着一个人的程序基础就已经足够能应对系统软件的开发要求。如前面所述，编程能力需要在长期的设计实践中仔细推敲，用心斟酌，历经千锤百炼，逐步在实践开发中学习借鉴他人的先进经验，循序渐进，逐步提高。

对于为工业设备、消费类电子产品和个人便携式设备所开发的商业程序，其稳定性、可靠性以及效率等方面，要比在一个桌面系统平台上开发一些应用程序更加严格。嵌入式设备，不只是一个软件，而是一个完整、独立的设备，一个永不损坏、不会死机、不会崩溃，甚至于不会出错的设备。一个电子产品在使用过程中出现死机，就会被用户认为或抱怨这个电子产品损坏了，而不仅仅是一个软件瘫痪。如果是一个工业产品，程序的错误则将导致重大损失，有可能带来不可想象的严重后果。因此，产品设备的系统程序必须健壮、稳定。在条件允许的情况下，应该花尽可能多的时间对程序进行优化和测试。

编写能够正确运行的程序，只是开发嵌入式软件所走出的第一步，它离商业程序的开发相差还很远，所以不能因为会编写程序就沾沾自喜，对自己有所松懈。后面的章节将通过一些实际例子探讨如何写好 C 语言程序，如何编写规范、商业化的程序。下面首先来讨论嵌入式软件从代码编译后产生的结果和代码编写形式上需要注意的一些问题。

1.2.1　代码结果的要求

1. 通用性

嵌入式系统软件体系十分庞大，它要求各个模块之间的功能用途分明，模块划分、层次结构都必须很清楚。某个程序设计员设计的程序模块往往并不只是被自己调用，所以在模块设计的时候必须充分考虑通用性。这对于中间件、库程序和驱动程序的设计尤为重要，必须满足通用性这一要求。一个模块常常会提供一组调用接口（一组函数），调用者可能用各种不同的参数、使用各种不同的模式来调用这个模块所提供的服务（接口函数），这些调用甚至还有可能包含不合法的参数与模式。对于调用的不确定性，一方面要求开发者对于模块编写完整的应用编程接口（API），另一方面要求模块内部函数的实现上需要进行容错处理，对各种参数所历经的路径进行妥善的处理或完整的实现，从而为上层提供通用的编程接口。

2. 健壮性

健壮性要求程序模块对各种调用提供处理，特别是对用户的非法调用能返回恰当的出错处理，而不会导致整个程序，乃至整个系统的瘫痪。如用户可能传递了一个没有初始化的零指针，或用户传过来的参数超出了处理的范围，或超出了数组、队列的边界，如此等等，程序模块都必须保持正常返回。健壮性主要要求对函数参数的检查、对各种合法调用的完整实现以及对非法调用的正确处理，这些都依赖于系统以及该模块设计的策略。

3. 高效率

所谓高效率,主要是指代码的优化。某些核心库函数,往往成百上千次地不停被别的程序模块所调用,如 memcpy,string 函数,数学函数,图形操作函数,光标移动的处理等。后面将介绍软件算法以及一些实用的代码优化,读者可以参考相关书籍学习运用更多的程序优化技巧。这里要强调的是,在追求高效率的同时,一定要注重代码的可读性,代码的层次结构一定要清楚;在追求性能的同时,一定要保证程序的健壮性,不然顾此失彼,忘记了全局的通用性,导致某些局部情况出错,这是在驱动设计和内核设计中绝对不允许的。

1.2.2 代码形式的要求

1. 代码规范

一个商业上需要延续的软件必须满足可维护性。维护性意味着后期可能需要对现有的软件进行修改升级和扩展,复用一些公有的模块(库)。因此,无论是代码的注释,还是程序的风格,都要力求精美。代码复用还要求程序高度结构化和模块化,由此需要完整规范的文档描述。这往往是许多初学者容易忽略的地方,他们往往只是追求功能的实现,而忽略代码的形式,这给后期的维护和团队的合作带来巨大的麻烦和困难。

2. 接口规范

除了源程序文件中函数的实现需要规范外,还应该注重接口规范。在一个复杂系统的设计中,整个系统可分解成许多独立的模块,每一个模块实现各自的特定功能。这些模块由不同的工程师或不同的项目开发组来负责开发实现,而这些独立的模块需要相互调用,共同协作才能实现一个大的应用系统。模块之间的调用称之为接口定义,它通常包括输入参数、返回参数的规定,接口所实现功能的准确定义,函数调用的各种限制,出错表现,查错办法以及出错处理等。

接口规范也往往是许多初学者容易忽略的地方。在开始开发正规项目时,初学者往往只是写出一堆杂乱无章的代码,没有注释,没有文档,或只有少数几行文本记录的文档,根本就没有标准的接口定义,随意更改函数原型等,这些都是系统设计的大忌。

1.3 嵌入式软件开发的基本思路和原则

上面讨论了开发嵌入式软件对代码结果和代码形式的要求,那么,如何编写程序来达到这些要求呢?

前面已经说过,程序的最终表现形式是指令序列以及指令所处理的数据。从项目设计的角度来说,除了代码外,文档是项目设计的一个重要组成部分,如同项目设计的脉络一样。

希望从本书受益的读者在未来的程序实践中,不要养成无文档的坏习惯,不要对自己说,

"我不需要文档"。文档可以是简单手记和几个条目,也可以规范到一本手册、一部完整的公理化的书,如一个文档标准,一个 API 定义接口。

虽然不一定要求每一个文档都如同公理化体系那么严谨,但是不能没有文档。根据需要和重要性,文档可以完整,也可以简略,有时可能只是随手记录,但是一定要养成随时整理自己的思绪,整理自己所写的代码,整理自己的文档的好习惯。

我们的目标是要成为一名专业程序员,所以一定要遵循协作开发、长期维护的观念。要协作与维护,就必须有完整、甚至专业的文档。后面着重从如下几方面来讲述如何设计高性能的项目程序。

- 系统分析,定义接口;
- 函数实现,添加注释;
- 清理代码,优化算法;
- 测试修订,完善文档。

在未展开之前需要申明一下,每个开发团队都有一套自己的代码规范,作为团队中的一员,必须遵循已有的代码和文档规范。同时,也可以引进新的思想,逐步完善、修改这些规范。

文档和代码的规范是开发人员的约定俗成,迄今没有一套规范是最通用的,或者说是最好的,所以这里不是要订出一套规范来,而是将一些设计的基本问题和基本思路展示给读者,为读者提供一些参考线索,以便在嵌入式软件的设计实践中引以借鉴,不断提高。

下面就这些开发环节逐个进行讨论。

1.3.1 系统分析,定义接口

1. 分析必须要有书面的结果

系统分析就是对所要设计的任务做仔细分析,分析它需要实现的功能。首先是抓住主体功能,同时尽可能考虑细节方面的需求,力求在最初设计时考虑周全。

在系统分析的同时,开发者应该在心目中形成宏观上的流程框图,定义这部分功能模块,为整个系统提供的服务。

系统分析或模块分析是非常重要的,但如果只有分析,没有接口定义,没有功能框图,没有文档记载,而只是在头脑中分析,那就不能叫做分析。必须记住,分析必须用具体的形式表现出来。

更进一步,如果只有主体分析,头脑中想出一个点子,就开始哗哗啦啦敲键盘,编写程序,那样的做法对于系统设计是非常危险的。

总之,强调一点,一定要有分析,分析要全面、要透彻、要写文档、要定义完整的接口。定义接口可以帮助整理思路,有了好的实现方案,具体实现的时候就不会走弯路,即便偶然走弯路,也可以对照文档扭转过来。因此,文档是指示图,有了设计完整的文档,程序实现就一定会简化、高效。

2. 接口及其定义

所谓接口，就是对一个外部需要调用函数的完整定义。

一个模块设计中有很多局部函数，它们在这个模块内使用，功能很简单，对重要模块的实现起辅助作用。对局部函数功能的定义可以放在次要位置。

与局部函数相对应，一个模块的设计中，总有一个或多个函数，或数据结构是为外部其他模块所设计的，否则这个模块就是无用模块。那么对于外部调用所设计的函数，必须写清楚它们的输入/输出参数、参数类型、参数范围及限制。这就是所要讨论的接口。

在一个模块的实现中，一定要分清外部要调用的函数和内部局部使用的函数。一般地，一个或多个"C"源文件(例如 *.c)，会有一个专门的头文件(例如"xx.h")来定义这些接口。建议把这些外部调用接口按功能集中放置在这个头文件里。对于那些局部调用函数的声明，也应集中放置，或放在这个头文件之后，或置于实现源文件的开始部分，或单列一个专用的头文件。后者的好处是使得头文件更清晰可读，外部功能明显，仅把多个源文件需要使用的函数置于公用头文件中。

为了保持头文件的干净、可读，头文件的接口声明一定要加上简短的注释，而对一系列功能加以集中注释，就是说，注释完一系统接口函数的功能后，再列出这些函数的原型，而把一个外部函数的完整接口定义作为注释部分放置于实现函数的头部之上。

需要说明两点：

① 这些注释只是接口定义在代码中的一个快照，完整的接口定义应用放置于程序的设计文档之中。

② 外部调用函数需要接口注释，内部局部使用函数的注释仍然非常必要。要养成写注释的习惯，除非这个函数非常简单明了。

接口的定义还体现在模块之间的功能和调用逻辑关系都很清楚。如果模块甲中的所有函数都只能被模块乙调用，这种关系相对简单，而且从层次上来说，模块甲为模块乙提供服务，可以把模块甲放在模块乙的下层。如果模块甲与模块乙之间存在相互调用关系，这个时候可以认为它们属于同一层，彼此之间没有服务的关系。如果两个模块存在相互的调用关系，又存在提供服务的关系，则是既处在同层又处在上下层，这种情况就要非常小心。对于这种情况，一般认为，这两个模块的划分存在问题，除非迫不得已，应当避免两个模块之间同时存在上下层以及同层关系。

对于同层的关系，由于它们相互之间存在调用关系，有些例程可能在这里实现，也可能在那里实现，还可能在两处同时实现，这种情况就需要有精细的系统分析与接口定义，这也是系统分析的主要任务之一。

1.3.2 函数实现，优化算法

下面通过几个实际例子来说明算法对于嵌入式软件设计的重要性，以及如何实现与优化。

这里首先交待一下代码风格方面应注意的问题：
① 使用易读的缩略单词，而不是使用完整的短句。例如：

audio_reader_buffer_upper_half_full_flag = 1;
audio_reader_buffer_lower_half_full_flag = 0;

虽然容易明白意思，但是很难记，不便于检查笔误，而且整个源文件全是一大串一大串参差不齐的英文短句，可读性反而降低。不如写成：

rbuff_flag1 = BUFF_FULL;   //flag1: upper half
rbuff_flag2 = BUFF_EMPTY;   //flag2: lower half

这样可读性就提高了不少。
其他例子如：

drv→driver;   dev→device;   rd→read;
wt→write   ptr→pointer;   msg→message;
sem→semaphore;   clk→clock;   adr→address;
id→identifiler;   init→initialization

使用缩略语时要注意：
■ 不要随时变更，应该保持统一风格，如不能一会儿写 driv，一会儿写 drv；或者一时用 adr，一时用 addr，一时又用 adrs。最好是在整个团队形成统一的风格，列出一个字典表。
■ 尽量用辅音字母。
② 函数名大小写，或是否使用分隔符，其风格要一致。
③ 作为接口定义的一部分，在头文件中，要定义好常量、数据结构、外部函数调用的接口以及模块内部多个源文件需要使用的函数等，要养成良好的习惯。
应该对常量定义加以说明，说明每个常量，每个字段的意义。对于数据结构的定义，也要对每个字段加以说明，说明其用途，必要时说明其取值范围。

注意：数据结构是接口的重要部分，是整个模块设计的骨架之一。在定义一个新的数据结构时，必须尽量考虑周全。结构如同模块定义一样，定好之后一般不要随意修改。结构定义之前一定要有注释说明。

在函数的实现中，算法的优化是相当重要的。对于算法，很多初学者都存在一个误区，即认为数值计算里讲的算法，或者 DSP 处理中的计算优先才叫算法，实际上，软件策略同样也是算法。如调试算法，存储器替换算法，它们实际上是一些策略，是指一些对于事务处理的方法与步骤。也就是说，程序设计中的算法是广义的，既包括计算方法中涉及的算法，还包括音视频处理的变换方法所使用的算法，在程序的实现、循环、嵌套、同步、数据结构的设计和模型的建立等方面,无一不体现算法。

所谓程序的算法优化,其目标不外乎有两个:一是优化运行时间(动态的),二是优化代码的存储空间(静态的)。即一个是时间上的优化,另一个是空间上的优化。其表现结果是,占用的内存空间小,运行速度快。如果能同时兼顾两者,这种算法一定是最优越的。但是往往时间和空间不能兼顾,于是需要对二者进行平衡,适当取舍。

在考虑算法优化对时间和空间影响的情况下,同样要兼顾代码的可读性和通用性。对于一个奇特的算法,它的实现往往是辅以人的智慧、人的思考于程序,在这种情况下,程序的注释就显得尤为重要。

1.3.3　清理代码,补充注释

这一部分工作主要是在程序设计的后期阶段对代码进行完善和整理。例如:

① 对代码进行局部优化,如改变循环体的结构,局部变量初始化的设置,合并类似的分支,提取公用代码作为一个独立函数,优化算法结构等。

② 删除无用的局部变量,复用一些局部变量,修改代码,使之看起来干净、整洁。

③ 补充注释,增强代码的可读性。

1.3.4　测试修订,完善文档

程序设计后期,需要对所设计的程序进行调试和修改,增加完善的功能。系统软件的设计需要与其他模块互动。在早期设计中,要测试单一模块的功能比较困难,需要设计人员创造性地设计一些案例来进行模拟测试。例如把一些外部调用做成一些空函数实现,以此来割裂模块之间的牵连。

其次是完善文档,其重要性已经反复强调了很多次。文档的内容包括:模块实现功能的描述与清单,系统中的位置及交互关系,系统框图,接口的定义,实现算法,各个主要函数的实现描述,最后还应该包括编译环境、测试步骤以及相应的现象。

1.4　程序实例剖析

下面以正、反两方面的例子来说明如何编写性能稳定的程序,以及程序设计中的某些注意点。虽然所举的只是一些简单的程序设计例题,但是在分析中,将逐步涉及嵌入式设计领域里一些实质性概念,这有助于读者理解程序的实质,有助于程序员提高在嵌入式软件方面的程序设计能力。

1.4.1　正确理解栈

本小节通过一个实际例子来说明正确理解栈的问题,由于没有正确理解栈,一些软件工程师在程序设计中容易出现"内存泄漏"之类的问题。

[问题] 系统在处理环境变量,或处理一个程序的输入参数,或作一些字处理的程序中,常常需要从一个字符串序列中提取一个单词,这些单词可能由空格或 Tab 键之类的空白字符分隔开。为此,设计一个取名为 getword 的函数。

对于这样一个函数,首先应该思考一下它的接口(API),也即函数的原型。希望它返回指向第一个单词的指针,除此之外,还得记住剩余未处理的字串。

经过这番分析,可以写出这样一个接口:

```
char * getword (char * inp);
```

现在来看看一位程序员的实际设计方法:

设计(一):

```
#define    STRLEN    1024
char *  getword (char **  in_p)
{
    char   *p, word[STRLEN];
    int    i;

    p = *in_p;
    while (*p != ´ ´)
        word[i++] = *p++;
    word[i] = ´\0´;

    in_p = &p+1;
    return word;
}
```

[点评] 函数内部使用的数组是在线程的"栈"上分配的,一个线程所能支配的栈空间很有限。如果函数内部使用的空间较大,可以把它放在函数外部,作为一个全局的变量,这样,它将被分配到数据段中。后者的缺点是如果在程序的整个运行期间,它将占用内存;前者的缺点是如果在程序内部使用大量的局部变量(数组),可能将导致栈被溢出。

初看起来,这个设计似乎不错,它将第一个单词复制到了一个字符数组中,然后返回了指向这个字符数组的指针。同时修改了随后要处理的字符串的指针。

仔细分析一下却会发现,这个字符数组的数据空间是分配在栈(stack)中,当函数返回时,这块区域将被"释放"。"释放"加上引号并不是说随后的使用就得不到正确的数据,因为它还存在于内存中,而且就在当前栈指针临近的区域,所以这个时候如果调用函数,采取一些措施,是可以获得这个数据单词字符串的。但是当这个函数返回而没有使用返回的结果之前,又进一步调用别的函数,例如打印,或别的处理函数时,新调用的函数会重复使用前次函数调用时的栈区域,所以极有可能在本次调用的过程中,把上次函数调用中的数据破坏掉了。

事实上,除非是在调用该函数之后立即将这个字串复制走,否则,如果中间插入别的函数调用,则内存中的那片数据就可能被破坏。

这个设计中的另一个不足之处是:在函数内部使用了一个非常大的局部变量数组,这是非常危险的。因为局部变量是在栈上分配的,而系统给一个线程所分配的栈的大小是相当有限的,目的在于系统中可能同时运行了很多线程,它们都将占用嵌入式设备里有限的内存,所以大数量的内存需要动态请求,否则会导致栈的溢出。栈的溢出意味着这个程序会读/写数据到其他程序所占用的物理存储空间。

初学者容易犯这样错误的原因在于对栈的理解不深刻。可能只是记住了栈"后进先出"的工作原理,而忽略了栈的其他一些特性,例如,在物理实现上有一个栈限的限制,在函数调用过程中用来传递参数,在函数内部用作临时工作区域。栈在线程运行的过程中是会不断重复使用的,一次函数调用将分配一段内存区,当这个函数退出(返回)时,这段临时区将被全部收回。某些 CPU 有栈限检测的指令,这将导致一个异常。如果未对这种异常正确处理,或没有进行检查,那就有可能因细小的疏忽而导致整个系统的出错或瘫痪。一些编译器也会在编译时进行一些检查,但栈的使用有时是在运行的时候才确定的,这些情况下,编译器无法发现和报告错误。由此可见,深入理解程序结构非常重要。

另外,这个设计没有对 i 进行初始化,这也是十分危险的。因为 i 是一个局部变量,它是在栈中临时分配的,其初始数据完全取决于上次使用时所保留的值。如果这个值非常大,极有可能 word[i]访问到一个非法区域或内存中并不实际存在的区域时,将会导致非法访问(无权限),由此会产生一个数据异常(data abort)的错误。

下面来实际运行一下这个程序,看得到什么结果,完整的程序清单如下:

```
*************************************
 File:    test1.c
*************************************
#define    STRLEN       1024
char *  getword (char **  in_p)
{
    char  *p,  word[STRLEN];
    int   i;

    p = *in_p;
    while ( *p != ' ')
        word[i++] = *p++;
    word[i] = '\0';
    in_p = &p+1;
    return  word;
```

```
char    str[] = "Lily is a new student";
int     main()
{
        char * p = str, * p1;
        printf("<%s> contains following words:\n",p);
        while(*p != 0){
                p1 = getword(&p);
                if(p1 == 0 || *p == '\0') break;
                printf("%s\n",p1);
        }
        return 0;
}
```

在 GCC 环境下对这个文件进行编译:

```
$ gcc test1.c -o 1.out
test1.c: In function "getword":
test1.c:19: warning: function returns address of local variable
```

在编译结果中可以看到一个警告(warning),说明这个程序的设计是有问题的。经过上面的分析,这个 Warning 实际上对整个系统有潜在的危险。所以,读者以后在编译程序的过程中遇到 Warning 时,不要随意放过。记住,现在是在设计系统程序的一部分,一定要对自己高标准、严要求。

由这个例子可以看出,在程序设计中,一定要精益求精,即使在编译链接的时候只是预告了一个警告,也很可能存在一个非常重大的潜在危害。

小结:

在这个例子中,设计者没有实质理解"栈"的概念。一般教材上所讲的"栈"是一块先进后出的内存区域,由此可以使用 POP-PUSH 的方式来存取,但是"栈"除了可以使用此方法来保存数据之外,还可以用作函数的临时工作区域。函数体内的局部变量就是在线程所在的"栈"里分配的,而局部变量的指针不外乎是一个 32 位的指针,或者说是一个"整形数",它可能存放于一个通用寄存器中,也可能是栈所在区域的一个内存变量。在许多 RISC 架构里,没有POP-PUSH 这样的指令,对于栈的操作完全是"手动的",需要程序员使用 Load-Store 的指令来存取数据,使用对栈指针执行减的操作来为一个函数预留一帧(frame),在该帧里保存所有要保护的数据、参数的传递以及临时变量在存储空间的分配;使用对栈指针执行加的操作来出栈,以恢复进入函数之前的栈指针的值。出栈之后,新的函数被调用时,如果需要保留数据、传递参数或使用临时变量,C 编译器或汇编程序员需要对栈指针执行上述的减和加的操作来使用栈。

由此看来，在一个线程中，栈是函数调用时被循环使用的，一个函数调用，将在栈中分配一帧的空间。如果这个函数调用子函数，则需要在栈上邻接这一帧的位置分配另外的空间（帧）。不同的系统帧的增长方向不同，有的系统向上生长，有的系统向下生长。不同的系统允许函数嵌套的层数也不相同。在退出一层函数的时候，栈指针被恢复到进入这个函数之前的栈指针的值。如果这两个值不相同，则产生整个线程的运行错误，导致这个进程运行不正确，严重时甚至可能破坏整个系统。栈的用途是用来保存一些数据，一些寄存器的值，或进行参数的传递，或分配函数体内所使用的临时变量。

特别说明，在这里，我们把一个函数所使用的栈的空间，即一个函数的一次调用所使用的那部分栈上分配空间叫做一帧（frame）。

在这个例子中，虽然 getword( ) 返回的指针由调用函数可以获得，但是在调用 printf( ) 时栈里的值被压入新的寄存器存储值，或分配作为新的临时变量，所以在 printf( ) 调用时得不到期望的结果。

1.4.2 内存泄漏

内存泄漏是程序员初学者常犯的一个错误。

防止内存泄漏的一个重要原则就是在什么地方申请就在什么地方释放，系统里其他资源的使用也是一样。包括文件打开描述符、锁、信号量和线程等，都要执行在什么地方申请就在什么地方释放的原则。跨越访问点，分离申请与释放都容易出现疏忽，从而导致重大错误。

内存泄漏类似问题的直接后果就是系统表面看起来没有毛病，但随着时间的推移，系统的资源慢慢地被耗尽，或造成访问的越界，从而引起系统的随机崩溃。

1.4.3 消除编译依赖

对于同一个设计任务，看看另一位设计师的实现是否符合要求。

设计（二）：

```c
#define  WORDLEN         256
typedef  struct {
    char    *p;
    int     len;
} WORD;
WORD getword(char ** in_p)
{
    char *p, *ptmp;
    WORD  w;

    ptmp = (char*) malloc(WORDLEN);
    w.p = ptmp;
```

```
    p    = *in_p;
    while(*p != ´ ´)
        *ptmp++ = *p++;
    *ptmp = ´\0´;

    in_p = &p+1;
    w.len = ptmp - w.p;
    return w;
}
```

当看到这个设计时会感觉比较新奇,第一反应是它返回了一个 64 位数。这个程序也许在某些系统中也确实能工作,但是在大多数 RISC 体系中,却得不到正确的结果,或者说得不到期望的结果。

下面来分析一下程序工作时的内部机制:

通常情况下,结构常常用指针来传递,当然也有传值的,面向对象的高级语言常常会这样做。但深入理解高级语言实质的程序员会知道所谓传值实际上传递的是引用。所谓的引用,只不过是高级语言的编译器复制了所需要的内容到新的地址空间。这些工作是隐含的,程序员看不见,也没有想到,所以高级语言的程序员在编写嵌入式软件时需要更加细致。

在 C++里引入了类的概念,引入了运算符重载,所以才可以轻松自如地使用诸如"="这样的重载运算符。对于诸如双精度浮点或 64 位长整数,如果编译器不支持的数据类型,诸如结构或类,那么必须得重载这些运算符。有些编译器对于结构类型作了扩展,对于值传递的参数或返回值,编译器会自动执行一些额外的复制,所以在这种环境中,程序可以正常运行。然而不会总是那么幸运,大多数编译器并不支持这种额外的复制,也不作这种假定,它只会按照 RISC 体系,返回一个 32 位整数,从而把高位的一部分给截掉了。

这位程序员估计是 C++程序写得太多了,但是当转入到嵌入式软件设计时,一定要清楚"="的原理和由来,否则就不能再用高级语言的思想来写嵌入式的底层软件。要么是扔掉高级语言的思维模式,要么是继续开发面向对象的应用程序。

事实上,上面的两个设计不是我凭空臆造出来的设计,它们都是有好几年嵌入式软件工作经验的工程师所写的程序,而且还是从中挑出来的、比较好的实现,所以我们一定不要过高地估计自己的程序设计能力。

从这个例子中,要意识到:

嵌入式系统软件给程序员带来了挑战,它不但要求程序员会写程序,更要求程序员懂得程序运行的每一个步骤的机理,从而才能正确控制程序的执行。这也是为什么很多人、很多团队或很多公司写出的软件不稳定的根源。

除了会写程序,还需要深入分析一个程序的工作状况,弄清楚程序的工作原理和机制,破除想当然的臆想观念,力求稳定的实现。即在所有的开发平台,所有的编译工具下,程序都可以正常运行。所以一个优秀的系统程序员应该知道程序工作的正确原理，而不应该想当然，不应该增加对编译器或系统的依赖，这样才能使程序有做到更好的容错性和健壮性。减少依赖最好的办法就是使用简单、直接或原始的工具。人身上最简单、最原始的工具就是手，手是最灵活也最适用的。写程序最简单、最直接的工具就是汇编语言。作为嵌入式软件设计的工程师，花一些时间去钻研汇编程序的设计是有助于提高自己程序分析及设计能力的。

之所以要强调这一点，是因为类似的设计在一些系统设计中是会出现的。有一次我在移植一个 Firmware 时，就遇到了类似的麻烦。一个程序在一个系统中工作得非常好，但在另一个编译器重新编译后，换了一个平台却无法工作。系统程序都是很庞大的，跟踪下来终于发现，它定义了 Terminal 结构，程序里面使用了大量的类似赋值，结果，把相关的地方用 memcpy 全部替换后，程序就可以正常工作了。

1.4.4 消除潜在隐患

这个设计还有很多不足之处。首先是在函数的内部动态分配了一块内存作为缓冲，初学者在软件设计中容易引起内存泄漏的一个重要原因就是在分配内存时很随意，没有考究内存在什么地方释放，或释放的路径不够全面。如果这是一个系统函数，并且跨越了进程的边界时，问题会更加严重，因为不同的进程所看到的内存映象是不一样的。我们知道，库函数的标准设计应该是纯的过程函数，对可重入函数的要求是不能有静态数据，这种在一个模块内分配内存，出现在另一个模块内释放的操作，是不规范的操作，它给外部加了一些限制，最终的后果是导致出现内存泄漏这样的隐患，或者是让一个外部模块的调用者必须看懂这个模块内部所有的设计缺陷之后才能正常地调用这个模块内的函数。

其次是没有对参数进行检查，传入的参数是一个指向字符串指针的指针，正确的做法是首先检查 inp 是否等于 0，这还不够，应该更进一步检查 * inp 是否等于 0。

对于系统程序的设计来说，不检查参数是一个致命的弱点。当然对于自己写的函数自己用的情形，如果足够细心，总能按自己设想的方法去调用这些函数，并传入正常形式的参数。但在实际项目开发过程中，设计者在某一个地点设计了一个库函数，而使用者却有可能在世界的另一个角落。设计者没有办法控制库函数的使用者如何调用这个函数，因此应该在接口函数的文档中给出这种限制的明确描述，由此也说明应用编程接口（API）文档的高度重要性。尽管如此，如果一个应用程序员的微小疏忽就会导致整个系统的崩溃，这是系统程序员决不应该看到的事情，因此系统程序必须有高度的容错性，这要求系统程序员时时刻刻都要留心自己所做的每一件工作。

最后一个问题是，如果字符串的分隔之处出现多个空格，则在返回的字符串单词的前面可能会有多个引导空格，这也不是所希望的。除此之外，还有可能有别的分隔字符。所以这个函数不是一个完美的函数，而且大多数情况下会导致不期望的结果。这个过程有点类似于"归一化"。精细的程序设计中常常需要进行这种归一化的操作，从而增加程序设计的通用性。

1.4.5 规范实现范例

针对上面的讨论,接下来看一些比较好的设计方案:

```c
char *  getword (char ** inp)
{
    char *p,  *pdst;
    if (! inp || ! * inp)
        return (0);                        //检查参数
    p = * inp;
    while (isspace ( * p))                 //跳过前导"空格"
        p ++ ;
    if ( * p == 0)
        return (0);
    pdst = p;
    while (! isspace ( * p) && * p != 0)
        p ++ ;
    * p ++ = 0;                            //标记"串"的结束
    * inp = p;                             //调整输入字符串的指针
    return  pdst;
}
```

这个函数的实现比较完整,而且语句很精练。它的巧妙之处在于利用空白字符的位置添加了一个 NULL 结束符,由此无需像上面第二种做法那样需要一个额外的长度字段,指示这个单词的长度。但由此也带来了不足的地方,它改变了输入参数。处理字符串句子只被扫描处理一次(ONE-PASS)是没有问题的,但如果用户不希望更改输入字符串,而需要多次处理,这个函数的设计仍然是不理想的,必须复制所找到的第一个单词。

为此可以重新设计接口,做如下调整。

```c
char * getword (char * dst, char * s);
```

函数说明:
该函数从一个输入字符串"s"中提取第一个非空白字符的单词,返回指向这个单词的指针。

参数说明:
　　dst—返回字符串的缓冲指针。调用程序必须分配足够的存储空间。
　　s—输入源字符串。

返回值:
　　0—没找到,或输入参数错误。

第1章 程序基础

其他—指向所找到单词的指针。

```c
char * getword (char * dst,char * p)
{
    char *a;
    if (! dst || ! p)    return (0);
    dst[0] = 0;
    while (isspace (*p)) p++ ;
    if (*p == 0) return (0);
    a = p;
    while (! isspace (*p) && *p != 0) p++ ;
    strncpy (dst,a,p - a);
    dst[p - a] = 0;
    return (p);
}
```

现在看到的是 getword 函数比较经典的标准实现。可以看出它是完整的,结构非常清晰的,考虑问题很全面。对于空白字符,可以提炼出一个标准函数,因为用户对于空白字符可能有不同的限制与扩充。

在这个设计中,目标字符串的存储空间由调用函数分配。通常情况下,调用函数能够预知所处理字的最大长度,所以很容易控制,无论是调用函数在堆中分配,还是在栈上分配,都可以由调用函数负责处理分配与释放。调试、修改和维护都很方便。

函数首先检查输入参数,注意在这里不要用 Assert 宏,Assert 宏只对于调试版本有效,它起到程序本身检查的目的。对于 Release 版本,Assert 宏并不出现在目标代码之中,如果出现 Assert 不能满足的条件,则程序将会产生异常,甚至导致系统崩溃。而如果用户传入不期望的参数,返回为空,只会导致本次操作不成功,并不会将一个地方的错误扩散到整个系统中去。

看了以上的讨论之后,读者也许觉得我在这里吹毛求疵。的确,上面类似的错误是在所难免的,出了这种错误,可以通过调试来跟踪和定位错误地点与类型。调试是非常重要的,但是应该从调试中不断地总结经验教训,不断地提高自己的设计能力与设计思想。如果一个程序的每一个片段都是通过反反复复修改出来的,那么这个程序的整体质量就可想而知了。

从上面这个简单的例子可以看出,接口的设计是非常重要的,接口首先要考虑一个函数所要实现的功能,功能明确之后,要考虑输入/输出参数以及返回类型。

要搞清楚程序的结构,提高程序思考能力,最好的办法是写汇编、C 程序和 C++ 相互调用的程序,把 C 语言的结构或类等复杂类型传递到汇编中去。这样,可以帮助程序员思考各种程序问题,也会极大地提高程序员对程序的调试能力以及控制能力。

1.4.6 性能优化

1. 代码优化的必要性

由于嵌入式设备的资源有限,而且嵌入式设备实时性要求很高,所以嵌入式软件设计中代码必须尽可能优化。

另一方面,简洁、完整、高效的实现,更有利于看清楚程序的结构,寻找程序中已经实现和未实现的部分以及外部需要保证的部分,从而减少程序的错误,特别是一个系统中出现的错误。

代码优化的结果,也许会节省程序空间的开销,或减少 CPU 的运行时间。

2. 代码优化的方法——算法

代码的优化基于对问题的理解程度、解决问题的清晰思路与先进方法。

解决问题的思路与方法都是算法,因此应该广义地理解算法。算法不仅仅指音视频计算中使用 DSP 进行优化的过程,或计算方法里的数值求值,软件设计中涉及的一些事务的安排与处理都是算法。诸如字符串比较函数,内存复制(memcpy)函数,中断的分配与处理,内存的分配与释放,无一不需要程序实现的策略,这些都是算法。从下面的例子中可以看到,一种好的算法正是基于一种简洁、清晰的思路。

下面以嵌入式软件工程师进行测试时得到的一些回答作为实际例子,来说明代码的优化及其重要性。在这些回答中,绝大多数结果都不完整,看上去面目全非,因而运行结果错误,或根本不能编译,只有少数回答基本正确,但是却非常繁琐。下面先看一个相对正确的回答。

[问题]设计一个例程,在一个给定字符串中找出最长的、没有重复字符的字符串。

```
#include <stdio.h>
void findlongstring(char * string,char ** str,int * num)
{
    int i,j,k;
    char * p, * q, * result;
    int m = 0;
    char * lp;
    int n;
    if( * string == '\0'){
        * num = 0;
        * str = string;
        return;
    }
    p = q = string;
    n = 1;
```

第1章 程序基础

```c
    q ++ ;
    while( * q! = '\0')
    {
      for(lp = p;lp<q;lp ++ )
        if( * lp == * q) break;
      if(lp! = q){                              //找到相同字符
        if(m<n){                                //找到新的最长字符串,更新结果
          m = n;
          result = p;
        }
        /* 修改当前搜到的字符串:起始和数目 */
        n = q - lp - 1;
        p = lp + 1;
      }
      q ++ ;
      n ++ ;
    }
    if(m == 0)                                  // 长字符串是字符串本身
    {
      * num = n;
      * str = p;
    }
    else
    {
      * num = m;
      * str = result;
    }
}

int main()
{
  char string[180] = "asdlkdlabcdefing student output smartabcdefg";
  int m;
  int i;
  char * str;
  char * result;
  //fgets(string,180,stdin);
  findlongstring(string,&str,&m);
  result = (char * )malloc(m + 1);
  for(i = 0;i<m;i ++ ) result[i] = str[i];
```

```
    result[i] = '\0';
    printf("\nresult string:% s
       length:% d\n",result,m);
}
```

这是我从众多的回答中选到的几个最好的答案之一。说它好,只不过因为它是进行程序设计的人在电脑上经过反复调试得到正确结果的一个程序。

这段程序没有进行任何删减和修改,要看懂这个程序,除非程序的作者,可能都要费一些周折,原因是程序中没有有效的注释。从对齐结构上看,层次很差,可读性不高。在这样一个极其简单的例子中,就可以看出程序注释的重要性。

这里强调没有"有效的"注释,是指有时虽然设计者加注了一些注释,但只是一些形式上的注释,没有进行整理和归纳,没有写清实质思路或表述不清楚。对于这些注释,程序员在编写程序时,是知道自己怎么想的,但是只有他自己知道,别人却没法看懂,时间久了,自己也会不知所云,或要费很大周折才能重新看懂,这样就严重影响开发效率。

程序中还有一个不完美的地方,编程者却没有留意到,那就是内存的泄漏。内存的泄漏并不一定导致当前程序出错,但它会给整个系统带来副作用,导致潜在的危害。避免内存泄漏的原则是一旦动态分配了内存,就要记录下来,必须在不使用或程序结束前及时释放。进一步地,必须在程序的所有执行路径(path)上都能保证释放。

诸如内存泄漏这样的问题,主要来源于设计者马虎的个性,考虑问题不严谨和不周密。这是我们时时刻刻都要细心留意的问题。

下面看一个规范的实现作为对比。

```
#include "stdio.h"
/*************************************************
函数目的:
    在一个输入字符串中搜索最长的,没有重复字符的字符串,结果保存在目标字符串缓冲中。

参数:
    src    - - -   输入源字符串。
    dst    - - -   输出目标字符串。
                   假定 <dst>拥有足够长的空间以存放搜索到的目标字符串。

返回参数:
    搜索到的没有重复字符的字符串的长度。
*************************************************/
int  searchmaxstr (const char* src,  char* dst)
{
    int    len,i,j,start,ostart,maxlen;
    char   *p = src;
```

```c
    if (!src || !dst || !src[0])
        return 0;

    start  = 0;
    ostart = 0;
    maxlen = 0;
    i = start + 1;
    while (p[i] != 0)
    {
        for(j = start; j < i; j++)
        {
            //         maxstr(最长字符串)
            //    |---------|
            //    a....b....b.....a
            //    ^    ~~   ^
            //    |    ||   |
            //    start j|  i
            //    |      |
            //    |      new_start
            //    ostart
            //
            if (p[j] == p[i])
            {
                len = i - start;
                if (maxlen < len)
                {
                    ostart = start;                //重新标记输出字符串的起始
                    maxlen = len;
                }
                start = j + 1;
                break;
            }
        }
        i++;
    }
    len = i - start;                              //到达输入字符串的结尾
    if (maxlen < len)
    {
        ostart = start;                            //重新标记输出字符串的起始
        maxlen = len;
```

```c
    }
    strncpy(dst,&src[ostart],maxlen);
    dst[maxlen] = 0;
    return maxlen;
}

char tstr[] = "asdlkdlabcdefing student output smartabcdefg";
int main(void)
{
    char buff[255];
    int  len;
    len = searchmaxstr(tstr,buff);
    printf(" org: <%s>\n",tstr);
    printf("len = %d\n",len);
    printf("result: <%s>\n",buff);
    return 0;
}
```

这个程序片段就很清晰，一目了然。首先，在函数的首部有一个函数的 API 描述，说明这个函数的目的、用途和参数含义，包括函数的输入、输出以及返回值。

用途：说明了这个函数是要找出最长的、没有重复字符的字符串。

函数的输入是一个字符串，包含在 char * src 里面，而输出将被复制到 char * dst 缓冲区里面。在函数设计时，初学者往往喜欢使用 malloc( ) 动态分配内存，实际上这对于小片区域的内存是不足为取的。malloc( ) 与 free( ) 是系统调用，特别是内存管理的函数设计涉及相关的算法，开销非常大。对于小片区域的内存，使用栈很方便。什么是栈呢？栈是系统在启动一个进程以及一个线程里会为该进程和线程开辟一块内存区域，它是程序(线程)的临时工作活动区域。

调用函数将会很容易知道 dst 的最大长度，因为它不可能超出 src 的长度，因此，可以在调用函数一级来预留足够大的空间以复制目标字符串。即便是需要由调用者来动态申请，那么也可以保证在调用者申请的同级释放，而不是跨级申请与释放内存。

函数的主体部分是在 while( ) 循环中。设想一下，字符串中字符的重复是如何发生的，从头(start)开始搜索，当搜索到第 i 个字符时，发觉第 i 个字符与前面第 j 个字符相同(start <= j < i)，这时需要在 i 回退一个字符，从 start 到(i−1)是当前搜索到的("局部的")最长字符串。随后的问题是要确定下次再搜索时的起点，显然从(start+1)开始是不合适的，因为 j 和 i 已经重复了，新搜到的字符串只会比这个短；从(i+1)开始也是不合适的，因为可能会漏掉一段字符串，(j+1)到 i 之间是没有重复的。

因此，最适合的新的起点 new_start 应该从(j+1)开始，而这时 i 无需再从 new_start 开

第 1 章 程序基础

始。注意到 new_start 只是一个概念性的,是再次搜索的(start),与 start 共享一个变量,只不过修改 Start 的值而已。

可以看到,程序中的注释,清楚地把这个思路展现出来了,两个字符相同时的输出标记与起点的调整都很清楚,所以程序的可读性非常高,算法也最简单、最优化。

在循环的后面,还要考虑细节,就是当搜索执行到整个字符串末尾时的处理。仔细看一看,这后面两句话还可以合并(merge)到循环中去。

```c
int   searchmaxstr (char * src,char * dst)
{
    int    len,i,j,start,ostart,maxlen;
    char   *p = src;
    if (!src || !dst || !src[0])
        return 0;
    start = 0;
    ostart = 0;
    maxlen = 0;
    i = start;
    do{
        i++;
        for(j = start; j<i; j++)
        {
            if (!p[i] || p[j] == p[i])
            {
                len = i - start;
                if (maxlen < len)
                {
                    ostart = start;         // 重新标记输出字符串的起始
                    maxlen = len;
                }
                start = j+1;
                break;
            }
        }
        //if (!p[i]) break;
    }while (p[i]);
    strncpy (dst,&src[ostart],maxlen);
    dst[maxlen] = 0;
    return maxlen;
```

}

　　大体上数了一下,这个函数的搜索循环体内部用到了 10 行有效的 C 程序行,而前面的回答优化到 17 行有效 C 程序行时,就觉得再没有办法进一步优化了。其实程序的优化,在结构上、性能上和运行效率上都会有非常高的改善。只要在算法上有效地改进,优化的空间还是很大的。在诸如 TCP/IP 协议或操作系统原理等书上,常常可以看到一些专业的原型代码,只有少数几行程序却能实现出一些复杂的逻辑功能,有些代码片段需要一个普通程序员几百行、甚至几千行才能实现。这就是对相关算法理解深刻的体现,当然高超的编程技术,精巧的实现也是必不可少的。

　　由这个例子可以看出,事务处理方面的算法也是非常重要的,对于调用频繁的系统函数库更加重要。

　　最后,比较后面的两个实现,虽然最后一个实现在语句、最终的汇编代码或可执行的机器代码上都较前一个小,但是从运行效率和指令执行的流水线结构上来看,它不一定是两个程序中最优的。在前一个例子中

```
while (p[i] != 0)
{
    … …
}
```

　　处理机在执行 while( )判断时,处理器的指令预取功能会取出下一条或下几条指令,这个预取的过程极大地加速了程序的执行,不幸的是对于条件为"假"的情形,预先读取的循环体内自上而下顺序执行的指令序列流不会被执行,从而废弃指令预取队列中的全部指令,转到 while 循环体之后的指令重新取指。这种情况称之为指令预测失败。while( ){ }只有最后一次执行时才会预测失败,而在后一种情况,使用 do {　}while(cond),这时处理机会顺序取 while(cond)之后的指令,但是在绝大多数的情况下,while 还会跳回去执行循环体的开始语句,在后面的这种情况下,指令绝大多数预取失败,只有最后一次条件不成立时,指令预取才会成功。所以,从指令流水线的结构来看,使用 while (cond){ }的效率优于 do { }while(cond)。

　　细心的读者可能会问,while(cond) { }循环体的最后一个括号要执行跳转,这不也会引起流水线被破坏吗? 答案是否定的,因为对无条件转移或绝对转移的情形,绝大多数流水线结构的 CPU 都会处理这种预取,这时会预取无条件转移处的指令,而条件转移只有在程序运行时才能判断当前经过的时刻条件是否为真。

　　有了这些基础,就可以进一步对第二种情况作优化,使用形如:

```
while (1) { …… if (! cond) break; }
```

来取代 do {　}while (cond);这种结构。while(1)并不需要占用处理器的时间,它在编译的时候甚至根本就不产生机器代码,而 while(1)之后的大括号的后一个大括号是一个无条件转移,

它条件地跳转到 while(1) 之后的语句行上去,只有在循环体之后的 if(! cond)break 才执行一个条件判断,因此这种结构中,绝大多数情况下指令的顺序预测仍然是成功的。

1.5 程序设计其他注意点

1.5.1 谨慎使用"宏"

下面的例子告诫我们使用宏时一定要谨慎小心,写程序不能凭空臆想。编译器也是人设计的,所以编译器的行为是依赖于人的设计,依赖于当时设计编译器的人的思考。诚然,了解编译器,正确理解程序的结构,可以写出性能高、稳定性好的程序。

看看这个例子:

```
#include <stdio.h>
#define  cub(x)          (x)*(x)*(x)
main()
{
    int i=10;
    printf("cub(%d) = %d\n",i,  cub(++i));
    printf("new i = %d\n",i);
}
```

这个程序会打印出一个什么样的结果呢?

看起来,题目没有任何问题。设计者的意图不外乎是想把一个变量自加 1,然后计算它的立方。所以设计者期望得到如下的结果:

```
cub(10) = 1000
new i = 11
```

不幸的是,设计者把 i++ 写成了 ++i,那么结果似乎应该是:

```
cub(11) = 1331    (注:1331 = 11*11*11)
new i = 11
```

可是意想不到,程序的结果却是:

```
cub(13) = 1872
new i = 13
```

这个结果怎么也让人看不明白吧?

看样子,在打印语句中,i 的值没有执行从左到右的传递顺序。

i=13 是可以分析出来的,因为宏展开中,cub(++i) 被编译器解释为:

(++i)*(++i)*(++i)

那么第一个 i 怎么变成了 13 呢？仔细分析一下可以发现，printf() 是一个函数，在调用一个函数执行跳转之前，需要把所有的参数都计算出来。也就是说，如果函数的参数含有表达式，那么函数中的表达式一定要在调用函数之前被计算好，更进一步，如果一个参数是通过调用另一个函数所得到的返回值，则调用这个函数之前需要执行参数所代表的那个函数。只有所有的参数都计算出来，万事俱备之后，才会执行这个函数调用的跳转。不同的调用约定传递参数的顺序不同，有的是从左至右，有的是从右至左，那么从这个例子可以看出，参数的计算是从右至左的，这就解释了为什么 printf() 的第二个参数 i 被传入了 13。但是这里仍然还有一个疑团：显然 1872 既不是 11 的三次方，也不是 13 的三次方，那么根据宏展开，cub(++i) = (11)*(12*(13))。可是结果却出人意料，因为 11*12*13 = 1716，这又怎么解释呢？1872 是从哪里来的？

要解开这个疑团，不妨试着做一个因式分解，(因式分解这一步你是否能想得到?)，1872 首先试着用 13 去除一下，1872/13 = 144，那么 1872 一定是等于：

1872 = 12 * 12 * 13

如果你想要就此放弃的话，我也无话可说，也许你觉得纠缠在这种毫无意义的小事上没有任何意义。如果你愿意继续跟着我寻根问底的话，那么一定会有耐心把下面的讨论看完。事实上，系统设计要求程序员只有养成这种寻根问底的良好习惯，才能在遇到问题时找到问题的根源(root cause)，这对于系统设计的稳定性是非常重要的。

根据 C++ 的计算顺序约定来仔细研究一下：

"++var" 应该是先执行自加，然后再运算，而 "var++" 则应该是先执行运算，然后再自加。

第一步，当编译器编译到 (++i) 的时候，i=11，此时还没有运算。

第二步，当编译器编译到 (++i) * 的时候，由于第二个操作数还没确定，所以需要先计算第二个操作数，即先编译第二个 (++i)，此时得到 i=12。

第三步，当编译器编译 2 个 (++i)*(++i) 中间的 "*" 时，按同等优先级从左到右的原则，下一步必须执行 *（乘）运算了。注意到乘的 2 个操作数都是 i，(++i) 只不过是附加于 i 之上的操作。因此操作数应该从 i 取值。有些人（编译器）说，把前面的 i 预先保存在处理机内部（例如一个寄存器），等待后面的运算，这有两方面是不合理的：

① 程序中含有了 2 个或是更多的 i 的备份。这对于一个程序变量（或一个硬件逻辑）来说显然是不应该的。

② 编译器怎么知道后面需要执行乘而超智能地把 i 的值保存起来呢？

这里 i 只是一个变量，它是一个物理的载体。硬件设计的流水线结构中，也经常有指令流水线产生副作用的理象，例如，某些处理机刚 Load 的数据还不能立即参与下一步的运算，尽管如此,为了保持系统的逻辑一致性,无论是Cache,还是Register,或是Memory,它们都不是智能地(臆想地)增加额外的记忆。

从软件的角度来解释,作为一个变量,它有两个域,一个是地址域,一个是值域。一个备份意味着一个变量只有唯一的一个地址域,而它的值却是可变的(变量),无论是＋＋,还是乘,都是在这个变量上施加的运算,或是把这个变量作为一个操作数。

对于一个执行机而言,让它执行＋＋i,它就会毫无选择地执行＋＋,让它执行乘的时候,它就会执行乘运算。对于一个乘运算,它绝不会把一个表达式(＋＋i)当作直接操作数,在这里乘运算的两个操作数实际上都是i,但由于＋＋的优先级优于乘,(也即是第二个＋＋优先级优于第一个乘),因些得到12＊12,中间结果当然不应该存于i,余下的分析就很明显了。问题的关键是要正确理解i是一个变量,而不是一系统特定的变化的值,它是一个变量,是一个匣子,是一个容器,确切地说,它是内存中一个4字节长的存储单元(在32位机中)。每次要执行操作时,它应该是从这个变量的当前值进行操作,而不是从这个变量的某个历史的值来作运算。

分析到这一步,如果善于总结的话,所下的功夫就没有白费了。比如说,从这个例子就可以加深读者对变量的值域和变量的地址域这两方面属性的理解。如果还没有意识到这一点,或者是每次都半途而废,不去寻根求源,那么只会在原地踏步。

之所以要在这些小问题上"纠缠",是因为我希望本书的每位读者,都应该在设计中做到心中明了,知道自己在做什么,知道程序的运行情况是如何推进的。作为一个系统程序员,要养成随时多问几个"WHY"的习惯,而不只是程序可以工作就罢了。

小结:

这个小程序有以下几个地方可以引以为戒:

① 宏名最好要大写,例如写成CUB(x),这样就不会在调用时误把cub当函数,同时注意写成

```
#define CUB(x)    (x)*(x)*(x)
```

即添加括号,以免在调用时,传入的一个表达式因结合顺序的问题导致不易发现的错误。

② 第二是把涉及变量运算的宏改为static函数,例如static int CUB(int x)｛ return x＊x＊x;｝。

③ 最后,如本例所示,宏调用时,最好不要传入表达式,特别是自增或是自减之类的表达式,尽量不使用模糊语义或会引起歧义的程序句。

总之,在调用宏的时候一定要小心谨慎,仔细推敲。讨论到这里,或许我们总算可以松一口气,问题是否该结束？回答应该是的。然而我在VC下做了一个实验却发现同样一个程序却得出不同的结果。

// t.cpp：为一个控制台应用程序定义程序入口点

```
//
#include "stdafx.h"
#define    cub(x)             (x)*(x)*(x)
main()
{
    int i = 10;
    printf("cub(%d) = %d\n",i, cub(++i));
    printf("new i = %d\n",i);
}
```

在 Debug 版本下打印出：

```
cub(13) = 1872
new i = 13
```

而在 Release 版本下却打印出：

```
cub(13) = 2197
new i = 13
```

由此看出，这样一个简单的程序，在不同编译优化时却得到截然不同的结果。如果要深入分析这两种结果，在反汇编的情况下，就不难发现二者之间的差异。显而易见，这是编译器解释方式不同所致。

以后读者在调试 Kernel 或调试 Driver 时经常会发现这样的问题，出了这种问题，也许会很郁闷，一筹莫展。在一个大的系统之中，要搜寻一个微小的疏忽，真的是犹如大海里捞针。那么，要期望成为一位合格的系统软件工程师，就只有从身边的点点滴滴做起。时时刻刻，细心留意，精心构思自己写的每一小段程序，使它的应用不会发生歧义。

遇到一些看似很小的问题，切莫轻言放弃！

精明的程序员不在乎于一些小的技巧，而在于如何实实在在地把一个问题准确表达和实现。同一个编译器在不同优化级别时还会产生不同的语义解释，所以设计中力求避免歧义。

如果把程序中的++i 换成 i++，如下所示。

```
#define    cub(x)             (x)*(x)*(x)
main()
{
    int i = 10;
    printf("cub(%d) = %d\n",i,cub(i++));
    printf("new i = %d\n",i);
}
```

则在 Vstudio C++中，在 Debug 版本下打印出：

```
cub(10) = 1000
new i = 13
```

而在 Release 版本下却打印出：

```
cub(13) = 1000
new i = 13
```

在 GCC 中，Debug 版本和 Release 版本下，都得到如下相同的结果：

```
cub(13) = 1000
new i = 13
```

比较起来，GCC 编译器更准确一些，而微软对于 cub(++i)所编译出来的 Release 版本下的 13 * 13 * 13 = 2197 的结果是错误的。为此，我们不应该迷信大公司，也不应该迷信微软，微软的操作系统和编译器仍然存在大量的错误与漏洞。当然，我不是为了指责某个公司或某个人，只是希望大家在学习这本书之后，能够消除头脑中的迷信观念，不会过分依赖于他人。只有跳出观念上的束缚，我们才能有所创新。特别是对于正准备投身于系统软件开发的程序员来说，如果想走得比同行更远一点，眼界更高一些，那么一定得消除心目中对操作系统、对编译器的过分依赖，消除心目中认为它们很神秘的观点。

再次归纳一下：通过这节的讨论，我们明白了：

- 使用宏时要特别小心，特别是在传入表达式的时候，最好不要传入自增、自减的变量，而应明确使用 +1，-1 等，需要修改变量时，应该使用分离的步骤。
- 变量具有地址域和值域两方面的属性。
- 编译器的不同优化级别可能产生完全不相同的两种结果。
- 不同的编译器可能产生出不同的代码。
- 编程过程中应当避免使用有歧义的程序语句。

1.5.2 正确理解预定义宏

在讨论编译宏之前想解释一下什么是编译预定义宏？它有何作用？为此，先来看下面一个实例。

```
//++++++++++++++++++++++++++++++++++++++
//请问下面的代码输出什么？
#include <stdio.h>
void myfunc();
main()
{
#ifndef _A_
#define _A_
```

```
#endif
    myfunc();
    myfunc();
#undef _A_
}
void myfunc()
{
#ifdef _A_
    printf("_A_ is defined!\n");
#undef _A_
#endif
}
//++++++++++++++++++++++++++++++++++++++++
```

这里实际上是考查对编译宏的理解。

编译宏只在编译预处理时使用,而不会出现在真实程序代码的控制中,也不是真正的指令。通过定义一些编译宏可以指示编译器哪些代码是本次编译所需要的。#ifdef 与 #endif 告诉编译器如果某个编译变量(开关)定义过,(**注**,赋值也是定义,例如#define _A_ 2),则编译器将处理下面的程序语句,直至遇到#endif(#ifdef 与 #endif 必须成对出现)。同时,#ifdef 与 #endif 并不关心它所包含的语句是什么,也就是说,它可以跨越多个函数,即多个函数各自的一部分,或者一条语句的一部分。总之,#ifdef 并不关心程序的实际语义,而只是告诉编译器,依据#if(…)的条件来决定在#ifdef 与 #endif 之间的那部分程序是否被包含到实际程序中,成为程序的一部分。

下面来看第一遍编译预处理时得到了什么样的等效代码。

```
//++++++++++++++++++++++++++++++++++++++++
//请问下面的代码输出什么       ==>预编译器输出  //请问下面的代码输出什么
#include <stdio.h>             ==>预编译器输出  #include <stdio.h>
void myfunc();                 ==>预编译器输出  void myfunc();
main()                         ==>预编译器输出  main()
{                              ==>预编译器输出  {
#ifndef _A_                    ==>预编译器输出  (无)
#define _A_                    ==>预编译器输出  (无)
#endif                         ==>预编译器输出  (无)
```

说明:上面倒数三条语句中由于_A_未定义,所以无输出。但是倒数第二句让预编译器记录下一个新的编译变量,即_A_被定义。

```
myfunc();                      ==>输出  myfunc();
```

```
    myfunc ();                              ==>输出 myfunc();
    #undef _A_        ==>输出（无）
```

说明：最后一条语句,预编译器将_A_ 置为未定义状态

```
    }                                       ==>输出 }
    void myfunc ()                          ==>输出 void myfunc()
    {                                       ==>输出 {
    #ifdef _A_                              ==>预编译器检查 _A_ , _A_处于未定义状态
          printf ("_A_ is defined! \n");    ==> 此句不会被预编译器处理
    #undef _A_                              ==>此句不会被预编译器处理
    #endif                                  ==>输出（无）
    }                                       ==>预编译器输出 }
//++++++++++++++++++++++++++++++++++++++
```

于是得到下面第一遍扫描后的代码输出。

```
//++++++++++++++++++++++++++++++++++++++
//请问输出什么？
#include <stdio.h>
void myfunc ();
main ()
{
      myfunc ();
      myfunc ();
}
void myfunc ()
{
}
//++++++++++++++++++++++++++++++++++++++
```

第二遍编译时,编译器才会分析语法(包括注释)。由于预编译宏是在预编译时,而不是在运行时处理的,所以,对于下述语句

```
    #ifndef _A_
    #define _A_
    #endif
          myfunc ();
          myfunc ();
    #undef _A_
```

当编译到 myfunc()时,只是插入调用函数,而不是转去解释一个函数的内部语句。即是说,编译器是顺序扫描的,编译不等同于执行。

1.5.3 避免歧义

每个程序员写程序时都会有自己的风格,各个系统也采用不同的编程风格,没有一个通用的标准。但是为了探讨程序实现的性能与效率,下面就提出一些问题来进行讨论。

对于一个庞大系统软件的设计,我并不赞同为了追求一些吹毛求疵的小技巧而把程序设计得很复杂或很玄妙。在系统设计中,重要的是要做到结构清楚、性能稳定、考虑周密,精心设计所有可能的情况,遍历所有的执行路径才至关重要。

现代的编译器已经足够智能,能自动作高性能的程序优化。所以,作为一个程序员,首先要专注于解决自己的问题,在准确的基础之上再考虑优化。

与之相反,由于不同的平台、不同的编译器所解释的方法和支持的特性往往也各不相同,这给移植带来困难。我认为在程序中使用简单明了的语句表达,才是最好的编译风格。如果能做到以简单化复杂,所编写的程序稳定性就会提高,通常情况下效率也会提高。当然,最直接的方法用汇编来构造,但对于一个大型的系统,完全用汇编显然是不可能的。所以也不能走极端,应该根据实际情况编写简洁的程序,这可以避免歧义,也便于程序的维护。

为了避免歧义,一个比较好的方法是多使用括号。例如:

```
b = 4;
c = 5;
a = b +++ c;
```

执行这条语句之后,a,b,c 的值各是什么呢?要获得答案,需仔细查阅参考书,而且还要依赖于 C 编译器的开发者也严格按照参考书上的规范来实现。由此引出很多的麻烦和代价,为什么非要使用这条晦涩难懂的语句呢?不如写成:

```
a = (b++) + c;
```

或

```
a = b + (++c);
```

意思不就很清楚了吗?为什么非得一定要搞得很含混?即使对于++与+的结合顺序搞得非常清楚明了,也不要使用这样的技巧,除非写程序的目的就是让人看不懂。

我认为,程序设计中,简单是最好、最直接的方式,也是效率最高、最不容易出错的方式。就好比人的手和脑一样,是人最直接、最宝贵的工具。我画图就常使用画图板,有一次一位同事作一些界面图标,花了很长时间还是对不齐,结果我教他使用画图板放大的模式来数点数,一下子就数明了,程序设计的道理也是类似的。

上面只是一个例子,说明程序一定要写得易懂、易读。这样就可以减少错误,减少误解。多用括号是减少歧义的一个很好的手段,它比记住各种程序设计中的结合顺序以及正确地熟练使用要简单容易。又比如：

```
if (a & 0xff || b+c>6)
```

在这里，要注意的是空格并不改变结合顺序，所以写成 b+c>6 与 b+c > 6 或 b +c>6 都没什么不同。上面这个条件表达式也许满足了设计者的意愿，但看起来很不严谨。可能会有不同的理解，或者需要查语法才能确定。b+c>6 到底是(b+c)>6 呢？还是 b+(c>6) 呢？正确的做法是写成如下的形式：

```
if ((a & 0xff) || ((b+c)>6))
```

这样写就很规范、清楚明了。

第 2 章

多任务操作系统

在嵌入式软件的设计中,由于是设计整个嵌入式软件产品,其中很大一部分工作是针对特定的硬件平台开发某个嵌入式操作系统软件平台,从而需要参与到操作系统其中一部分的设计。由于软件分层,作为芯片设计公司,或 OEM 提供商,主要参与到与硬件相关的驱动程序的设计,这部分软件被称之为 OAL 层。尽管 OAL 层主要与硬件打交道,但是,扎实的操作系统知识对于嵌入式软件程序员来说,是必备的基本功。深入理解操作系统,才能掌握 OAL 设计的各种系统接口,从而实现 OAL 层所要达到的功能;才能与操作系统的各个组件有机地结合起来,实现整个系统的功能;同时,也才能有的放矢,优化整个系统的性能。

全面讨论操作系统原理不是本书的范畴。本书没有展开与嵌入式软件设计不很相关的内核机制,例如进度调度,内存页面管理等,这些内容是操作系统核心开发者所要深入钻研的。尽管如此,通用的操作系统原理是基础。操作系统原理方面,有很多国内外专著,讨论都很全面、系统和深入。如 Andrew S. Tanenbaum 写的 *Modern Operating Systems*。

在掌握了操作系统基本原理的基础之上,可以把一些程序设计技巧应用于操作系统设计的实践中。嵌入式操作系统与通用的操作系统相比较,它们既有共性也有个性。嵌入式系统软件程序员不需要从头开始设计一个完整的操作系统,只需要关心 OAL 接口部分最核心的原理和方法。

本章将讨论那些与嵌入式操作系统实践,特别是对于嵌入式操作系统 OEM 开发者直接相关的一些话题,其中包括多任务环境、模块间同步与通信协同、驱动设计以及通用库(动态库,静态库等)设计中可重入性等问题。为了避免重复,与驱动设计密切相关的 I/O 系统则放在驱动模型一章中详细讨论。

OAL (OEM Adaptive Layer)指开发与特定硬件平台紧密相关的那部分软件抽象层。当然,嵌入式软件的设计范畴并不单纯指硬件适配层,嵌入式软件的开发还会涉及到操作系统的很多方面,通常把 OEM 嵌入式软件开发者所要开发的软件范畴称之为板级支持包 BSP (Board Support Package),它是一个嵌入式操作系统的一部分,专业的 RTOS 提供商提供和维护操作系统的核心部分,如 Linux,WinCE 的系统核心的代码。

另外,本章在讨论多任务的时候,也是以程序实现的角度来讨论系统需求,而不是单从理论上进行讲解。

第 2 章　多任务操作系统

2.1　板级支持包

简单地说,板级支持包是操作系统软件分层的产物。操作系统核心由专业的开发队伍维护着公用的执行体核心,它们是所有硬件平台共用的操作系统核心。不同的硬件厂商开发特定于自己硬件的软件实现。对于 OEM 提供商,他们只需要提供少量的、与底层硬件相关的软件实现,就可以在自己的硬件平台上运行一个通用的操作系统平台。因此,板级支持包是为了支持特定的硬件平台,在特定的硬件平台上运行一个通用的操作系统平台所要提供的那部分软件。

嵌入式软件的结构框图如图 1-1 所示,两条虚线之间的软件组件表示嵌入式操作系统基本平台,虚线之上的部分表示应用程序,最下边虚线之下的部分表示特定的硬件开发平台。可以看到,无论是应用程序还是操作系统,都采用分层模型的结构来设计,其主要目的是增加软件的复用与系统的维护性。嵌入式系统软件工程师所设计的软件是位于操作系统核心与硬件平台之间的那部分 OAL 软件层,这也是本书的读者所关心的设计内容。

操作系统是一个庞大的软件体系,研究者的着眼点不同,对于它的组成结构就会有不同的划分,大致可分为进程调度、存储管理、文件系统、I/O 设备管理和进程通信。有的书上把作业管理提出来作为一项组成部分,有些书把进程通信归到进程管理。其实如何划分,是着眼点不同的问题,这里不重点讨论这些成分划分的问题。

由于操作系统的分层设计模型,操作系统核心处理了进程调度、存储管理、文件系统、I/O 设备管理以及用户程序管理的绝大部分问题。所以如果不打算成为一个操作系统核心的设计成员,那么就可以不必关心操作系统原理,不必关心内核是如何调度一个等待线程,不必去关心磁盘文件系统 inode 的建立,应用程序的加载,外部符号的解析,存储空间的分配与释放等事情。

然而事实并非完全如此,OAL 层与操作系统核心不是单纯的一种简单的调用与被调用的线性层次关系,二者相互参和,而且 OAL 层需要实现某些核心的系统功能。必要的时候,OAL 设计人员可能需要更改操作系统核心那些对于所有系统公共的 Public 或 Common 目录下的内容。所以,对于像 WinCE 这样由微软牢牢控制着操作系统核心的设计平台,仍然开源了很多 Common 的代码,由此 OAL 设计人员可以根据自己系统的需求对公共代码部分进行修改与定制。对于像 Linux 这样的开源操作系统,程序员更可以深入到所有核心模块。

2.2　嵌入式操作系统与实时性

嵌入式操作系统有时又称为实时操作系统(real time operation system),二者是既有区别又有联系的两个概念,下面加以简单讨论。

2.2.1 嵌入式操作系统

嵌入式操作系统(embedded operating system)是在通用操作系统基础上发展起来的,通过定制化和设计专用化,可应用于工业控制、个人移动媒体或其他专用设备之中的控制程序。因此,可以把嵌入式操作系统理解为单片机控制程序与运行于工作站或桌面系统之上的通用操作系统之间的一个软件产物。

作为早期的 8 位或 16 位单片机系统而言,由于控制任务相对简单,各个外部事件或系统内部的控制都由一个中央控制程序来控制,就好比一个单一线程的应用系统,整个系统只有一个 main 函数入口,没有太多的分支。

但对于像 PC 机那样的桌面系统或复杂的工作站而言,就需要处理许多通用的事务,例如科学计算、文字处理、电子商务、互联网、游戏、多媒体播放,等等。技术发展到今天,像桌面系统一类的通用系统从硬件和软件方面都发展得相当迅猛,硬件资源丰富,处理机的速度非常快,操作系统及应用程序的功能既丰富又稳定。

32 位 RISC CPU 的出现,可以认为是一个介于单片机与 CISC CPU 之间的产品,从此也给嵌入式系统的发展带来了深刻革命。

从硬件上说,RISC 多级的流水线结构,规整的指令长度,精简的指令,扩大的通用寄存器文件等,都是优于 CISC CPU 的方面,而且 RISC 逻辑相对简单,译码和执行相对更快,占用硅片的面积小,成本相对较低,也利于集成到片上系统(SoC)。

从软件上说,嵌入式设备需要处理更多的事务,这些事务往往同时发生,例如当用户正在使用 Smart-Phone 编辑一个文本时,又不想错过一个紧急呼叫;或用户正在欣赏音乐时,还希望同时阅读新闻或电子邮件;或一个工业控制设备在把拍摄下来的图像向远程发送的同时,还希望对外部温度、水位和气味等的变化做出应急反应等,这些都需要多任务。

嵌入式设备多任务的需求推动了单片机控制程序的变革,而操作系统多任务的特性正好适应于这一需求。

相对于采用 CISC 的桌面系统而言,对于 CPU 使用精简指令、外部设备的资源受到限制的系统,其操作系统也必须发生变化。首先,由于嵌入式操作系统里往往没有像 PC 机那样存储容量非常庞大的硬盘,系统软件和应用程序一般都存储在一些几十兆的闪存(flash)中,所以需要从通用操作系统中去除掉一些不使用的应用程序和应用程序函数库,以及操作系统中不使用的各种服务、各种协议栈和其他软件组件等。除此之外,它们的指令集不同,而且 RISC 往往只支持 CISC CPU 指令集的一个子集,例如很多 RISC CPU 系统不支持乘除法,也不支持浮点数的处理,指令集的指令二进制编码也全然不同,所以即使将桌面系统上现有的操作系统搬到基于 RISC 的嵌入式设备上也无法运行。

由以上讨论可知,简单地说,嵌入式设备由于资源受限、外部设备专用化、CPU 的特殊化,都要求基于 RISC 的嵌入式设备所使用的操作系统软件有别于传统的通用操作系统。它需要

第 2 章 多任务操作系统

从软件组成上精简，从设计上修改，还需要从编译上重新构建。

2.2.2 实时操作系统

嵌入式操作系统又叫实时操作系统，是因为嵌入式操作系统的实时性要求，是嵌入式操作系统的一个显著特性。

所谓实时性，就是对响应紧要事务的请求能够作出快速、准确、及时的响应。比如，对于危险环境外部数据的采取，对于紧急情况的响应等。在多媒体播放过程中，要求对音视频作出及时、快速的处理，否则声音或画面会出现断续。在人机接口中，快速对用户按键的响应也是实时性的范畴。

如果在一个系统中，所有的"用户"请求都能得到立即响应，那是最理想的情况。但是往往处理器的速度不够快，或者说系统中 CPU 不够多，那么这时候就需要系统按照任务的紧急程度，制定不同的优先级策略，设计性能优秀的调试算法。

实时操作系统的特征如下。

1. 及时性

及时性指实时系统对于连续处理事务的要求。像多媒体音视频的处理，语音聊天，视频会议等的应用，都要求音频、视频在时间上连贯，延迟小。

在工业控制上，要求对外部事件的处理所能接受的延迟得到更精细的控制，控制精度可能是毫秒级，甚至可能是微秒级。

2. 交互作用性

交互作用性指实时系统对于人机的响应时间由人所能接受的等待时间来确定。例如系统对键盘的响应，对于鼠标事件、触摸板的响应，对于窗口变化的响应等要求。

3. 多路性和独立性

多路性和独立性指实时系统要求对于并发的事件作出"同时"的响应。从宏观上来看，多路事件同时发生，但每一个分立事件却保持自身的独立完整性。

2.3 多任务概述

现代实时操作系统的一个重要特征是多进程（任务）以及多进程（任务）之间的通信。在多任务环境中，允许各个任务独立并同时运行，每个任务以一个或多个线程分时使用处理器资源，宏观上表现出在一台处理机上并行运行，这是现代实时操作系统的一个显著特征。多个任务之间通过各种各样的通信机制以实现任务间的同步，从而协调或约束彼此之间的行为。

实时系统另一个非常重要的特征是硬件中断。硬件中断机制使得实时系统可以及时响应外部事件，从而实现嵌入式系统的高度实时性能。因此，及时响应和实时处理外部事件便成为嵌入式系统设计的一个核心问题。因而中断处理在嵌入式系统设计中是一个至关重要的任务。

硬件中断机制为多任务的实现提供了物质基础。

2.3.1 进程、线程与任务

1. 进 程

简单地说,进程就是有独立的程序空间和进程控制块,是一个独立的应用程序,且有自己独立的生命周期。因为进程与进程之间使用不同的虚地址空间,因而不能简单地共享内存变量,进程之间的通信需要通过诸如邮箱、管道、套接字等方式进行通信。

多进程为实时系统提供了一个核心机制,以实现对客观世界中多个分立事件的控制和响应。如前所述,多进程产生这样一个宏观表象,那就是多个进程在一台处理机上同时运行;而事实上,内核基于某个调试算法交织地让各个进程在各自时间片内运行。每个进程都有它们独自的上下文(context)。所谓上下文,即指 CPU 的状态,以及系统资源。当每次内核调度到一个进程开始执行时,内核便恢复到该进程上次被中断时的状态,而在内核将别的进程调度为执行进程(context switch)之前,内核会被当前进程的上下文保存到栈中。进程的上下文被存放到一个称之为进程控制块 PCB(Process Control Block)中。通常 PCB 包括如下内容:

- PC 寄存器,它指示当前线程正在执行的位置;
- CPU 寄存器,包括状态寄存器或浮点寄存器(如果有);
- 运行栈(stack);
- 标准输入/输出设备;
- 其他内核控制数据结构。

2. 线 程

线程是一个可以被独立调度,并使其占用处理器资源运行的最小执行单元。一个进程中必定有一个线程,那就是主线程。在 C 语言程序中,main 函数所在的线程为主线程。除了主线程,应用程序还可以创建其他一些线程,以供某个应用程序中多个事务并发运行。

线程有自己独立的私有栈,但是其程序地址空间是整个进程程序地址空间的一部分,它与该进程的其他线程共享同一个进程虚拟地址空间,因而同一进程中的多个线程可以共享全局变量及全局数据结构,从而方便地实现内存变量的互享。除此之外,操作系统还提供了丰富的线程通信机制,锁和信号量就是经常使用的线程通信机制。

虽然同一进程中的多个线程可以共享全局变量及全局数据结构,但是考虑到可重入的问题,以及线程所控制事务的私有数据,特别是那些通过同一代码来产生多个线程实例的情况,不应该使用全局数据,而应使用各个线程私有的数据结构,例如通过一个 open()来打开多个"文件",每个被打开的文件都有私有的数据结构与之关联。

3. 任 务

某些操作系统中使用了"任务"的概念,比如 VxWorks 操作系统。任务有些像线程,也有些像进程,因为在 VxWorks 早期的一些版本中,整个操作系统包括用户程序共享同一个虚拟地址空间,整个系统就是一个巨大的进程。

嵌入式系统中,由于资源有限,在很多地方不是特别区分线程与任务的概念,所以在后面的讨论中对于线程与任务不作明确区分。

2.3.2 何时需要多任务

下面通过一个实例帮助读者理解多任务或者多线程在嵌入式系统中的实际应用。通过该实例,一方面帮助了解嵌入式软件设计中多任务的需求,同时也帮助进一步理解嵌入式软件体系中各个组成部分的概念。

在了解了多任务的原理机制后不禁要问,什么时候需要多任务呢?听起来这是操作系统要做的事情,与程序员无关,但事实并非如此。

假设要实现一个 MP3 播放器,要求从头到尾编写该播放器的程序。首先主程序从一个存储 MP3 文件的磁盘中读取一小段数据(压缩的音频流),然后开始分析这段码流,找到它一帧的帧头;接着开始计算,并完成解码;最后输出一帧音频流的 PCM 数据。接下来把它送到声卡硬件的缓存里,由声卡硬件读取卡数据,经数/模转换,从而发出音乐声。

按这种方式做硬件功能的测试是可行的,但接下来便会遇到麻烦,因为主程序接下来又要从文件系统里读一段码流,再进行解析、计算,解码输出 PCM 原始数据……由于读文件和解码需要时间,像这样运行单一的顺序执行的程序就会出现解码完一帧就马上播放一帧,再解码一帧,再播放一帧的现象,便引起声音停顿,直观听起来,就是断断续续的声音。

更有甚者,当用户不想再听这种咔呲咔呲的声音,想要停止下来时,却无法干预中止程序的执行。因为主程序在顺序执行,没有设置一个终止点来接受用户的输入,从而无法与用户进行交互。

仔细分析一下,上面这个程序具有局限性。其根本原因在于程序是顺序执行的,或者说是串行执行的。主程序(也就是整个程序)在一个时间只能做一件事情,读文件时不能解码也不能向声卡输送数据,同样解码时不能读文件也不能向声卡输送数据,向声卡输送数据时不能读文件也不能解码。

另一个局限性就是没有消息的处理及与用户进行交互。

怎样解决这个问题呢?答案是必须把整个独立程序分成一些细小的部件,让各个部件并行地"同时"动起来。

怎样才能实现并行呢?已经知道声卡在正常播放声音时需要连续不断地接收数据才可以发出乐声。换句话说,它需要得到连续不断的服务。这需要硬件支持,否则 CPU 不得不一直不停地向声卡的 FIFO 里写数据。一个解决的办法是 CPU 批量地把一堆数据放在一个比较大的缓存里，由声卡硬件自己从这堆数据里取数据。这个目前已经能够很容易地实现，现行广泛使用的 DMA 已经帮助解决了这个问题。这个 DMA 可以集成在声卡的硬件上，也可以在 SoC 系统中包括许多 DMA。有时也称 DMA 为 Master，因为它们可以像 CPU 一样处理一些事务，但它不去实现 CPU 所能做的各种复杂逻辑功能，它的职责只是完成搬运数据这一简单功能。

现在可以想象，在一个复杂的 SoC 系统里，仅由单一的 CPU 是无法胜任该复杂系统中的事务处理的，无论它多快都不行。除了该 CPU 外，系统里还分布着其他 Masters，它们负责一些简单的事务处理。就好比一个公司里需要有总设计师，需要有程序员，还需要有前台接待一样的道理。

所谓 Master，在 SoC 设计里常常又叫做主设备，它是可以申请控制总线，并进行数据传输的设备。与之相对，另一类设备叫做从设备，英文名为 Slave，它被动接受响应。在事务传输中，主设备和从设备是相对应的两个设备，一个主一个从。主设备根据某种协议向系统总线管理器申请获得总线使用权，然后开始与从设备交互数据。在交互过程中，主设备还要产生必要的控制信号以及时钟信号。当一次数据交互完成之后，主设备立即释放对系统总线的控制权，以备系统中其他总线主设备共享使用总线。

虽然 DMA 这类 Masters 只是完成诸如数据传输这类简单的任务，但是它却帮了 CPU 一个很大的忙，其作用远远超出一个前台接待员所完成的功能。因为 DMA 这类主设备可以负责一些简单的事务，从而把 CPU "空出来"，以便处理其他事务。

下面再来分析从一个文件系统里读码流数据这一过程，看看它与 MP3 压缩流的解码过程能否并行？

首先，从文件系统里读数据是否可以交给一个 DMA 主设备去完成呢？为了说明这个问题，首先分析一下文件系统与存储设备的关系。

1. 存储设备与文件系统

一个系统中，码流或其他用户数据、系统文件和程序文件都存放在某些存储设备上，例如一个 IDE 硬盘、CF 卡、SD 卡或内嵌在电路主板上的 Flash 存储卡等。

当系统中的文件和数据很多时，如果这些文件或数据不按某种约定方式进行存放，那么检索及读取就会遇到麻烦。为此，需要一定的约定方法来组织这些数据。该约定方法和数据组织方法就形成了一个文件系统。组织方法不同，便有不同的文件系统。

目前已经有很多种成功、且常用的文件系统，例如 FAT16、FAT32、NTFS、UDF、JFFS2，等等。文件系统不是什么神秘的事物，任何人都可以定义一个自己的文件系统，只要它便于读取，便于存储即可。但是并不推荐自己定义"文件系统"，因为也许你无法定义出一个完备合理系统的结构；而且，为了与他人交互，让他人编写的程序能够正确读取你所存取的数据，就必须使用通用的文件系统。

当然，如果你的目的就是为了不通用，例如为了加密，而不让别的用户或别的程序正确获得你所存储的信息,那么私有文件系统是很起作用的。

简单地说,存储设备是记录数据文件的物理介质,而文件系统则是为了管理这些数据文件而建立起来的逻辑组织结构。

在某个操作系统中,系统核心有专门的驱动访问该操作系统所支持的特定的文件系统。这个驱动就是文件系统驱动。文件系统驱动负责把用户的请求转换为对存储介质物理上的读/写操作,其任务包括创建逻辑分区、创建目录、创建新文件、改变文件或目录的属性、向一个文件里写入、追加或读取数据,以及删除一个文件或目录。文件系统驱动负责将应用程序对文件的操作转换为相应的逻辑块(或扇区)的读/写操作;文件系统驱动的内部数据结构记录着当前打开文件的一些私有数据结构,例如文件的当前读/写位置、修改日期、文件或目录的使用权限等。

介质随机存取文件系统的物理设备通常是以块设备来实现的。所谓块设备,就是每次读/写以块为单位,块的大小可以是 512、1 024、2 048 或 16 KB、32K 等,它依赖于格式化时用户的选择。

同样,从存储设备上读/写一个或多个数据块的操作也可交由一个 DMA 来完成,"空"出 CPU 去做别的操作。例如解码 MP3 音频流、等待用户的输入、启动另外一个主设备、处理硬件中断、在屏幕上显示动画以及从网络上下载文件,等等。

2. 逻辑上的并行与物理上的并行

上面的讨论解释了在一个 SoC 系统中,多个部件同时并行工作的物理可能性。下面的讨论与通常操作系统中所讨论的并行略有些不同。操作系统原理书籍上讲的并行,是宏观上的并行。从微观上看,CPU 在某时间片处理某项任务,而在下一时间片执行另一个用户程序,再下一个时间片里可能是响应并处理一个时钟中断……从宏观上看,在一段时间内,多项任务的操作都得到了响应,感觉上是并行的。而这里的讨论引入了多个 Master(主设备,注意到 CPU 也是一个 Master,它是系统里最核心、最重要的 Master),多个 Master 在同一时间里可以做不同的事情,例如 CPU 正在执行一个乘加的操作,可能需要 200 个 CLK 时钟,在这段时间里,一个总线主设备可能启动了一个 DMA 操作,实现从物理内存将一批数据搬运到一个外部设备,比如一个声卡的内部缓冲区中。

需要提醒读者注意的是:两个主设备同时工作的条件是不存在资源竞争。在一个复杂系统里,多个总线主设备竞争得最多的就是系统总线。例如内存 DRAM 的总线上挂了很多主设备:首先是 CPU,它需要从 DRAM 里读出指令、读出数据、写入数据;其次是从一个磁盘文件里读入一段码流或装载一个 DLL 库;再次是一个 DMA 控制器可能会从一个网卡里将一批数据存储到 DRAM 里,如此等等。在这种情况下,如果 CPU 与 DMA 控制器同时输出数据到所连接的 DRAM 数据总线上就会出错。所以,一个时间只能有一个总线主设备使用该条总线,未被赋予使用权的其他主设备就要等待。

在多个主设备共用总线的情况下,需要有一个总裁控制器。总裁是一项复杂的过程,它有很多算法来保持公正和平等,有时还要对特别请求采取不平等的处理,即按照优先权的高低。总裁算法及其实现机制不是本书讨论的范畴,在此不作赘述。

再次强调的是:上面讨论的两种并行,一种是称之为逻辑上的或宏观上的并行;另一种是称之为物理上的或实际真实但有条件的并行。

因此,嵌入式系统中的并行不仅仅指宏观的、逻辑上的并行。由于存在多个主设备,从微观上、物理上的并行也是存在的。

3. 使用线程

什么时候需要线程?

考虑如下伪代码:

```
int main ( )
{
    Initialize_Player ( );
    User_Stoped = 0;
    while (User_Stoped == 0)
    {
        Decode_MP3 ( );
        Output_Audio ( );
    }
    return 0;
}
void Player_Message_Handler ( )
{
    Check_User_Input (&msg);
    switch (msg) {
        case USER_STOP_PLAY:
            User_Stoped = 1;
            break;
        default:
            break;
    }
}
```

这段代码看起来没有什么问题,假如在 Initialize_Player 中已经启动了一个播放界面,该播放界面就接受用户的输入,并回调 Player_Message_Handler ( )来处理用户的输入,例如前进、倒退、停止、暂停、调高音量,等等。

仔细分析一下就会发觉一个问题:假如主函数 main( )和消息处理函数是处于同一个线程,在同一个线程里的函数是按程序编写时的逻辑关系顺序执行的,当程序进入到主函数的

第 2 章 多任务操作系统

while 循环之后,由于 User_Stoped != 0 的条件永远得不到满足,所以用户的输入也就没有机会被处理,从而 User_Stoped 永远不会被改变,即使此时用户按下了 Stop 按钮也无济于事。

要想改变这种状况,就须让用户的窗口消息检查以及主函数同时动起来。所谓同时动起来,就是需要某种机制使主函数运行一定时间之后,让 Player_Message_Handler 也运行一下,以便 Player_Message_Handler 有机会检查是否有用户输入。一种办法是在主函数的 while 循环中显式地调用 Player_Message_Handler 函数。在早期的单片机中就是采取这种办法。但是一个完备的 RISC 的 SoC 系统里提供了更丰富、更通用的机制。

显式调用的办法对于程序量很小、资源很少的单片机来说完全可行。一般可以在一个主控函数里完成所有事务的处理,在需要检查是否有一个或多个事件发生时,每次显式地依次调用事件检测函数,如果有,则依次一一处理它们。显然,主控函数的设计者需要知道该系统里有多少个类似的检测,而且主控函数需要准确知道在哪些地方该调用何种检测。所以,这个主控函数随着系统的增长会变得越来越复杂,逻辑会变得越来越乱,维护会越来越困难。

而在支持多线程的系统中,即使是一个极其简单的操作系统平台,也只须将需要并行的两个或多个任务放在不同的线程中,就可以很容易地解决这个问题。使用多线程实质上是把由一个主控程序进行集中管理转化为由各个线程进行各自分立管理,使用线程间的同步机制和分时调度机制来实现并行运行以及各个任务间的协同工作。

首先来说,操作系统会给每一个运行的程序启动一个主线程,它就是程序的入口,通常是用户程序的 main 函数。主线程启动运行之后,就会与系统中的其他程序一起按照系统中所定义和申请的优先原则轮流被 CPU 执行。而在一个程序内部,主线程还可以创建其他子线程,子线程一旦被创建,就享有与主线程同等的被运行的权利,也就是可以被分时调度。所以在上述例子中,只须为 Player_Message_Handler() 创建一个子线程即可。修改程序如下:

```
int main()
{
    Initialize_Player();
    User_Stoped = 0;
    Create_Thread(&Player_Message_Handler);
    while (User_Stoped == 0)
    {
        Decode_MP3();
        Output_Audio();
    }
    return 0;
}

void Player_Message_Handler()
{
```

```
Check_User_Input (&msg);
switch (msg) {
    case USER_STOP_PLAY:
        User_Stoped = 1;
        break;
    default:
        break;
    }
}
```

"Create_Thread (&Player_Message_Handler);"语句的作用是创建一个新线程,其入口是 Player_Message_Handler 函数的起始地址。

现在对于这个 Player 的例子,它在系统里有了两个相互独立的被执行实体。这里所说的独立,指它们可以被 CPU 以互不牵连的关系随机调用某个执行实体。当然,它们之间彼此也有联系,例如,它们的编址属于同一个程序虚地址空间,它们共享很多内存变量,如 User_Stoped。这些线程中的关系与进程不同,后面章节中将进一步讨论多线程与多进程之间的差别。

4. 线程间的通信——同步与互斥

上面例子中将一个单独的程序分立成两个有机的部件,各个部件相对独立。之所以称之为独立,是因为它们可以各自独立地被 CPU 调度,而没有时间和逻辑上的前后关系,其中之一的部件何时被调度运行,完全取决于系统的调度程序以及系统当时的状况。由此看出,线程的引入"打乱"了程序执行的顺序性。

当引入多线程时注意到,这个分离导致两个新问题:

第一,原来封闭且顺序执行的程序,现在变成了分离的两个部件,成为开放且不顺序执行的程序,一个独立程序的各个部分可能不再按照预想的先后顺序被执行。例如,不再是部件 A 被调度一次后紧跟着调度部件 B;而可能是在某个时间内 A 被调度了 2 次,而 B 只被调 1 次,或者 1 次也没被调度,反之亦然。

第二,两个部件之间需要进行交互,即需要在两个部件之间传达状态信息和交换数据,也即常说的线程通信。

下面旨在解决第二个问题:

在上面的例子中,事实上已经使用了一个内存变量,来在两个部件中传达一个简单的信息,以根据用户的输入请求来改变一个状态量。但是,这种通过内存变量来传递的信息是不够的。

如果一个线程 A (以下还是称"部件"为"线程")需要另一个线程 B 来提供后面处理的必要条件,若这个必要条件没有准备就绪,则线程 A 就要等待。在这种情况下,线程 A 可能需要不停地检测内存的变化,这样就浪费了 CPU 的处理时间(此时线程 A 作为一个独立运行体,一旦被调度,就全速运行),从嵌入式设备的角度来说,它还消费功耗。一个解决的办法是让线程 A 休眠,而当线程 B 为线程 A 准备就绪之后,才主动唤醒 A。这样做既可以节省 CPU 处理器的时间,提高处理器处理其他事务的能力,满足实时性的需求,又可以节省功耗。

2.3.3 任务状态的转换

内核维护着各个任务当前的状态,应用程序调用内核函数使得进程由一个状态转换到另一个状态(state transition)。当一个新的任务被创建时,它处于挂起状态。一个新创建的任务必须在被激活时才转入就绪状态。激活的过程相当快,从而允许应用程序预先创建任务,然后按时间顺序依次激活一系列任务。创建任务的另一方法是使用 Spawning 原语,它允许任务的创建与激活过程仅使用一个函数来完成。任务可以在任何时刻被删除。

VxWorks 是基于任务来调度的,图 2-1 显示了 VxWorks 中的任务状态转换图。

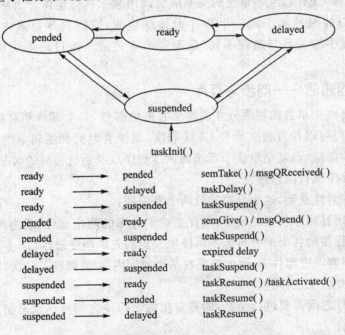

图 2-1 VxWorks 中的任务状态转换图

由这个状态转换图可以看到,当程序中执行某些系统调用的时候,由于一些任务运行所需的状态或资源不能立即获得,程序将无法继续向下执行,需要等待其他任务准备好或处理好一些数据,或释放一些系统资源后,该任务才能继续向下执行,这个时候,该任务就转入到挂起或被延时的状态。

2.3.4 进程调度与调试算法

在一个系统中有多个进程同时运行,它们共享 CPU 资源以及一些外部资源。有很多算法来分配这些资源以使某个进程当前占有 CPU 而处于运行状态。

1. 基于时间片轮转的调试算法

基于时间片轮转的调试算法是一种普遍的简单调试算法。

2. 基于优先级的调试算法

在一些实时性要求很高的系统内,各个任务分优先等级,在同等条件下,优先等级高的进程将被优先调度。

基于优先级的算法是在一个进程的时间片内完成,当调度到新的任务并准备运行时,首先会比较就绪状态队列中各个进程的优先级,然后选择优先级别高的进程作为下一个运行进程。

3. 抢占式优先级调试算法

与单纯基于优先级算法不一样的是,基于抢占式优先级的调度算法是当有新的紧要任务进程时会打断当前进程的执行,而执行优先级别更高的进程。

但是,如果一个系统中一直有优先级高的进程,那么那些优先级别低的进程将永远得不到响应服务,从而会被"饿死",所以对于有优先级别的调度系统中,如何快速响应实时性,同时又要兼顾优先级别低的进程,是系统设计中所面临的挑战。

另一方面,如果一个高优先级的进程需要等待某个低优先级的中间状态结果,或等待低优先级进程正在占用的某个资源时,可能会造成死锁。

总之,基于优先级的算法很好地满足了实时性的要求,但另一方面,系统软件以及应用软件都必须精心设计,以实现系统中的各个部分协同工作。

2.3.5 任务相关的 API

与任务(或线程)相关的管理包括任务的创建、删除和控制。

1. 任务(线程)的创建

在 VxWorks 中,任务的创建是由 API 函数 taskSpawn()来实现的,其原型定义如下:

taskID   **taskSpawn**(name,priority,options,stacksize,main,arg1,…,arg10);

taskSpawn( )创建一个新任务的上下文,这个例程包括分配合适的工作栈,设置任务运行环境,并用指定的参数 main 调用新任务的入口函数,新的任务就从这个指定函数的入口开始执行。taskSpawn( )包含了创建任务的底层(低级别的)处理过程:为新的任务分配存储空间、初始任务以及激活新任务。这些低级别的函数也可以由显式调用 taskInit( )和 taskActivate( )来实现,但除非需要特别强的控制,通常情况无需手动完成这些调用,taskSpawn( )会自动处理。

在 Linux 系统中,线程的创建是由 API 函数 pthread_create() 来实现的,其原型定义如下:

int **pthread_create**(pthread_t * thread,const pthread_attr_t * attr,void * (* start_routine)(void *),void * arg);

pthread_create()函数用来创建一个新的线程,其属性由参数 attr 指定。线程创建后,使用 args 参数调用 start_routine( ) 开始执行新的线程。

2. 任务(线程)的退出

在 VxWorks 中,**exit**( )调用将终结当前任务,并释放内存(仅仅是任务工作栈和任务控制块所占用的内存)。一个任务可以在任何时候显示地调用 **exit**( )以终止它自身。

Linux 下使用 **pthread_exit**( )退出来终止自身。

3. 任务(线程)的删除

在 VxWorks 中,**exit**( )用来显示地终止任务本身,而 **taskDelete**( )可以由一个任务来终止别的任务。

Linux 下使用 **pthread_cancel**(pthread_t id)来显示删除一个线程。

尽管任务可以在任何时候选择终止,但应用软件设计时必须选择合适的时机。一个任务在退出或被另一个任务删除之前必须确保它所共享的资源被有效地释放。

例如一个任务可能使用了一个信号量(semaphore)来限制访问某些互斥访问的数据结构。如果这个任务正在执行临界区访问时被另一个任务删除掉,由于这个任务无法完成临界区的访问,则临界数据结构可能残留为不完整的状态。更进一步,因为这个信号量没有被释放,所以这个临界资源再也不能被其他任务所访问,从而被冻结。

在 VxWorks 中,**taskSafe**( )用于阻止外部任务在不合适的时候意外删除一个任务。它像一把锁,与之相对的 **taskUnsafe**( )用以解除禁止。

下面是在任务中使用临界区的一段代码,它说明如何安全保护一个任务不被意外删除:

```
taskSafe( );            //任务被加锁,直到调用 taskSnsafe 解锁
                        /*阻塞任务,直到可以获得信号量*/
semTake (semId,WAIT_FOREVER);
 ⋮                      //访问临界区
semGive(semId);         //释放信号量,以便其他任务使用临界区
taskUnsafe( );          //直到调用 taskUnsafe 之前,任务不会被意外删除
```

4. 任务(线程)的控制

任务的控制包括任务的挂起、唤醒、重新开始、延时等待和休眠等。

Task Control Routines   Description

taskSuspend( )	Suspend a task（挂起一个任务）
taskResume( )	Resume a task（重新继续执行一个任务）
taskRestart( )	Restart a task（重新从头开始一个任务）
taskDelay( )	Delay a task,delay units are ticks（延时一个任务,延时单位是"滴哒"）
nanosleep( )	Delay a task,delay units are nanoseconds（延时一个任务,延时单位是"纳秒"-十亿分之一秒）

2.4 进程间共享代码与可重入性

2.4.1 共享代码

在一个实时操作系统中,常常维护一个子函数、或子函数库的单一复制,它(们)可以被大量不同的任务所调用。例如许多任务可以调用 printf( ),但系统中只有一份 printf( )的实现。单一的代码复制被多个任何调用执行,称之为共享代码。共享代码使得一个系统的代码更加高效和便于维护。

共享代码必须是可重入的。可重入性是指：单一的函数执行体,可以被多个任务根据各个任务自身的上下文同时执行,而不会发生冲突,就可以说,这个函数执行体是可以(被多个任务)重入的。发生冲突的原因常常是函数修改了全局变量或静态变量。由于局部变量是在各个执行任务的栈上分配的,所以一个任务修改了局部变量并不影响别的任务的执行。

动态链接库必须是可重入的,I/O 和驱动中的例程也要求必须是可重入的,同时应用程序也应该充分考虑这些问题,精心设计。

2.4.2 共享代码可重入性问题

有许多函数是纯代码(pure code)及纯过程处理函数。它们除了工作过程中使用动态栈变量(Dynamic Stack Variables)之外,没有静态的数据或全局变量,这种函数是可重入的,多个任务可以同时执行一个函数而不会互相干扰。

包含全局变量或静态变量的过程不是纯代码,因为它们会记录一个任务在执行这个函数时的中间结果或状态。这些中间结果或状态是与特定的任务相关的,如果另一个任务执行时与这些全局变量或静态变量中保存的中间结果的状态不一致时,便出现相互干扰,从而导致错误结果。

下面看一个实际例子,并说明如何把一个不可重入的代码改变为可重入的。
考察如下代码片段：

```
int    dev_base;
```

第 2 章　多任务操作系统

```
void  init_device( int  base)
{
    dev_base = base;
}
short  gat_value( int off)
{
    int     port = dev_base + off;
    return  *(short *)(port);
}
```

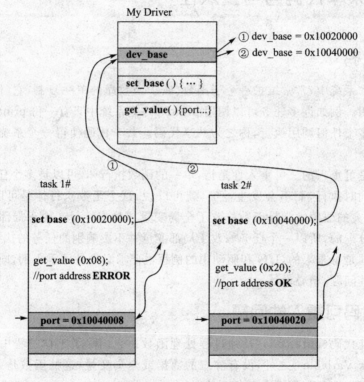

图 2-2　驱动中的可重入性问题 1

这段代码用来从一个地址端口读取一个 16 位数据。地址端口的基址通过 init_device( ) 来设置。

假设一个系统中有两个同类设备，例如两个串口，一个用于显示调试信息，一个用于从主机下载或进行其他数据的传输，它们的起始地址分别为 BASE_ADDRS_DEV0，BASE_ADDRS_DEV1。这两个设备就不能共享包含上面这样片段的驱动，因为它们使用了一个全局变量保存设备的起始地址。在这种情况下，只有最后初始化 dev_base 的任务可以得到正确的端口值。

2.4.3 使用私有数据

为了使上面的驱动可以重入,必须消除对全局变量的依赖,但是设计者又不希望每次传入一个基地址作为函数参数,而希望驱动记住该设备的一些特性值,那该怎么办呢?

通常做法是对于每一个设备都设置它的私有数据内存区,以便存储私有的数据结构。一般,需要为每一个新创建的设备动态分配私有数据区,通常是从系统堆里分配的。为此,需要对驱动作如下修改,注意到 create_device() 函数中的 kmalloc() 调用为新创建的设备分配私有数据内存区。

```
typedef struct _tag_dev_data{
    int  dev_base;
    int  dev_flags;
    int  dev_data;
    char * DMA_buffer;
         //这里可以添加其他数据元素
} MY_DEV_DATA;

int init_device(MY_DEV_DATA * pdev, dev_id)
{
    switch(dev_id){
        case MY_DEV0:
            pdev->dev_base = BASE_ADDRS_DEV0;
            break;
        case MY_DEV1:
            pdev->dev_base = BASE_ADDRS_DEV1;
            break;
        default:
            return ERROR;
    }
    return SUCCESS;
}

int create_device(file * fp, int dev_id)
{
    MY_DEV_DATA * pdev;

    pdev = (MY_DEV_DATA *)kmolloc(sizeof(MY_DEV_DATA));
    if(pdev == NULL)
        return ERROR;

    fp->private = pdev;
```

第 2 章 多任务操作系统

```
        return  init_device(pdev, dev_id);
    }
    short gat_value(file * fp, int off)
    {
    MY_DEV_DATA * pdev = fp->private;
        int     port = pdev->dev_base + off;
        return *(short *)(port);
    }
```

经过这样的处理之后,各个设备的访问不再互相干扰,从而解决了驱动的重入性问题。

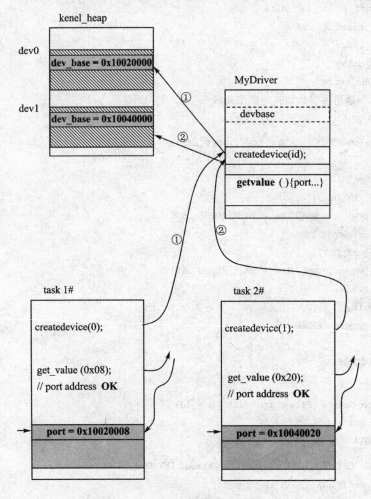

图 2-3 驱动中的可重入性问题 2

2.4.4 使用临界区数据

在上面的例子中,两个硬件设备不仅在逻辑上独立,而且物理上也是独立的,所以只要对个别的物理设备使用分离的数据结构就解决了问题。

但是对于只有一个物理设备的情况,这种办法仍然不凑效。在这种情况下,希望每个应用分时享用该物理设备,在应用程序访问一个物理设备的期间,必须保持该物理设备的状态完整,而不为其他应用程序所破坏。为此需要使用互斥访问物理设备的机制。

对于这种情况,仍然可以使用全局变量或静态变量,当然也可以在设备创建时,在系统内存中动态分配,但是这些变量需要通过加锁的方式为特定的应用进行保护。

上面的讨论说明了如何使用进程与线程,如何在内核设计中设计正确的可重入的代码。接下来将讨论进程间的相互交互及其实现方法。

2.5 线程间通信

线程间通信允许独立任务间相互协同它们的行为。
通常有如下的线程间通信的机制:
- 共享内存　用于简单的数据共享;
- 信号量　基本的互斥和同步;
- 消息队列　在一个 CPU 内的进程间的消息传递;
- 管道　进程间的大量信息传递;
- 套接字和远程过程调用　网络间的进程通信;
- 信号(Signals)　用于处理异常。

2.5.1 共享数据结构

共享数据结构即是共享内存空间的通信方式。共享数据结构是一种最简单、最直接的通信方式,而且它是其他进程通信的基础。无论什么样的通信方式,最终是在内存一级实现信息交互的。

由于不同的进程有自己独立的虚拟地址空间,所以共享数据结构只适用于一个进程中的线程之间。在某些嵌入式操作系统中,例如 VxWorks 或 ucLinux,整个系统使用单一的虚拟地址空间,在这种情况下,共享数据结构仍然是可行的。

共享内存变量在许多情况下存在局限性,除非它是代表全局公用的变量。如前面的讨论所述,对于许多重入性问题,需要使用私有数据区进行隔离,即使使用内存变量共享的方式也一样。为了保证访问的顺序性和系统的完整性,共享数据的访问应该加锁,使得一个时刻只有一个任务对共享数据进行访问。

把多个相关联的共享数据组织在一起,定义一个数据结构,会方便管理和维护。可以使用信号量或锁操作来实现临界访问。下面以信号量为例来进行分析,使用锁操作的机制类同。

下面是一些共享数据结构的例子:

1. 生产者与消费者

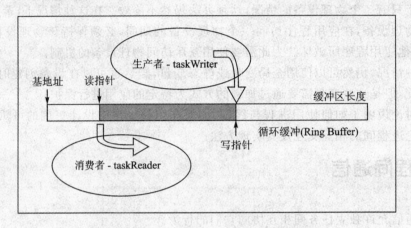

图2-4 使用共享数据区访问临界区的例子

于是可以定义类似的 RINGBUFF 数据结构。

```
typedef struct ringbuff{
    char    *baseAddrs;
    int     buffLen;
    char    *wtPtr;
    char    *rdPtr;
} RINGBUFF;
```

对于单 CPU 体系而言,由于 rdPtr 只由 taskReader 来修改,wtPtr 只由 taskWriter 来修改,所以两个任务间无需要任何互斥机制来访问这个 Ring-Buffer。但必须注意的是,taskWriter 必须在向 Buffer 里写入数据之后再更新写指针,同理 taskReader 也必须在从 Buffer 里读出数据之后再更新读指针,否则会导致数据还未读出就被新的写操作覆盖的情况。因此在临界区数据访问时必须非常小心,如果使用互斥的机制来分别访问,就可以避免这种疏忽。

2. 多个生产者或多个消费者

如果有多个生产者或多个消费者时,情形就有所不同。这样,两个或更多的 taskReaders(或是 threadReaders)存在于一个系统中,它们会从同一个 Buffer 里取数据,并且更新读指针。如果一个任务在读的时候系统调度到另一个任务,则先前执行读操作的 taskReader 还没来得及更新读指针,而新的 taskReader 会使用老的过时的读指针来读取数据。如果先前的读任务已经更新了读指针,则新的 taskReader 会读入未使用过的数据,由此在这个系统中便出现不可预见性。写的情况也与之类似。因此为了使 RINGBUFF 的设计更加通用,无论系统中有多少个 taskReader(s),或多少个 taskWriter(s),系统可以依然正确执行,设计者需要对 Buffer 本身,以及 Buffer 相关的指针进行临界区域保护,以确保一个时期只有一个同类型的任务对 Buffer 进行操作。

2.5.2 互斥

在共享一个地址空间时可以非常简单地交互数据。但对内存的互锁访问非常关键,以避免相互间的竞争。有很多种方法可以实现互斥访问,它们的区别在于排斥的范围不一样。

- 禁止中断;
- 禁止抢占;
- 使用信号量对资源加锁。

1. 禁止中断

这是一种非常强有力的互斥机制。由于系统的调度依赖于时钟中断,所以禁止中断可以确保临界区的访问不会被中断,从而使该任务得以对资源的独自访问。

```
taskA {
    //……
    int  lock = intLock( );
        //… 临界区:对于该区域的执行不会被任何硬件中断所打断
    intUnlock (lock);
    //………
}
```

上面这种方法由于禁止了中断,所以将会导致外部事件得不到及时的响应。在实时性要求很高的系统里,这种方法是不可取的。

2. 禁止抢占

禁止抢占是指禁止当前的任务不会调度到别的任务,直到当前任务自己解除禁止抢占。在禁止抢占期间,只是禁止了进程调度不会调度到别的任务,但中断服务是可以执行的,所以禁止抢占比禁止中断的限制条件要弱。

```
taskA {
    // ……
    taskLock( );
        // …临界区:对于该区域的执行不会被任务抢占所打断
    taskUnlock ( );
    //……
}
```

禁止抢占对系统的实时性仍然有很大的影响,在禁止任务被抢占期间,即使优先级别高的任务或线程也得不到服务,所以将会影响系统的性能。

无论哪种情况,都应该确保被"禁止"的时间尽可能短暂,以确保由此导致的时延不会对整个系统产生太多的影响。

3. 使用信号量对资源加锁

下面小节将对此进行专门讨论。这是一种非常有效,并对系统其他部分产生最小影响的方法。

2.5.3 信号量

信号量(semaphores)是用来解决同步和互斥的最根本的方法,在系统设计以及多任务环境下,应用程序的设计都将会大量使用到。

互斥——信号量加锁的办法来实现对共享资源的互斥访问。

同步——使用信号量来协同任务间的执行,等待一个外部条件得以满足之后再行继续执行。

下面讨论两种基本类型的信号量。

1. 二值信号量

二值信号量可以看作是一个标志(flag),它主要用于任务间的互斥与同步,两者在使用上是很类似的,只有细微的差别。下面将解释二者间的差别:

在互斥的情况下,二值信号量在创建时被初始化为 1(SEM_FULL),然后任何一个任务可以通过系统调用 semTake( ) 获得这个信号量,并置该信号量为 0(SEM_EMPTY),以阻止其他任务获得这个信号量,从而掌控了使用临界资源的权利。如果一个任务想获得信号量,而这个信号量的值为 0(SEM_EMPTY),那么这个任务就被阻塞。当一个任务完成对临界资源的访问后,必须尽快释放信号量,以备其他任务访问临界资源。在释放信号量的系统调用(semGive( ))中,如果发现有被阻塞的任务,将会唤醒阻塞任务队列中的第一个任务,让它拥有这个信号量,并保持信号量的值继续为 0(SEM_EMPTY);否则,如果没有被阻塞的任务,则置信号量的值为 1(SEM_FULL),以后别的执行任务可以获得这个信号量及资源的使用。

下面例子显示信号量在互斥中的使用:

```
// ****************************
// 主任务
// ****************************
RINGBUFF           ringBuff;
SEM_ID             semRingBuff;

int     main_task(…)
```

```
{
    //在调用 SemTake 或 SemGive 之间,信号量必须首先被创建,所以首先在主任务中创建它
    semRingBuff = semBCreate(SEM_Q_PRIORITY,   SEM_FULL);
    // 产生一些新的子任务
    taskID1 = taskSpawn(…,   task1_main_func,…);
}
// ******************************
// task 1#,or task 2# (任务1号,或2号)
// ******************************
int   task1_main_func (void * para)
{
    //……
    semTake (semRingBuff,WAIT_ROREVER);
        //WAIT_ROREVER——表示该任务一直会被阻塞,直到信号量可以获得
        //当调用返回时,任务1号获得访问 RingBuff 的权利
        //   ……
    semGive (semRingBuff);
    //…….
}
```

在互斥访问的过程中,semTake( )与 semGive( )总是在每一处成对出现。先 Take,然后 Give。

同步的情形恰好与之相对:

信号量在创建时被初始化为 0(SEM_EMPTY),只有当一个任务准备好了相应的资源,或达到某个外部条件时,才给出信号量,使得该信号量可以为另一个任务所拥有,从而继续任务的执行。

要等待某个状态或中间结果的任务(或线程)通过调用 semTake(),等待别的线程发出就绪通知;而另一个任务(或线程)在完成某种预定的任务之后,设置相应的状态,或是中间结果,然后通过调用 semGive(),向等待任务(或线程)发出通知。即是说一个任务给出信号量,而另一个任务使用信号量。

下面看一个同步的例子:

```
// **************************
// 主任务
// **************************
SYNCBUFF         syncBuff;
SEM_ID           semSyncBuff;
int    main_task(…)
```

```
{
    //无论是使用semTake,还是SemGive,信号量在使用之前必须被创建
    //因此在主任务中,首先创建它
    semSyncBuff = semBCreate (SEM_Q_PRIORITY,  SEM_ EMPTY);

    //产生一些新的子任务,例如一个"产生数据者"(writer)
taskID1 = taskSpawn(…,  task_writer_main,…);

    while(1)
    {
        // ****************************
        //这里是"读取数据者"(reader)
        //例如一个播放器,它想获得一些原始码流数据
        // ****************************
        semTake (semSyncBuff);
        //访问同步缓冲区(syncBuff)中的数据
        //……
        //说明:数据读取者从来不会调用semGive()
    }
    //……
}

// ****************************
// task writer (写任务)
// ****************************
int  task_writer_main (void * para)
{
    while(1)
    {
        //准备必需的数据,例如解码视频/或音频数据帧
        //或者以一个外部设备获取数据
        //……
        //现在当数据准备好之后,通过"读任务"
        //同步缓冲区的数据已经准备好,可以被使用
        semGive (semSyncBuff);
    }
    // …….
}
```

2. 多值信号量

多值信号量跟二值信号量相似,只不过它跟踪并记录信号量给出的次数,所以它常用来管

理像缓冲队列那样的互斥访问。每当一个信号量给出(SemGive)的时候,它的内部信号量计数器就增加1;同样,当一个信号量被获取(SemTake)时,它的内部信号量计数器就减1。

除了上述的基本操作,考虑到与其他任务的同步与阻塞:当一个信号量被给出时,如果此时试图获得该信号量的队列有等待的任务,那么这个时候需要唤醒等待队列里的第一个等待任务,内部信号量计数器因为已经被使用就不再增加;如果没有任何任务处于等待状态,即该Semaphore的任务等待队列为空的时候,则内部信号量计数器就加1。与之相对,当一个信号量被试图获取时,如果信号量的计数器等于0,获取信号量失败,则内核需要将该请求的任务挂在一个信号量等待的队列里,一旦有信号量给出时,排在等待队列里的第一个任务才会被唤醒。

2.5.4 临界区与信号量的实现实例

下面通过一个实际例子来说明如何实现临界区与信号量。

这个例子不是一个完整的实例,它的效率也很低,但它的确可以实现临界区和信号量的功能。这个例子的作用是破除设计者对"操作系统"的神秘感和依赖性。

程序员往往有一个根深蒂固的概念,那就是"操作系统"该做的事情,如果操作系统没有做,则自己也不会去动,更没想到自己能够去动它。其实操作系统都是由一行代码加一行代码组成,都是由人设计出来,并由很多人维护的,我们同样可以修改和维护操作系统,甚至优化它们的主体结构。

1. 临界区

下面的这段代码是用ARM汇编写的进入和退出临界区的代码样例。

```
        ;ENTRY   int enter_region(int addrsLock); (函数原型)
        ;return      0 - success(成功)
        ;            1 - failed(失败)
        ;
        Function  enter_region
        MOV       r2,r0
1
        LDREX     r0,[r2]
        CMP       r0,#0
        BEQ       %f3
        MOV       r0,#0x1000
        CLREX
2
        SUBS      r0,r0,#1
        BNE       %b2
```

```
            B             %b1
3
            MOV           r1,#1
            STREX         r0,r1,[r2]
                          ;r0-返回状态,r1-存储数值
            CLREX
            ;MOV          pc,lr
            Return
            EndFunc

            ;ENTRY   void leave_region(int addrLock); (函数原型)
            Function  leave_region
            STRB          r1,#0
            Return
            EndFunc
```

进入临界区的函数原型是：

`int enter_region(int addrsLock);`

第一个参数是 Lock 的地址，Lock 里面保存着它的值，如果 Lock 的原值非 0，则 enter_region 循环等待。直到 Lock 的值为 0，然后将 Lock 的值设为 1。

这段代码使用了总线互斥的访问来保证访问的一致性。其中 LDREX，STREX 是 LDR 和 STR 的互斥访问版本，它的功能跟通常的 LDR，STR 基本相同，只不过是这两条指令独享总线在读/写操作完成之前，不会被中断，从而保持了对内存变量访问的原子操作。ARM 体系使用了另一条指令 CLREX 来解除对总线的独享控制。如下所示：

```
            LDREX         r0,[r2]        ;独享总线,从 r2 指示的内存读取数据
            CMP           r0,#0          ;是否等于 0
            BEQ           %f3            ;是,跳出等待
            MOV           r0,#0x1000     ;否,继续等待
            CLREX                        ;取消总线独占
```

退出临界区的操作比较简单，而且不需要作互斥操作。如果此时有进入临界区的函数试图访问这个变量。由进入临界区的函数独占总线就足够了。因为，修改锁的操作与通常的内存访问一致。

2. 信号量

下面的函数基于上面的临界区，用 C 语言实现一个完整的信号量协议栈，它可以与 Windows 的信号量兼容。为了简化设计，直接在内存里划分了一些固守区域来存储系统变量。当然，如果所在的系统有 Memory 管理的话，用 Malloc 来动态分配或分配在固定的数据段区域

也是一样的。使用绝对地址的目的,是为了在多个 CPU 之间共享使用内存变量,而绕过了虚拟内存管理的地址转换带来的麻烦。

为了保持程序的完整性,对于程序里所要使用的字符串处理函数,也给出了具体的实现。这些函数通常被认为是"系统程序",事实上也可以像一般的函数那样实现它们。

下面是 semaphore.h 头文件的定义:

```
/*! ------------------------------------------------------
 * \file     semaphore.h
 * \brief    信号量实例代码示例头文件
 * \         - MGN -
 */
#ifndef  __semaphore_h_
#define  __semaphore_h_
//
#define  SYS_DAT_BASE              0x200000
#define  LOCK_BASE                 SYS_DAT_BASE
#define  LOCK_DLEN                 16
#define  LOCK_NMAX                 0x200
#define  SEM_BASE         \
                 (LOCK_BASE + (LOCK_DLEN * LOCK_NMAX))
#define  SEM_DLEN                  256
#define  MAX_SEM_NAME_LEN          198
#define  SEM_NMAX                  0x100
                         //(SEM_BASE + (SEM_DLEN * SEM_NMAX))
#define  INFINITE                  0xFFFFFFFF
#define  INVALID_SEM               -1
#define  SEM_TAKE_TIMEOUT          1
#define  SEM_SUCCESS               0
#define  SEM_WAIT_SLICE            0x8000
#define  SEM_HANDLE                int
typedef struct {
    int  lock;
    int  count;
    int  maxcount;
    int  usage;
    char name[MAX_SEM_NAME_LEN + 2];
} SEMAPHORE;

int  CreateSemaphore (void * lpAttr,int  init_count,int  max_count,char * name);
```

第2章 多任务操作系统

```c
int  OpenSemaphore (int dwAccess,int bInheritHandle,char * name);
int  CloseSemaphore (int  sem_id);
int  TakeSemaphore (int sem_id,int  n_wait);
int  GiveSemaphore (int sem_id);

int  enter_region(int addrLock,int tmp,int val);
void leave_region(int addrLock,int val);

static  __inline void LockSemaphore (SEMAPHORE *   psem)
{
    enter_region((int)(&psem->lock),0,1);
}
static  __inline void UnLockSemaphore (SEMAPHORE *   psem)
{
    leave_region((int)(&psem->lock),0);
}

#endif //__semaphore_h_
```

以下是实现文件 semaphore.c：

```c
/*! ***********************************************************
* \file     semaphore.c
* \brief    信号量实例代码示例实现文件
* \         = MGN =
*/
#include "semaphore.h"

/*************************************************************
* strncpy：从源字符串复制至多 n 个字符到目的缓冲区
* 结束设置 NULL 终止符
*
*************************************************************/
char * strncpy (char * dst,char * src,int n)
{
    char *d = dst;
    if (!dst || !src) return (dst);

    for (; *src && n; d++,src++,n--)    *d = *src;
    while (n--)     *d++ = '\0';
    return (dst);
}

/*************************************************************
```

```
 * strlen:返回指针 p 所指向的字符串的长度
 *
 ***********************************************/
int strlen (char * p)
{
    int n;
    if (! p)     return (0);
    for (n = 0; * p; p++) n++;
    return (n);
}

/***********************************************
 * strncmp:与 strcmp 类似,但是至多比较 n 个字符
 *
 ***********************************************/
int strncmp (char * s1,char * s2,int n)
{
    if (! s1 || ! s2)    return (0);

    while (n && ( * s1 == * s2))
    {
        if ( * s1 == 0) return (0);
        s1 ++ ; s2 ++ ;
        n --;
    }
    if (n) return ( * s1 - * s2);
    return (0);
}

static int  IsValidSem(int sem_id)
{
    SEMAPHORE *   psem = (SEMAPHORE * ) sem_id;
    int n;
    if (sem_id < SEM_BASE || sem_id > (SEM_BASE +
            (SEM_DLEN * SEM_NMAX)))
        return  0;
    n = ((sem_id - SEM_BASE) / SEM_DLEN) * SEM_DLEN + SEM_BASE;
    if (n ! = sem_id)
        return 0;

    if ((psem->maxcount > 0) && (psem->usage > 0))
```

```c
        return 1;
    return 0;
}

/************************************************************
 *    InitializeSemaphore();
 *        初始化信号量基本数据结构。这个函数必须在使用信号量的
 *        任何例程之前被调用执行,一个系统中仅需被调用执行一次
 *
 *    参数:void
 *    返回:void
 ************************************************************/
void InitializeSemaphore(void)
{
    int  n,  addr = SEM_BASE;
    for(n = 0; n<SEM_NMAX; n++)
    {
        SEMAPHORE *  psem = (SEMAPHORE *)addr;
        psem->lock     = 0;
        psem->count    = 0;
        psem->usage    = 0;
        psem->maxcount = 0;
        psem->name[0]  = 0;
        addr += SEM_DLEN;
    }
}

/************************************************************
 *    CreateSemaphore();
 *        创建一个信号量
 *
 *    HANDLE CreateSemaphore(
 *        LPSECURITY_ATTRIBUTES lpSemaphoreAttributes,// SD
 *        LONG lInitialCount,              // 信号量初始数目
 *        LONG lMaximumCount,              // 信号量最大数目
 *        LPCTSTR lpName                   // 信号量的名字
 *    );
 *
 *    参数:
 *        init_count    -信号量初始数目
 *        max_count     -信号量最大数目,'1'作为起始,所以它必须比0大
```

```
 *      name               - 信号量的名字
 *
 *   返回:
 *      0                  - 失败,不能为这个信号量分配内存空间
 *      non-0              - 成功,返回的句柄(HANDLE)可以被随后的调用当参数使用
 **************************************************************/
int CreateSemaphore (void * lpAttributes /* = NULL; omitted */
    int  init_count,
    int  max_count,              //信号量最大数目,'1'作为起始
    char * name)
{
    int  n,   addr = SEM_BASE;
    for (n = 0; n<SEM_NMAX; n ++ )
    {
        SEMAPHORE *   psem = (SEMAPHORE * )addr;
        if (psem->maxcount == 0)
        {
            psem->lock    = 0;
            psem->usage   = 1;
            psem->count   = init_count;
            psem->maxcount = max_count;
            psem->name[0]  = 0;
            if (name)    //设置信号量的名字
                strncpy (psem->name,name,MAX_SEM_NAME_LEN);
            return   (addr);
        }
        addr += SEM_DLEN;
    }
    return 0;    //NULL
}
int CreateBSemaphore (void * lp,int  icount,char * name)
{
    return   CreateSemaphore(lp,icount,2,name);
}
/*************************************************************
 *   OpenSemaphore();
 *        通过匹配名字,打开一个已经创建的信号量
 *
 *   HANDLE OpenSemaphore(
```

```c
 *      DWORD dwDesiredAccess,        // 存取属性
 *      BOOL bInheritHandle,          // 继存选项
 *      LPCTSTR lpName                // 对象名字
 *  );
 *
 *  参数：
 *      name        -用以匹配的信号量的名字
 *
 *  返回：
 *      0           -失败
 *      non-0       -成功,返回的句柄(HANDLE)可以被随后使用
 **************************************************************/
int  OpenSemaphore (int dwAccess,      /*忽略*/
    int    bInheritHandle,             /*忽略*/
    char * name)
{
    int  n,len,addr = SEM_BASE;
    for (n = 0; n<SEM_NMAX; n ++ )
    {
        SEMAPHORE *  psem = (SEMAPHORE * )addr;
        if (psem->maxcount > 0)
        {
            len = strlen (psem->name);
            if (!strncmp (name,psem->name,len) )
            {    // 是,找到匹配的
                LockSemaphore (psem);
                if (psem->usage > 0)// 检查这个信号量是否已经被删除
                {
                    psem->usage ++ ;
                    UnLockSemaphore (psem);
                    return addr;
                }
                UnLockSemaphore (psem);
            }
        }
        addr += SEM_DLEN;
    }
    return 0;     //没有找到名字匹配的信号量
}
```

```
/************************************************************
 *   CloseSemaphore();
 *       关闭信号量,但它不一定实际上真正删除这个信号量
 *       直到它的引用计数减为 0 时,才真正删除
 *
 *   参数:
 *       sem_id    -信号量的句柄,由先前创建/或打开所获得
 *
 *   返回:
 *       INVALID_SEM    -如果"sem_id"指向无效的句柄
 *       SEM_SUCCESS    -成功地关闭
 ************************************************************/
int  CloseSemaphore (int   sem_id)
{
    SEMAPHORE *   psem = (SEMAPHORE *) sem_id;;
    if (!IsValidSem(sem_id))
        return  INVALID_SEM;
    LockSemaphore (psem);         // 必须首先加锁
    psem->usage--;
    if (psem->usage <= 0)
    {
        psem->count = 0;
        psem->usage = 0;
        psem->maxcount = 0;
        psem->name[0]  = 0;
    }
    //psem->lock = 0;
    UnLockSemaphore (psem);
    return  SEM_SUCCESS;          // 成功
}

/************************************************************
 *   TakeSemaphore();
 *       如果信号量的计数大于 0,使信号量的计数减 1
 *           (否则进入等待或阻塞)
 *
 *   参数:
 *       sem_id    -信号量的句柄,由先前创建/或打开所获得
 *       n_wait    -等待信号量变为有效时间的最大时间
 *               "INFINITE"    --直等待
```

```
 *                        "OtherValue" -指定等待的循环"时间"
 *
 *   返回:
 *       INVALID_SEM       -如果"sem_id"指向无效的句柄
 *       SEM_TAKE_TIMEOUT  -超时
 *       SEM_SUCCESS       -成功获得信号量
 ************************************************************/
int  TakeSemaphore (int sem_id,int  n_wait)
{
    int          n;
    SEMAPHORE *  psem = (SEMAPHORE * ) sem_id;;
    if (!IsValidSem(sem_id))
        return  INVALID_SEM;

    while (n_wait != 0)
    {
        LockSemaphore (psem);
        if (psem->count > 0){
            psem->count --;
            UnLockSemaphore (psem);
            return  SEM_SUCCESS;     //成功
        }
        UnLockSemaphore (psem);

        if (n_wait != INFINITE)
            n_wait --;
        n = SEM_WAIT_SLICE;          // 睡眠一小段时间
        while (n) n--;               //这里只是在消磨时间
    }
    return  SEM_TAKE_TIMEOUT;
}

/*************************************************************
 *   GiveSemaphore();
 *       如果信号量未满,则增加信号量的计数
 *       (否则不执行任何操作)
 *
 *   参数:
 *       sem_id   -信号量的句柄,由先前创建/或打开所获得
 *
 *   返回:
```

```
*          INVALID_SEM  - 如果"sem_id" 指向无效的句柄
*          SEM_SUCCESS  - 成功
***********************************************************/
int  GiveSemaphore (int sem_id)
{
    SEMAPHORE *    psem = (SEMAPHORE * ) sem_id;;
    if (!IsValidSem(sem_id))
        return  INVALID_SEM;
    LockSemaphore (psem);
    if (psem->count < psem->maxcount)
        psem->count ++ ;
    UnLockSemaphore (psem);
    return  SEM_SUCCESS;                    //成功
}
// semaphore.c 文件结束
//-------------------------------------------------
```

通过使用命名信号量，可以在多个进程之间，甚至于多个CPU之间共享信号量。虽然信号量协议栈看似复杂，但在实现的简单版本中，除掉注释和大括号空格行以及字符串函数处理函数，整个协议栈仅100行左右C程序。由此可见，编写系统核心程序也不是什么神秘的任务。

当然这个实现只是给读者显示了系统函数设计的一个简单例子，在一些时候，如果系统没有提供一些功能，例如内存分配，信号量，这时可以通过一些简单的方式来实现这个功能，使得整个系统可以正确运行起来，随着系统的设计逐步完善和复杂化，再把相应的简单功能模块逐步完善。

这个信号量的实现中没有增加阻塞功能，只是采用了简单的等时控制。如果要使用任务挂起机制，情形会变得更加复杂，需要增加任务队列以及任务调度机制。

第 3 章

硬件基础

前面两章讨论了程序基础,以及与嵌入式开发密切相关的操作系统的一些基本概念,它们是嵌入式软件设计的必备工具和理论基础。嵌入式软件的设计对象就是硬件,包括从一个硬件设备或一个硬件功能块,到一个完整的硬件平台。数据可能是内存里的数据对象,也可能是某个设备端口。因此,只有充分理解硬件的行为,才能实现对硬件的有效控制。

具体来说,BSP 所要操作的对象是整个硬件平台,它包括对整个系统资源的分配、管理和控制;而一个驱动所要操作的是一个硬件设备,或者同类型的硬件设备。驱动有时也不一定与具体设备打交道,它们可能为具体硬件设备的操作提供服务,例如文件系统的驱动。还有的硬件是为其他硬件设备提供数据传输和控制服务的,这些硬件就是后面要介绍的总线;总线驱动针对总线设备所设计,为总线硬件设备服务于外部设备提供软件支持能力。

组成一个硬件平台的组件主要有中央控制器的 CPU、连接设备的总线、各种输入/输出设备、控制传输设备和数据处理设备,等等。

现行的 SoC 嵌入式设备系统都是基于某个 RISC 处理器,常见的处理器有 MIPS,ARM,PowerPC,它们的体系架构各有特色,在程序控制方面也不尽相同。本章的硬件基础主要介绍 3 个部分:ARM 处理器,MIPS 处理器和硬件接口基础。其中 RISC 处理器主要介绍 CPU 的基本架构和基本编程模式,然后重点介绍与嵌入式软件 BSP 设计紧密相关的异常与中断的硬件行为及其软件处理模式。在接口基础一节,重点介绍总线的一般概念与作用和设备的概念模型,从而为后续的驱动模型打下初步基础。

本章的介绍只是以点带面,作一些入门性的介绍。读者可以循着这条线索进一步深入学习。

3.1 ARM

ARM 处理器广泛用于各种便携设备以及各种机械、电子智能设备的控制中。常见的例子有手机、GPS、词典、监控、PDA、PS2、PMP 和 MP4,等等。

ARM 处理器具有较强的运算能力,主频从几十兆赫兹到 1 吉(G),可适用于各种实时处理、实时操作系统、图形界面应用,以及一些简单档次的音频、视频软件解码和播放。

另外，ARM 处理器还具备功耗低的特点，而总线及外围设备都是针对低功耗设计的，从而使得 ARM 平台广泛应用于各种便携设备中。

3.1.1 ARM 编程模式

1. 处理器模式

ARM 共有 7 种处理器模式，在每种模式下，ARM CPU 都有各自独立的状态寄存器，并且每一种模式都有几个独立的专有寄存器，以供该种模式下的私有使用。除了专有寄存器之外，有一部分寄存器是 ARM 在每一种模式下共用的。

表 3-1 列出 ARM 的处理器模式以及寄存器分组。

表 3-1 ARM 寄存器组织结构

用户	系统	管理	中止	未定义	中断	快速中断
R0	R0	R0	R0	R0	R0	R0
R1	R1	R1	R1	R1	R1	R1
R2	R2	R2	R2	R2	R2	R2
R3	R3	R3	R3	R3	R3	R3
R4	R4	R4	R4	R4	R4	R4
R5	R5	R5	R5	R5	R5	R5
R6	R6	R6	R6	R6	R6	R6
R7	R7	R7	R7	R7	R7	R7
R8	R8	R8	R8	R8	R8	R8_fiq
R9	R9	R9	R9	R9	R9	R9_fiq
R10	R10	R10	R10	R10	R10	R10_fiq
R11	R11	R11	R11	R11	R11	R11_fiq
R12	R12	R12	R12	R12	R12	R12_fiq
R13	R13	R13_svc	R13_abt	R13_und	R13_irq	R13_fiq
R14	R14	R14_svc	R14_abt	R14_und	R14_irq	R14_fiq
PC	PC	PC	PC	PC	PC	PC
CPRS	CPRS	CPRS	CPRS	CPRS	CPRS	CPRS
		SPSR_svc	SPSR_abt	SPSR_und	SPSR_irq	SPSR_fiq

ARM 的寄存器文件中共有 37 个寄存器，其中同一时刻只有 17 个寄存器是可见的，这包括 16 个通用寄存器和 1 个当前程序状态寄存器。对于 16 个通用寄存器，在不同模式下，分别有各自的物理实体。在表 3-1 中，阴影部分的寄存器表示那些原来在用户模式和系统模式下

可见的通用寄存器,在特定模式下被专用寄存器所代替。这些专用寄存器称为分组寄存器(banked register),它们只有当 ARM CPU 进入到特定模式下才有效。

分组寄存器是为特定模式设置的,用于在进入特定的异常或管理等特权模式下作特殊用途使用。

当前程序状态寄存器 CPRS 保存了指令执行的条件码、处理器当前的模式状态及其控制信息。除了当前程序状态寄存器之外,还有在异常处理模式(共 4 种)和管理模式下的存储状态寄存器(SPRS),它用于 ARM CPU 进入某种异常模式或管理模式时,存储进入到该模式前的 CPU 状态,以便在退出这些特权模式时,恢复到先前的程序状态。

值得注意的是,由表 3-1 可以看到,程序计数器 PC 和 CPRS 在各种模式下都使用了相同的 2 个物理寄存器,即是说程序计数器对于全局是唯一的。同样,CPRS 对于整个 ARM 也是全局唯一的,它唯一决定了 ARM 处理器当前的模式状态、条件标志、中断许可等系统属性,详细情况可参见"程序状态寄存器"部分。

(1) 程序计数器

16 个通用寄存器之中,有一些寄存器被用于专门用途。其中 R15 被用做程序计数器 PC(Program Counter),它常被 R0 到 R14 之间的其他寄存器所代替,因些 PC(R15)也被认为是通用寄存器之一。如上所述,R15 在所有模式下都共用同一物理寄存器。

(2) 连接寄存器

R14 寄存器又叫做连接寄存器,它有两个作用:

① 在每一种模式下,R14 用来保存子程序返回的地址。当一个函数执行 BL 或 BLX 进行调用操作时,R14 被设置成函数返回的地址。

② 当一个异常产生时,适当的异常模式下所对应的 R14 寄存器被设置成从该异常返回的地址。

除了上述两种情况之外,R14 与其他通用寄存器相同。

(3) 栈指针

R13 通常被用做栈指针,从而也常叫做 SP (Stack Pointer)。在 ARM 体系架构中,这被作为惯例,由于 ARM 没有特别的指令需要专门使用 R13,所以 R13 被作为通用寄存器看待。

每一种异常模式都有其专用的分组寄存器作为该模式下的栈指针,它们都被初始化为该模式下栈所在的位置。当进入异常时,异常处理程序需要在该栈里保存所使用的寄存器,以免破坏进入异常时寄存器中的原值。处理完毕后,异常处理程序需要将那些先前保存在寄存器中的值重新装载到原来的寄存器里,由此恢复进入异常之前的现场。异常处理程序通过这种机制来保护程序的运行状态,从而使程序状态不会在异常处理的过程中被破坏。

2. 当前程序状态寄存器

CPSR,即当前程序状态寄存器,它可以在各种模式下被访问。在当前程序状态寄存器中保存了指令执行的条件码和处理器当前的模式状态以及控制信息。每一种异常模式还对应一个存储程序状态寄存器(SPSR),用于当异常发生时保存 CPSR 的值。

CPSR 和 SPSR 寄存器的格式如图 3-1 所示。

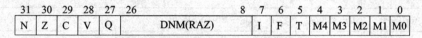

图 3-1　ARM 程序状态寄存器格式

(1) 条件码

图 3-1 中的 N,Z,C,V,Q 位是条件码,其中:

- N—Negative,表示如果上条影响条件码的指令执行结果为负时。
- Z—Zero,表示如果上条影响条件码的指令执行结果为零时。
- C—分下列 4 种情形讨论。

① 对于加法(包括条件比较指令 CMN),如果加法产生一个进位,则 C 标志置位,否则为 0。

② 对于减法(包括条件比较指令 CMP),如果减法产生一个借位,则 C 标志清除,置 0,否则为 1。

③ 对于非加减的移位操作,C 被设置成被移位器移出的最后那一位。

④ 对于其他的非加减操作,C 一般不会改变。

- V—Overflow,溢出标志。
- Q—用于指示 DSP 操作的溢出。

(2) 控制码

图 3-1 中的 I,F,T 位是控制码。其中:

- I—控制中断是否被允许。
- F—控制快速中断是否被允许。

对于 ARM 体系 4 及以上结构,T 标志有以下含义:

- 为 0 指示 ARM 指令执行。
- 为 1 指示 Thumb 指令执行。

在 ARM 状态及 Thumb 状态之间进行切换的指令可以在这些 CPU 架构上实现,但是仅仅当程序运行在 ARM 状态下才能正常工作。如果一个程序在 Thumb 状态下想要切回 ARM 状态,则在切换之后的第一条指令处将导致一个 Und 异常。在进入到 Und 异常后,异常处理程序可通过 SPSR_und 的"T"标志来检测异常产生的根源是否来源于试图进行状态切换,若是,ARM CPU 则有机会在 Thumb 状态下切换到 ARM 状态。

(3) 模式位

利用程序状态寄存器的 M4,M3,M2,M1,M0 位的各种组合可以确定 CPU 的工作模式。如表 3-2 所列。

第 3 章 硬件基础

表 3-2 ARM 状态寄存器的模式位

M[4:0]	模式	可访问的寄存器
0b10000	用户态模式	PC,R14~R0,CPSR
0b10001	快速中断模式	PC,R14_fiq~R8_fiq,R7~R0,CPSR,SPSR_fiq
0b10010	中断模式	PC,R14_irq,R13_irq,R12~R0,CPSR,SPSR_irq
0b10011	管理模式	PC,R14_svc,R13_svc,R12~R0,CPSR,SPSR_svc
0b10111	中止模式	PC,R14_abt,R13_abt,R12~R0,CPSR,SPSR_abt
0b11011	未定义模式	PC,R14_und R13_und,R12~R0,CPSR,SPSR_und
0b11111	系统模式	PC,R14~R0,CPSR(ARM 体系 4 及以上)

不是所有的组合都定义了有效的模式,如果未定义的组合被编程到 CPSR 状态寄存器中,则 CPU 的状态会发生不可预测的情况。

3.1.2 ARM 指令概述

限于篇幅,本书不介绍 ARM 指令及汇编程序的语法。关于 ARM 编程的书籍有很多,这里根据笔者的经验提出一些编程中的注意之点,在本节的最后,通过一个具体的例子来说明汇编编程的一些常用伪指令。

1. 条件执行

ARM 汇编的一个显著特点是在指令中增加了条件码。一条语句是否被执行,它依赖于处理器当前的状态,以及在指令中所指定的条件。

条件执行减少了分支指令的数目,相应地减少了指令流水线的排空次数,从而发送了执行代码的性能。条件执行主要依赖于两部分:条件码和条件标志。条件码位于指令中,条件标志位于 cpsr 中。

条件标志是处理器执行前一条指令,或若干条指令之前的某一条指令时产生的结果状态标志。ARM 指令中有一部分指令是一定会影响到结果标志的,但有些指令却不改变结果标志。对于同一功能的指令,往往也有对应的改变或不改变结果标志的一对指令。

2. 栈的使用

ARM 指令中没有包括栈操作的指令,即是说,没有像 x86 那样有入栈或出栈的指令。对于栈的操作需要使用通用指令来手动维护。

使用 LDM 与 STM 可以维护栈,根据栈的生长顺序,以及栈基地址的改变先后,一共有 4 种可能的栈操作方式。

FD (Full Descending——满。向下生长)

ED（Empty Descending—空。向下生长）
FA（Full Ascending—满。向上生长）
EA（Empty Ascending—空。向上生长）

其中 Full 表示栈指针指向栈顶元素，即最后一个入栈的元素。Empty 则指向与栈顶元素邻近的，下一个可用元素的空位置。

Ascending 表示数据栈向内存地址增加的方向生长。Descending 则表示数据栈向内存地址减少的方向生长。

3. 参数的传递

少于 4 个整数的参数通过 R0~R3 来传递，其他的通过数据栈来传递。

子程序的返回结果为一个 32 位整数时通过寄存器 R0 返回。如果结果是 64 位整数时，则通过 R0 和 R1 返回。

这里只列举了简单的情况，完整的参数传递情况参见详细的 ARM 编程手册。

4. ARM 汇编例子

下面通过一个简单的例子说明 ARM 汇编程序的结构。这个例子显示了一个简单的初始化启动函数，代码中的中文注释详细解释了所遇到的各条指令以及伪代码的意义。

```
AREA      |_my_tst_1|,CODE       ;标识一个段的开始,此处是代码(CODE)段
PRESERVE8
INCLUDE   stdmacros.s            ;通过 INCLUDE 包含头文件
INCLUDE   sys_system.s
IMPORT    mpt_main1              ;从一个外部模块引用一个符号
                                 ;类似于 extern

EXPORT    __mp2_main1            ;输出一个本文件定义的函数符号
EXPORT    enter_region           ;同上,输出一个外部可以调用函数的符号
                                 ;相当于全局函数

;ENTRY                           ;模块的开始
Function  __mp2_main1            ;函数的名字
;                                ;分号开始的一行的后半部分为注释
;
;创建一个小的临时栈,使用内存中位于 2M 位置区域
;设置了栈之后,就可以调用一些简单的 C 函数了
;
    LDR    sp, = 0x200000
    MOV    r1, #0x10000          ;立即数赋给通用寄存器 r1
                                 ;等待一个小的时间段
```

```
    SUBS        r1,r1,#1
    BNE         %b1
    SEV                             ;SetEvent 设置事件,通知其他 CPU
    BL                              mpt_main1
1
    B %b1                           ;如果出错,死锁在这里
    EndFunc                         ;标识一个函数的结束
;ENTRY   int enter_region(int addrLock);(函数原型)
;返回       0 - 成功
;           1 - 失败
Function    enter_region            ;函数名字即一个函数的开始
    MOV         r1,r0               ;函数可以带参数,第一个参数由 r0 传递
1
    LDREX       r0,[r1]             ;互斥地装载一个存储变量到寄存器
    CMP         r0,#0               ;比较,是否等于 0
    BEQ         %f3                 ;YES,转到后面的标号 3
    MOV         r0,#0x1000          ;NO,置 0 = 0x1000,进入下面的循环等待
    CLREX                           ;清除总线互斥访问
2
    SUBS        r0,r0,#1            ;循环等待一个时间段
    BNE         %b2
    B           %b1
3
    STREX       r0,r2,[r1]          ;r0——状态,r2——存储的值
    CLREX
    ;MOV        pc,lr               ;通过将 lr 赋值给 pc 来从一个函数返回
    Return
    EndFunc                         ;标识一个函数的结束
    END                             ;标识上面定义的一个代码段的结束
                                    ;下面 3 行程序定义一个新的段(数据段)
                                    ;AREA 标识一个新的段
    AREA    |SECOND $ $ data|,DATA,READWRITE
                                    ;定义数据变量
    sec_awake_ino   DCD    SEC_AWAKE_INO
    END                             ;标识一个数据段的结束
```

3.1.3 ARM 异常及处理

异常来源于 CPU 内部或外部的源,它们迫使处理器转而去处理一些特殊的事件,例如一

个外部硬件设备所产生的一个中断,或企图执行一条未定义的指令。程序在转入到异常之前的状态必须正确保护,以便先前运行的程序在异常处理完毕时可以重新开始。在同一个时刻,可以允许多于一个的中断和异常同时发生。

ARM 支持 7 种类型的异常。表 3-3 列出了这些异常的类型,以及处理器处理这些异常时所进入的模式。当异常产生时,ARM CPU 强制程序从固定的内存点开始执行。这些固定的地址被称之为异常向量(exception vectors)。

表 3-3　ARM 异常处理的入口地址

异常类型	处理器模式	一般中断向量地址	高端向量地址
复位 Reset	管理模式 (Supervisor)	0x00000000	0xFFFF0000
未定义指令	未定义模式	0x00000004	0xFFFF0004
软件中断(SWI)	管理模式	0x00000008	0xFFFF0008
预取指中止	中止模式	0x0000000C	0xFFFF000C
数据中止	中止模式	0x00000010	0xFFFF0010
中断(IRQ)	中断模式	0x00000018	0xFFFF0018
快速中断(FIQ)	快速中断模式	0x0000001C	0xFFFF001C

当一种异常产生的时候,异常模式的分组寄存器 R14 以及程序状态寄存器用来保存现场状态,其通用形式如下:

```
R14_<异常模式> = return link
SPSR_<异常模式> = CPSR
CPSR[4:0] = 异常模式
CPSR[5] = 0                    /* 执行于 ARM 状态 */
IF  <异常模式> == Reset 或 FIQ  THEN
    CPSR[6] = 1                /* 禁止快速中断 */
/* else CPSR[6] 不改变 */

CPSR[7] = 1                    /* 禁止普通中断 */
PC = 异常矢量地址              /* 迫使处理器从固定的异常向量处开始执行 */
```

如果需要从异常处理中退出来,则 SPSR 中的存储内容需要被移到 CPSR 寄存器中,而 R14 寄存器中的值需要移到 PC 中,以实现先前运行程序的返回。

这可以通过以下两种方式自动实现:
① 使用数据处理的指令,使 S 位置位,并且使 PC 作为目标寄存器。
② 使用 Load Multiple 并且恢复 CPSR 状态的指令,例如 LDM(3)。

1. 复位异常

当复位产生时,ARM CPU 马上停止现有程序的执行,然后转入如下准备及执行过程:

```
R14_svc = 未知不确定值
SPSR_svc = 未知不确定值
CPSR[4:0] = 0b10011          /* 进入管理模式 */
CPSR[5] = 0                  /* 在 ARM 状态下运行 */
CPSR[6] = 1                  /* 禁止快速中断 */
CPSR[7] = 1                  /* 禁止普通中断 */
IF <高端矢量被配置> THEN
    PC = 0xFFFF0000
ELSE
    PC = 0x00000000
```

在复位之后,ARM CPU 从地址 0x00000000 或 0xFFFF0000 处开始执行,ARM 处理器进入到管理模式,并且复位之后,CPU 总是处于 ARM 状态,而非 Thumb 状态。快速中断和一般普通中断都被禁止。

注意:复位没有返回,所以 R14 以及 SPSR_svc 的值都是不确定的,也是不需要的。处理程序不能试图依赖 R14 寄存器的值执行返回。

2. 未定义指令异常

如果 ARM 执行一条协处理器指令,它将等待外部的协处理器响应,以确定是否可以执行那条指令。如果没有任何协处理器响应,则产生未定义指令异常。

如果程序尝试执行一条 CPU 不支持的指令,例如一个二进制库里可能编译了为高端 CPU 所运行的指令,这个时候也产生未定义指令异常。

如果一个系统里没有特定的一个硬件协处理器,未定义指令异常可以用来对协处理器作软件模拟。未定义指令异常还可以用来通过软件模拟来对指令集作扩展。

当未定义指令异常产生时,ARM CPU 马上停止现有程序的执行,然后转入如下准备及执行过程:

```
R14_svc = 产生异常指令的紧接一条指令的地址
SPSR_svc = CPSR
CPSR[4:0] = 0b11011          /* 进入未定义模式 */
CPSR[5] = 0                  /* 在 ARM 状态下运行 */
/* CPSR[6]不改变 */
CPSR[7] = 1                  /* 禁止普通中断 */
IF <高端矢量被配置> THEN
    PC = 0xFFFF0004
```

```
ELSE
    PC = 0x00000004
```

为了从未定义指令异常中返回,可以执行如下指令:

```
MOVS    PC,R14
```

这导致从 R14_und 中恢复 PC 的值,以及从 SPSR_und 恢复 CPSR 的值,并且返回到发生异常的那条指令随后的一条指令所在的地址开始执行。

3. 软件中断异常

软件中断迫使 CPU 进入到管理模式(supervisor),以请求操作系统执行特殊的管理功能。通常是用户程序执行系统调用进入到内核模式,需要请求操作系统内核执行某些特殊的操作。当软件中断异常发生时,CPU 执行如下操作:

```
R14_svc  = 软件中断的下一条指令的地址
SPSR_svc = CPSR
CPSR[4:0] = 0b10011             /*进入管理模式*/
CPSR[5] = 0                     /*在 ARM 状态下运行*/
/* CPSR[6]不改变 */
CPSR[7] = 1                     /*禁止普通中断*/
IF <高端矢量被配置> THEN
    PC = 0xFFFF0008
ELSE
    PC = 0x00000008
```

为了从软件中断指令异常中返回,可以执行如下指令:

```
MOVS    PC,R14
```

这导致从 R14_svc 中恢复 PC 的值,以及从 SPSR_svc 恢复 CPSR 的值,并且返回到发生软件中断指令异常的随后的一条指令所在的地址开始执行。

4. 指令预取中止异常

指令预取中止异常是指 CPU 从内存中读取指令时产生的异常。指令预取中止异常由存储系统产生。激发一个指令预取异常是 CPU 在试图执行一条无效的指令时产生的。如果一条指令没有被执行,例如在执行了一个跳转而预先读取的指令未被执行,则不会产生指令预取异常。在 ARM v5 及以上的版本,指令异常还可以由执行 BKPT 指令时产生。当 CPU 试图执行一条产生中止的指令时,CPU 将发生下列行为:

```
R14_svc  = 被中止的指令的地址 + 4
SPSR_svc = CPSR
CPSR[4:0] = 0b10111             /*进入中止模式*/
```

```
CPSR[5] = 0                        /* 在 ARM 状态下运行 */
/* CPSR[6]不改变 */
CPSR[7] = 1                        /* 禁止普通中断 */
IF <高端矢量被配置> THEN
    PC = 0xFFFF000C
ELSE
    PC = 0x0000000C
```

当修复产生指令中止的原因之后,从指令预取异常返回时执行如下类似的指令:

```
SUBS  PC,R14,#4
```

这条指令将从 R14_abt 中恢复 PC 的值,以及从 SPSR_abt 恢复 CPSR 的值,并且返回到发生指令预取中止的那条指令并重新执行。

5. 数据中止异常

数据中止异常是指数据存取内存时产生的异常。数据中止异常是由存储系统产生。激发一个数据异常是由于在数据存取(读或写)的时候这个数据无效而产生。数据中止异常先于随后的指令或异常,在更改 CPU 的状态之前而产生,然后转入如下准备及执行过程:

```
R14_svc = 产生异常指令的地址 + 8
SPSR_svc = CPSR
CPSR[4:0] = 0b10111                /* 进入中止模式 */
CPSR[5] = 0                        /* 在 ARM 状态下运行 */
/* CPSR[6]不改变 */
CPSR[7] = 1                        /* 禁止普通中断 */
IF <高端矢量被配置> THEN
    PC = 0xFFFF0010
ELSE
    PC = 0x00000010
```

当修复产生数据中止的原因之后,从数据中止返回时执行如下类似的指令:

```
SUBS  PC,R14,#8
```

这条指令将从 R14_abt 中恢复 PC 的值,以及从 SPSR_abt 恢复 CPSR 的值,并且返回到发生数据中止的那条指令并重新执行。

如果产生数据异常的指令不需要再次执行,则执行如下类似的指令:

```
SUBS  PC,R14,#4
```

6. 中断异常

中断(IRQ)异常的产生是由于处理器的中断输入线得到外部硬件中断的请求。中断异常的优先权比快速中断的优先级要低,因而当一个快速中断序列进入时,普通的中断异常就被屏蔽掉。

中断可以由 CPSR 程序状态寄存器的 I—标志位所屏蔽。如果 I—标志位被清除,则 ARM CPU 会在一条指令的边界检测是否有外部中断请求的输入。

当中断产生时,CPU 执行下列操作序列:

```
R14_irq = 将要执行的下一指令地址 + 4
SPSR_irq = CPSR
CPSR[4:0] = 0b10010           /* 进入中断模式 */
CPSR[5] = 0                   /* 在 ARM 状态下运行 */
/* CPSR[6]不改变 */
CPSR[7] = 1                   /* 禁止普通中断 */
IF <高端矢量被配置> THEN
    PC = 0xFFFF0018
ELSE
    PC = 0x00000018
```

中断服务处理结束需要返回时,执行如下类似的指令:

```
SUBS  PC,R14,#4
```

这条指令将从 R14_irq 中恢复 PC 的值,以及从 SPSR_irq 恢复 CPSR 的值,并且重新执行被中断的指令。

7. 快速中断异常

快速中断(FIQ)异常的产生是由于处理器的快速中断输入线得到外部硬件中断的请求。FIQ 的设计是为了支持数据的传输或通道的处理,由于快速中断有足够多的私有寄存器,从而减少了对寄存器保存与恢复的时间,从而减少了中断服务时作上下文切换所引起的系统开销。

快速中断可以由 CPSR 程序状态寄存器的 F—标志位所屏蔽。如果 F—标志位被清除,则 ARM CPU 会在一条指令的边界检测是否有外部快速中断请求的输入。

当快速中断产生时,CPU 执行下列操作序列:

```
R14_fiq = 将要执行的下一指令地址 + 4
SPSR_fiq = CPSR
CPSR[4:0] = 0b10001           /* 进入快速中断模式 */
CPSR[5] = 0                   /* 在 ARM 状态下运行 */
CPSR[6] = 1                   /* 禁止快速中断 */
CPSR[7] = 1                   /* 禁止普通中断 */
IF <高端矢量被配置> THEN
    PC = 0xFFFF001C
```

```
ELSE
    PC = 0x0000001C
```

快速中断服务处理结束需要返回时,执行如下类似的指令:

```
SUBS    PC,R14,#4
```

这条指令将从 R14_fiq 中恢复 PC 的值,以及从 SPSR_fiq 恢复 CPSR 的值,并且重新执行被中断的指令。

特别地,FIQ 的中断矢量被特别设计成 ARM 中断向量表中的最后一个中断,从而允许快速中断服务例程直接存放在系统的异常向量表之后,减少从快速中断矢量跳转到 FIQ 处理服务例程所引的时间开销。

8. 异常的优先级

表 3-4 列出了 ARM 体系中异常的优先级。

表 3-4 ARM 异常的优先级

优先级		异常类型
最高	1	复位(Reset)
	2	数据中止(Data Abort)
	3	快速中断(FIQ)
	4	中断(IRQ)
	5	指令预取中止
最底	6	未定义指令异常(Undefined instruction),软件中断(SWI)

3.2 MIPS

MIPS 是典型的 RISC 架构,具有规整的指令集、指令预取以及多级流水线结构。MIPS 是作为 RISC 学习的主要教材典范,所以它具有许多 RISC 的优点。

MIPS 有大的寄存器文件,极大地减少了外部存储的使用。

MIPS 的 CPU 中断数目也比较多,最多可以扩展到 16 级,从而减少了小型系统对外部扩展中断控制器需求,并且增加了中断响应的速度。

除了通用的 MMU 之外,MIPS 还支持简单的 MMU,从而简化了嵌入式系统软件的设计。特别地,通过使用简单 MMU,简化了系统初始引导加载过程中地址映射转换的手续,使得 Boot-loader 以及固件程序的设计变得简单、容易。

3.2.1 MIPS 编程模式

1. 协处理器

MIPS 体系定义了 4 个协处理器：CP0,CP1,CP2 和 CP3。

其中，CP0 集成在 CPU 片上，以支持虚拟内存管理以及异常的处理。CP0 寄存器又称为系统控制协处理器。

2. CPU 寄存器

MIPS 体系定义了如下的 CPU 寄存器：
- 32 个 32 位通用寄存器。
- 一对特殊用途寄存器(HI,LO)，它们用于保存整数乘法,除法,乘加运算的结果。
- 一个特殊用途的程序计数器(PC)。

MIPS CPU 通用寄存器中，R0 硬件编码为 0，读出永远是 0，写入任意的值，其结果都保持为 0。

R31 被用作连接寄存器。如果下述指令中没有在代码语句中特别指明目标寄存器，则 R31 被自动用作目标寄存器：

JAL,BLTZAL,BLTZALL,BGEZAL,and BGEZALL

除此之外，R31 的使用与通用寄存器一样。

在乘法操作时，HI 和 LO 寄存器用于联合起来存储乘积的结果，两个 32 位整数相乘产生 64 位乘积，其中高 32 位存放在 HI 寄存器中，低 32 位存放在 LO 寄存器中。

在乘累加、乘累减操作时，乘的结果与 HI 和 LO 联合起来组成的 64 位数相加或相减，最终的结果再次更新于 HI 和 LO 寄存器对中。同样，高 32 位存放在 HI 寄存器中，低 32 位存放在 LO 寄存器中。

对于除法操作，32 位整数除以 32 位整数，除得的商存于 LO 寄存器中，余数放于 HI 寄存器中。

图 3-2 显示了 MIPS32 的 CPU 寄存器。

3. FPU 寄存器

MIPS 体系定义了如下浮点处理单元(FPU)寄存器：
- 32 个浮点寄存器：所有的 32 个浮点寄存器都可用于存储单精度浮点操作数。对于双精度浮点操作数，可用一个奇偶对浮点寄存器来存储。
- 5 个 FPU 控制寄存器用于标识和控制浮点处理单元。

图 3-3 显示了 MIPS 的 FPU 寄存器。

4. 系统控制寄存器

表 3-5 列出了 MIPS 系统控制寄存器 CP0，其中列 SEL 表示在同一个寄存器名字下选择

的不同内部索引。

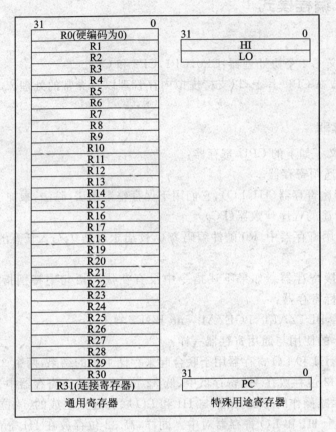

图 3-2 MIPS CPU 寄存器

表 3-5 MIPS 系统控制寄存器 CP0

寄存器序号	SEL	寄存器名字	功 能
0	0	Index	索引 TLB 阵列
1	0	Random	随机产生一个索引号来使用 TLB 阵列
2	0	EntryLo0	TLB 条目的低阶部分,用于偶数一页虚地址
3	0	EntryLo1	TLB 条目的低阶部分,用于奇数一页虚地址
4	0	Context	指示在内存中的页表条目
5	0	PageMask	控制 TLB 条目中各种页面尺寸的大小
6	0	Wired	控制固定 TLB 条目的数目
7	all		保留

续表 3-5

寄存器序号	SEL	寄存器名字	功能
8	0	BadVAddr	报告最新与地址异常相关的地址
9	0	Count	处理器时钟(Cycle)计数
10	0	EntryHi	TLB 条目的高阶部分
11	0	Compare	时钟中断控制
12	0	Status	处理器的状态与控制
13	0	Cause	最后产生异常的原因
14	0	EPC	最后产生异常的程序计数器
15	0	PRid	处理器的标识与版本
16	0	Config	配置寄存器
16	1	Config1	配置寄存器 1
16	2	Config2	配置寄存器 2
16	3	Config3	配置寄存器 3
17	0	LLAddr	装入连接地址
18	0~n	WatchLo	观测点(Watch-point)地址
19	0~n	WatchHi	观测点(Watch-point)控制
20	0		64 位 MIPS 使用
21	all		保留
22	all		与 SoC 实现相关
23	0	Debug	EJTAG 调试寄存器
24	0	DEPC	最后产生 EJTAG 调试异常的程序计数器
25	0~n	PerfCnt	效率计数器接口
26	0	ErrCtl	Parity/ECC 错误控制和状态
27	0~3	CacheErr	Cache 极性错误控制与状态
28	0	TagLo	Cache-标签接口的低价部分
28	1	DataLo	Cache-数据接口的低价部分
29	0	TagHi	Cache-标签接口的高价部分
29	1	DataHi	Cache-数据接口的高价部分
30	0	ErrorEPC	最后出错的程序计数器(PC)
31	0	DESAVE	EJTA 调试异常保存寄存器

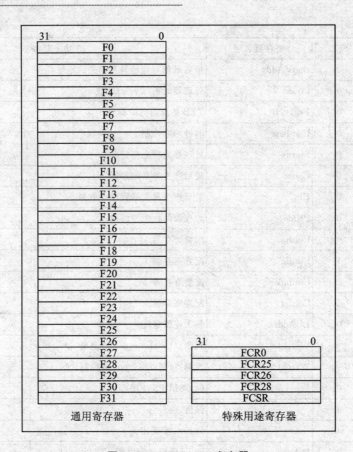

图 3-3 MIPS FPU 寄存器

3.2.2 MIPS 指令概述

根据功能，MIPS CPU 指令可以分为如下几大类：
- 装入，存储；
- 计算；
- 跳转；
- 其他杂处理；
- 协处理器操作。

每一条指令都是 32 位长度。

1. CPU 装入存储操作指令

MIPS CPU 使用装入/存储结构。所有的运算操作都是基于寄存器中的操作数，主存的存取操作仅通过装入和存储操作指令。

MIPS 有各种各样的存入和存储操作指令,每一种指令都用于不同的目的。
- 传输不同长度的数据单元,如 LB,SW。
- 对于所传输的数据,当作有符号的或无符号的,如 LHU。
- 存取未对齐数据单元,如 LWR,SWL。
- 原子的内存更新(读—修改—写),如 LL/SC。

无论 MIPS 是高字节顺序,还是低字节顺序,字节、半字或字的地址都是它们所占据存储单元的中字节地址最低的地址。从而:
- 对于高字节顺序　这意味着半字或字的地址是最高有效字节的地址。
- 对于低字节顺序　这意味着半字或字的地址是最低有效字节的地址。

(1) 装入存储的存取类型

表 3-6 列出各种 MIPS 架构所支持的装入和存储数据单元宽度的类型

表 3-6　MIPS32/MIPS64 装入/存储指令所支持的数据类型

数据宽度	CPU			协处理器 1 和 2	
	有符号装入	无符号装入	存　储	装　入	存　储
字节(Byte)	MIPS32	MIPS32	MIPS32		
半字(Halfword)	MIPS32	MIPS32	MIPS32		
字(Word)	MIPS32	MIPS64	MIPS32	MIPS32	MIPS32
未对齐的字(Unaligned word)	MIPS32		MIPS32		
连接的字(Atomic modify)	MIPS32		MIPS32		

(2) CPU 装入存储指令

表 3-7 和表 3-8 列出了 CPU 的装入存储指令。

表 3-7　MIPS 对齐的装入存储指令

助记符	指令意义
LB	装入字节
LBU	装入无符号字节
LH	装入半字
LHU	装入无符号半字
LW	装入字节
SB	存储字节
SH	存储半字
SW	存储字

表 3-8　MIPS 非对齐的装入存储指令

助记符	指令意义
LWL	左边装入字
LWR	右边装入字
SWL	左边存储字
SWR	右边存储字

MIPS CPU 支持非对齐的字的存储与装入。一般的字的边界需要 4 字节对齐,但有时数据存放的起始地址可能不是 4 的整数倍,例如在一些数据结构的定义中。那么这个时候对于这个字(比如一个 32 位的整数)的读取或存储,就不能使用 LW 或 SW 的指令来操作,否则就会产生地址异常。

如果使用非对齐的字节存取就可以解决这个问题。但是对于非对齐的字的存取需要使用一对特殊的指令,即两条指令来存取一个字。表 3-8 中所列举的读指令用于读取靠左边或靠右边的字节到一个寄存器,两次读的组合就可以读一个完整的字(其起始地址不是 4 的整数边界),写也一样。

(3) 用于原子操作的装入存储指令

用于原子操作的装入存储指令如表 3-9 所列。

装入连接字(LL)、条件存储字(SC)等两条指令可用于实现原子操作的"读-修改-写"的操作原语,其中原子变量可以位于被缓存的主存区域。这些指令需要用于细心设计的序列,以提供操作系统所需的多种同步与互斥原语,包括"Test-and-Set",位域级别的锁、信号量以及事件计数器等。

(4) 协处理器操作的装入存储指令

表 3-10 列出的是协处理器操作的装入存储指令。

表 3-9 MIPS 原子更新的装入存储指令

助记符	指令意义
LL	装入连接的字(Load Linked Word)
SC	条件地存储字(Store Conditional Word)

表 3-10 协处理器装入存储指令

助记符	指令意义
LDCz	装入双字到协处理器-z, z=1, 或 2
LWCz	装入字到协处理器-z, z=1, 或 2
SDCz	存储双字到协处理器-z, z=1, 或 2
SWCz	存储字到协处理器-z, z=1, 或 2

如果某个协处理器不被支持,对协处理器的操作则将导致协处理器不可使用的异常。

2. 算术操作指令

(1) 与立即数或三操作数相关的算术逻辑指令

表 3-11 列出了一个操作数是寄存器,另一个操作数是立即数的算术逻辑指令。16 位立即数在指令编码字中指定。

表 3-11 MIPS 立即数操作的算术指令

助记符	指令意义
ADDI	一个寄存器字与 16 位立即数扩展相加
ADDIU	一个寄存器字与 16 位无符号立即数扩展相加

表 3-12 MIPS 三操作数算术指令

助记符	指令意义
ADD	操作数为字的加法
ADDU	操作数为无符号数,操作数位宽为字的加法

续表 3-11

助记符	指令意义
ANDI	一个寄存器字与 16 位立即数扩展相"与"
LUI	将 16 位立即数装入到一个 32 位寄存器的高位
ORI	一个寄存器字与 16 位立即数扩展相"或"
SLTI	如果小于 16 位立即数,则置位
SLTIU	如果小于 16 位无符号立即数,则置位
XORI	一个寄存器字与 16 位立即数扩展相"异或"

续表 3-12

助记符	指令意义
AND	操作数为字的按位"与"操作
NOR	操作数取反操作
OR	操作数为字的按位"或"操作
SLT	如果源操作数小于目标操作数,则置位
SLTU	如果作为无符号数,源操作数小于目标操作数,则置位
SUB	操作数为字的减法
SUBU	操作数为无符号数,操作数位宽为字的减法
XOR	操作数为字的按位"异或"操作

(2) 二操作数算术逻辑指令

表 3-13 列出了二操作数算术指令。

(3) 移位指令

MIPS 移位指令有两种形式的指令:

- 移位的位数包含在指令码中的 5 位立即数
- 移位的位数包含在一个通用寄存器中的低 5 位数值

表 3-13 MIPS 二操作数算术指令

助记符	指令意义
CLO	计数一个字的前导 1 的个数
CLZ	计数一个字的前导 0 的个数
NOR	取反
OR	或
XOR	异或

表 3-14 MIPS 移位指令

助记符	指令意义
SLL	逻辑左移一个字,移位位数包含在立即数(指令)中
SLLV	逻辑左移,移位的位数包含在一个通用寄存器中
SRA	算术左移一个字,移位的位数包含在立即数(指令)中
SRAV	算术左移,移位的位数包含在一个通用寄存器中
SRL	逻辑右移一个字,移位的位数包含在立即数(指令)中
SRLV	逻辑右移,移位的位数包含在一个通用寄存器中

(4) 乘除指令

跟其他处理器一样,乘法与除法会产生两倍的数据结果。乘除将其结果存放于 HI 和 LO 寄存器中,有一个例外:MUL 指令将结果的低半部分直接放在通用寄存器中。

Multiply 产生完整宽度的乘结果,它是输入数据位宽的 2 倍,即 64 位。其中低位的 32 位结果存放于 LO 寄存器,较高的 32 位结果存放于 HI 寄存器。

Multiply-ADD,Multiply-Subtract 产生完整宽度的乘结果,它是输入数据位宽的 2 倍,即 64 位;并且与 HI,LO 寄存器组合形成的 64 位操作数相加,或相减,其结果的低半部分存放于

LO 寄存器,较高的 32 位结果存放于 HI 寄存器。

Divide 产生的商放于 LO 寄存器中,余数放于 HI 寄存器中。

表 3-15 MIPS 乘除法指令

助记符	指令意义
DIV	位宽为字的除法
DIV	位宽为字的无符号数除法
MADD	位宽为字的乘加操作
MADDU	位宽为字的无符号数的乘加操作
MFHI	从 HI 寄存器移出数据
MFLO	从 LO 寄存器移出数据
MSUB	位宽为字的乘减操作
MSUBU	位宽为字的无符号数的乘减操作
MTHI	移进数据到 HI 寄存器
MTLO	移进数据到 LO 寄存器
MUL	位宽为字的乘法操作,结果的低位直接放在通用寄存器中
MULT	位宽为字的乘法操作
MULT	位宽为字的无符号数的乘法操作

3. 跳转及分支指令

转移指令包括跳转(Jump)及分支(Branch)指令。

(1) 转移的类型

MIPS 体系定义了以下几种类型的转移:

- PC-相对的条件分支转移。
- PC-所在区域的无条件跳转。
- 绝对地址的(依赖于寄存器)的无条件跳转。
- 用于过程调用,其返回地址被记录在一个通用寄存器(R31)中。

(2) 延迟槽

所有的转移指令,都有一条指令时间的延迟执行。在转移指令之后紧接的指令在跳转到新的指令位置之前会被执行。转移指令之后的位置被称之为 Branch Delay Slot。

为了保持异常或中断不影响 Delay Slot,跳转必须是可以重入的。从而异常或中断处理例程必须重新执行跳转的指令。

针对 Delay Slot,MIPS 体系定义了两种类型的转移:

- Branch 类 Delay Slot 处的指令总是被执行。

- Branch-Likely 类　如果转移未成功,则 Delay Slot 处的指令不会被执行。

(3) 跳转指令列表

跳转指令列表如表 3-16 和表 3-17 所列。

表 3-16　MIPS 256M 区域内无条件跳转指令

助记符	指令意义	转移位置
J	跳转	256 M 区域
JAL	跳转并连接	256 M 区域
JALR	依赖于寄存器的跳转	绝对地址
JALX	跳转并连接交换	绝对地址
JR	跳转	绝对地址

表 3-17　MIPS PC 相对的条件转移指令

助记符	指令意义	助记符	指令意义
BEQ	相等转移	BGTZAL	大于 0 时转移,并且连接
BNE	不相等转移	BLEZ	小于或等于 0 时转移
BGEZ	大于或等于 0 时转移	BLTZ	小于 0 时转移
BGEZAL	大于或等于 0 时转移,并且连接	BLTZAL	小于 0 时转移,并且连接
BGTZ	大于 0 时转移		

3.2.3　MIPS 中断与异常

1. 中　断

MIPS 处理器支持 8 个中断请求,可以分成 4 类:
- 软件中断　有 2 个中断请求可通过软件设置 Cause 寄存器的 IP0 位或 IP1 位。
- 硬件中断　CPU 总共支持 6 个硬件中断请求输入,这些中断依赖于外部硬件的具体实现。
- 时钟中断　当计数器与比较寄存器的值相同时,就会产生时钟中断。
- 效率计数器中断　当计数器的最高位为 1,且效率计数控制寄存器的 IE 位被设置为允许时,产生效率计数中断。

时钟中断、效率计数器中断以及硬件中断 5 共享同一个中断输入线,它们依赖于具体的 SoC 实现来决定最终的硬件行为。

当前的中断请求可以通过查询 Cause 寄存器中的 IP 标志位来确认,它们之间的映射关系如表 3-18 所列。

表 3-18 MIPS 的中断、状态及缘由寄存器的映射关系

中断类型	中断号	Cause 寄存器位		Status 寄存器位	
		号数	名字	号数	名字
软件中断	0	8	IP0	8	IM0
	1	9	IP1	9	IM1
硬件中断	0	10	IP2	10	IM2
	1	11	IP3	11	IM3
	2	12	IP4	12	IM4
	3	13	IP5	13	IM5
	4	14	IP6	14	IM6
硬件中断 5 号,时钟中断或效率计数器中断	5	15	IP7	15	IM7

由表 3-18 中可以看出,对于缘由(cause)寄存器中的每一位,在状态(status)寄存器中都有一位与之对应,从而所有 8 组中断都可以按位屏蔽或允许。一个中断仅当下面条件都为真时才会被允许:

- 一个中断的请求位在缘由(cause)寄存器中的 IP 字段是 1;
- 在状态寄存器中相对应的屏蔽位是 1;
- 状态寄存器的 IE 位是 1;
- 调试(debug)寄存器的 DM 位是 0;
- 状态寄存器的 EXL 和 ERL 位是 1。

逻辑上的操作是,缘由寄存器的 IP 字段与状态寄存器的 IM 字段按位"与",其 8 位结果相"或"后再与中断允许位(IE)相"与"。最终,中断请求,当且仅当状态寄存器的 EXL 和 ERL 位是 0,以及调试寄存器的 DM 位是 0 时才会被真正产生传给 CPU,并得到响应。后面的 3 个条件分别对应于非异常处理模式、非错误处理模式和非 CPU 调试模式。

2. 异 常

当一个异常产生时,通常的指令执行顺序被中断。产生这些异常的事件可能是执行一条指令所产生的副作用,例如执行一条指令时导致其结果溢出了整数的边界,或者一条装入数据的指令导致 TLB 未命中;异常事件或许不是由指令执行而直接引起的,例如一个外部中断。当一个异常产生时,CPU 停止运行当前的指令,保持足够的处理器状态,以备被中断的指令序列的执行可以重新开始。然后 CPU 转入到内核模式,开始执行软件的异常处理例程。被保存的状态以及异常处理程序的地址,依赖于异常的类型以及当前 CPU 的状态。下面作进一步讨论。

(1) 异常向量

复位(reset)向量地址、软件复位(soft-reset)向量地址以及非屏蔽中断异常的向量地址总是在 0xBFC0-0000 处。EJTAG 调试的异常向量位于 0xBFC0-0480 或 0xFF20-0200 处,分别取决于 EJTAG 控制寄存器(EJTAG_Control_Register)的 ProbE*n* 位为 0 或为 1。

表 3-19 给出了异常向量依赖于 Status.[BEV]标志位的不同配置值所对应的基地址。
表 3-20 给出了各个具体异常相对于这些基地址的地址偏移。

表 3-19 MIPS 异常向量的基地址

异 常	Status.[BEV]	
	0	1
Reset, Soft-Reset, NMI	0xBFC00000	
EJTAG-Debug(EJTAG 控制寄存器.[ProbE*n*]=0)	0xBFC00480	
EJTAG-Debug(EJTAG 控制寄存器.[ProbE*n*]=1)	0xFF200200	
Cache 错	0xA0000000	0xBFC00200
	0x80000000	0xBFC00200

表 3-20 MIPS 异常向量的偏移地址

异 常	向量地址偏移	异 常	向量地址偏移
TLB 重填充,EXL=0	0x000	中断,Cause.[IV] = 1	0x200
Cache 错	0x100	Reset,Soft-Reset,NMI	0x000
一般异常	0x180		

(2) 异常处理的一般过程

复位、软件复位以及非屏蔽中断等异常,它们有各自特别的处理方式,除此之外,其他异常前遵循下面的基本流程:

- 如果 Status 寄存器的 EXL 位是 0,EPC 寄存器装载发生异常时程序计数器(PC)的值,Cause 寄存器的 BD 标志被适当置位以标识是否为转移延迟。
- 如果 Status 寄存器的 EXL 位是 1,EPC 寄存器不装入被异常中止的程序计数器的值,Cause 寄存器的 BD 标志也不被更改。
- Cause 寄存器的 CE,以及 ExcCode 字段被装入与异常相关的值。
- Status 寄存器的 EXL 被置 1。
- 处理器从异常向量处开始执行。

EPC 寄存器里装载的值代表异常处理完毕之后需要重新开始执行的地址,因而一般情况下,异常处理程序不能修改 EPC 的值。软件不必查看 BD 的值,除非软件希望准确知道导致异常时指令所在的实际地址。

发生异常时,CPU 内部的一般处理流程如下:

```
IF (Status.[EXL] = 0)
    IF(指令位于转移指令延迟槽)THEN
        EPC = "PC 重新开始的地址"    # PC of branch/jump
        Cause.[BD] = 1
    ELSE
        EPC = "PC 重新开始的地址"    # PC of instruction
        Cause.[BD] = 0
    ENDIF
    IF(异常类型 = TLB-重填充)THEN
        Vector-Offset = 0x000
    ELSE IF(异常类型 = 中断) and (Cause.[IV] = 1) THEN
        Vector-Offset = 0x200
    ELSE
        Vector-Offset = 0x180
    ENDIF
ELSE
    Vector-Offset = 0x180
ENDIF
Cause.[CE] = "错误协处理器的号数"
Cause.[ExcCode] = "异常类型"
Status.[EXL] = 1
IF (Status.[BEV] = 1) THEN
    PC←0xBFC00000 + Vector-Offset
ELSE
    PC←0x80000000 + Vector-Offset
ENDIF
ENDIF
```

3.3 接口基础

在微机体系与嵌入式硬件体系中,各种各样的外部设备都通过不同的总线与 CPU 相连,并进行相互间的通信与数据交互。设备与设备之间的相互通信与数据交互也通过总线相连。一组总线包括数据线和控制线。数据线是用来在设备与设备之间、设备与 CPU 之间传递数据,而控制线是用来监察和控制相互之间的状态是否就绪、是否结束,以及建立和维护数据传输的所有控制信号。

简而言之,总线为连接在总线上的硬件设备提供数据通路和控制信号。设备通过总线与总线上的其他设备(包括 CPU)交换数据,或是通过总线接受总线控制器发出的指令,以及设备通过总线向总线控制器发出状态报告、中断指示和传输请求等。因此,总线是设备之间(包括 CPU)传输数据的桥梁。

3.3.1 总线概述

现代微机系统以及嵌入式设备系统中,包含种类繁多的总线。下面是一些例子:
- 微机系统里早期使用的 ISA,EISA 总线,后期发展起来的 PCI,AGP,USB 和 1394 总线。
- 用于在芯片之间进行相互通信的 I^2C。
- 存储设备的总线,例如连接硬盘与光驱的 ATA,ATAPI,SCSI,连接 CF 卡的与 IDE 兼容的总线,连接 SD 卡及 MCI 卡的 SD Memory 总线以及 SDIO 总线。
- 汽车电子上广泛使用的 CAN 总线。
- ARM 公司定义的、广泛用于便携媒体上的 AMBA 高级总线。
- 除此之外,还有很多连接音频、视频输入/输出信号的各种总线。

因此,总线无处不存在,只要 2 个设备间需要稳定、可靠地交互数据,就存在一个协议标准,以控制设备之间的数据传输,就需要借助现有的总线标准或是创建一种新的总线标准。

所谓的总线,是在 CPU 与设备,或设备与设备之间物理上的电气连接线,一组总线包括地址线、数据线和控制线。地址线常常是 8 位、16 位、32 位,取决于设备内部的寻址能力;数据线的宽度可以是 1 位、4 位、8 位、16 位、32 位,它取决于设备的数据传输的吞吐能力;控制线一般包括时钟、读、写和选中,以及其他总线传输的开始、终止和等待所需要的控制线、电源以及接地线。

由此看来,一组完整的总线需要许多物理连接线。一般来说,地址线越宽,数据线越宽,控制线复用越少,操作起来就越便捷,传输速率也会越高。但是受电气特性和空间布局的影响,一般要求传输连接线越少,距离越短,物理实现越容易。因此,实际的总线需要在这二者之间折衷选取,尽量减少连接线。例如著名的 I^2C 就只有 2 根信号线,1 根时钟,1 根数据线,(以及 1 根参考地线)来实现大量数目的芯片与芯片之间的连接。另外一些总线,例如 PCI 通过地址线和数据线复用的方式来减少连接线的数目。一个传输周期分为地址节拍加上一个或多个数据节拍,通过控制线或时序的变换来区分是地址节拍还是数据节拍。由此,使得地址和数据的复用得以可能实现。

除了地址线与数据线复用之外,一个 8 位宽的字节,或一个 16 位宽的半字,或 32 位宽的字,也可以在低于 8 位、16 位、32 位宽的数据线上传输。这要根据协议要求,按顺序逐步传输一个数据单元的各个部分。由此看来,节省数据线的宽度是以多个传输节拍来换取空间的减少,即以时间换空间。连接线减少了,但传输的时延加长了,在设计中,需要在硬件和软件的效率上作一些折衷处理。

为了实现数据的交互,还需要有相应的总线协议。数据的交互按照总线协议规定的方式,在时钟信号的驱动下,一个节拍一个节拍地工作。总线主设备把要传送的数据驱动到总线的数据线上,接收设备则在时钟信号的驱动下,在一定的时钟信号期间采样数据信号电平,从而获得接收数据。

总线协议规定了什么时候总线上的一个设备能获得总线的使用权,什么时候结束对总线的占用,并且在这段使用时间内,总线协议定义了什么时候(时钟节拍)开始地址的传输,什么时钟节拍开始数据传输,什么时候需要插入等待以配合设置之时的速度快慢。

硬件设计人员会设计好总线与设备之间的物理接口,为设备之间、CPU 与设备之间进行通信与数据传输建立起数据传输的物理基础。作为软件设计人员,需要了解这些传输协议才能去控制数据的传输,实现设计预定的目标。

下面讲解一些基本的,适合于各种总线的原理和概念,以及以点代面地介绍几种常见的总线,从而让读者对外围硬件设备及其数据交互有一个初步认识,从而可以触类旁通地学习和研究其他类型的总线。

1. 串行与并行

串行是所传输的数据位按一个比特一个比特位顺序传输的。即使传输线上数据位的宽度只有 1 位。8 个比特位才组成一个字节数据,16 个比特位组成一个 16 位数,32 位组成一个 32 位机上的整数类型的数据字。

与之相对,并行的数据线的宽度往往是 8 位、16 位或是 32 位。在 8 位宽度的数据线上传输一个字节只需要一个传输周期,但可能需要一个或多个总线时钟周期。传输 16 位的半字数据需要两个传输周期,同样,传输一个 32 位的数据字则需要 4 个时钟周期。

值得注意的是,在 32 位宽的并行总线上也可以传输 8 位宽的字节数据,或是 16 位宽的半字数据,这时需要有一个屏蔽掩码来指示 32 位数据中哪几位是有效位。在设备或 CPU 的接收端,则只采样有效数据位。屏蔽掩码有可能是协议规定好的,也有可能是硬件设计时不同设备指定的。软件设计中在接收数据时需要采样指定的数据位,或是在发送数据时需要把有效数据放在特定的比特位上。

在高速传输系统中,还有 64 位宽的数据总线以及在一个时钟周期采样 2 次或 4 次数据的总线,因而极大的提高了数据的吞吐率。

除了上述讲到的位宽总线外,还有 4 位宽的总线,例如在 SDIO 模式中,就有 4 位的传输模式。在 4 位宽的总线上,第一个传输周期传输一个字节数据的 D0、D1、D2、D3 位,在第二个传输周期传输这个字节数据的高 4 位。

由此可见,并行与串行只是数据位宽的不同,也没有绝对的界线。之所以有不同位宽的数据总线,只不过是在物理连线上的限制。总线时钟一定或传输周期一定的情况下,位宽越多,传输的速率越快。

我们熟知的 UART 就是串行的,打印机使用的并口则是并行的。

2. 单工,半双工与全双工

单工是指设备到设备之间的数据传输方向是单一的,一条或一组数据传输线路只能向一个方向传输数据,因此与单工工作的总线相连的设备要么只能接收,要么只能发送,不能既接收又发送。如果需要既发送又接收,则需要两组单工总线。

半双工,指在一个时刻,一个设备只能发送,不能接收;但是在另外的时刻,这个设备可以接收,但不能发送。即是说,在同一时刻,数据是单向的。对于同一时刻,发送和接收需要在不同时间段进行,发送和接收需要作总线的切换。

全双工则是发送端和接收端设备都能同时进行发送和接收。

3. 主设备与从设备

数据传输时,往往有一个设备是数据传输的发起者,通常称为主设备(master),而响应数据传输的设备称为从设备(slave)。

值得注意的是:数据不一定是从主设备传递到从设备,也有可能是由从设备传到主设备。例如:主设备发起一次读操作,是由主设备向从设备发出命令(读命令:Read),而后从设备作出响应,将数据由从设备发送到主设备,如此完成一次读操作。

在一些系统中,主设备与从设备不是绝对的,一个设备可以既是主设备同时又是从设备,一个主设备也可以变成从设备,同样,一个从设备也可以变为主设备。一个显著的例子,就是在现在流行的支持 USB-OTG 的便携式设备(例如 PDA),在采用一种专门的连接线把这个便携式设备(PDA)连接到主机时,它可以当做一个 U 盘从 PC 机上下载歌曲、电影到这个 PDA 上,这时 PDA 是一个从设备。另一方面,PDA 还可以外插一个 USB 的 U 盘,这时 PDA 需要作为一个主设备从外接 U 盘上读取数据。主设备与从设备之间的角色互换需要遵循总线协议规定。

4. 总线总裁器

如果一个总线上只有一个主设备,那么主设备在任何情况下都知道该把数据发送到哪一个从设备,从而主设备在任何时候都可以发出数据操作请求。在这种情况下,主设备只要通过一种片选的机制,选中一个从设备,然后在它们两端之间建立起数据通路,实现数据传输就可以了。

对于一个大型系统,通常有很多的外围设备。一般的情况是,多个设备连接到一个总线上,各个设备在需要的时候分时使用总线,就像多个电话用户共用同一条电话主干道线一样。这种情况下,究竟哪一对设备使用总线,会有一个专门的硬件模块来完成总裁的事情,这个硬件模块设备称之为总裁器(arbitor),由总裁器来裁决下一次传输由哪一个主设备使用,其他设备在这个时间段不得占用总线包括数据线和控制线,即是说不得干预控制线,不得向数据线上驱动数据,也不得采样接收数据线上的数据。总线在设计上,使得不参与数据传输的设备处于"断开"(如"高阻")状态。

总线总裁机制对于总线协议的分析是非常重要的。

5. 时　序

总线是连接设备与设备，或是设备与CPU（如果把CPU当做设备等同考虑的话）之间的物理连接通道，设备与设备之间的通信与数据交互遵循总线协议的规定。

时序就是总线协议关于数据传输时各个信号线随时间变化的状态序列图，它是数据传输的逻辑图。总线上都有一个总线时钟信号，数据的传输就是在这个时钟信号的节拍中，一拍一拍地进行着。时钟信号是一维向前的。一个总线时序图规定了在某个给定的时钟拍上，总线上什么信号该有效，该如何变化；在下一个时钟节拍上，又是哪些信号有效，或是信号状态将如何改变，以及在什么时钟点，发送端设备应该将数据"放"到总线上，在什么时钟点，接收端设备应该从数据线上采样数据。时序图构成了数据传输与发送完整的逻辑关系图。

6. 轮询与中断

(1) 轮　询

一般来说，CPU的内部时钟比较快，运算速度和数据传输速度都比较快。而一个外部设备所工作的时钟和数据传输速率都比较低。另一方面，外部设备是否已经准备好数据，或者缓冲是否为空，以接收新的数据，这些信息都需要准确地告诉CPU，以便CPU可以在下一时刻正确地发送或接收数据。

设备何时处于数据就绪状态，或者何时处于数据传输完成状态，这些事件信息可以通过CPU周期地主动查询，这种靠CPU主动查询设备状态的方式叫**轮询**。

由于CPU查询在很多时候得不到想要的状态，这种查询就是无意义地浪费CPU的时间。如果查询的时间越频繁，浪费的时间也越多。相反，如果查询的频率太少，则可能丢失一些信息，或者导致一个外部设备的缓冲区溢出，从而丢失数据。因而适当设计轮询的时间间隔是非常重要的。无论如何，轮询的方式浪费CPU的大量时间，外部设备越多的时候，这种额外负荷就更重。

(2) 中　断

另一种方式是当一个设备有新的事件，例如：数据准备好，或是数据传输完成，或者是一个错误发生，或者是一个设备从总线上拔出，或者是一个设备从总线上插入等，设备都可以主动向CPU报告。这种由设备主动报告的方式叫**中断**。

由于中断可以暂停CPU对现有程序的执行来及时响应外部事务的请求，所以中断方式是一种非常有效的方式。中断方式不足之处是，它需要外部硬件的支持，同时在软件上需要中断处理程序以及设备驱动程序的中断处理例程来响应中断进行处理。

在I/O中断方式下，中央处理器与I/O设备之间数据的传输步骤如下：

① 在某个进程需要数据时，发出指令启动输入/输出设备准备数据。

② 在进程发出指令启动设备之后，该进程会进行等待阻塞状态，放弃对处理器的占用，等

待相关 I/O 操作完成。此时，进程调度程序会调度其他就绪进程使用处理器。

③ 当 I/O 操作完成时，输入/输出设备控制器通过中断请求线向处理器发出中断信号，处理器收到中断信号之后，转向预先设计好的中断处理程序，对数据传送工作进行相应的处理。

④ 得到了数据的进程，转入就绪状态。在随后的某个时刻，进程调度程序会选中该进程继续工作。

(3) 中断方式的优缺点

I/O 设备中断方式使处理器的利用率提高，且能支持多道程序和 I/O 设备的并行操作。

不过，中断方式仍然存在一些问题。首先，现代计算机系统通常配置有各种各样的输入/输出设备。如果这些 I/O 设备都通过中断处理方式进行并行操作，那么中断次数的急剧增加会造成 CPU 无法响应中断和出现数据丢失现象。

其次，如果 I/O 控制器的数据缓冲区比较小，在缓冲区装满数据之后将会发生中断。那么，在数据传送过程中，发生中断的机会较多，这将耗去大量的 CPU 处理时间。所以中断机制还必须配合其他传输方式来有效地提高传输效率，减少系统中中断处理的次数。

7. DMA

为了减少中断的次数，一个解决办法是，在设备内部设置缓冲区，增加单次传输数据的长度，批量传输数据，从而减少中断的次数。批量传输的数据，可以从几十字节到几 K，甚至几十 K 字节。

当一个设备准备好接收数据或是有新的数据到来的时候，它通过中断的方式报告 CPU 需要进行数据的传输。这个时候 CPU 暂停正在执行的程序或是正在处理的事务，转而进行新的数据事务的处理。

由于批量传输数据，CPU 要耗费大量的时间来从慢速的外部设备读或写一批数据。但是这个时候如果 CPU 正在处理别的中断请求的处理，它可能不会响应新的中断请求，因为在一些系统中，中断不允许嵌套。那么在这种情况下，新的数据请求就得不到及时的响应，可能导致数据丢失。

由此看来，批量传输解决了中断次数过于频繁的问题，却没有解决高速的 CPU 与低速的外部设备之间传输的问题。

要解决这个问题，数据的传输必须由一个专门的硬件代理来负责搬运数据，CPU 只负责处理中断请求，并开启必要的传输初始化的处理工作，以及传输结束之后的后续处理工作。外部设备在负责数据搬运的过程中，CPU 可以进行其他的程序执行，或响应新的中断请求。这些单独负责数据搬运的硬件模块就是 DMA。DMA 叫做直接内存存取，即：Direct Memory Access。DMA 是指数据在内存与 I/O 设备间直接进行成块传输。

(1) DMA 技术特征

DMA 有两个技术特征，首先是直接传送，其次是块传送。

所谓直接传送，即在内存与 IO 设备间传送一个数据块的过程中，不需要 CPU 的任何中间干涉，只需要 CPU 在过程开始时向设备发出"传送块数据"的命令，然后通过中断来得知过程是否结束和下次操作是否准备就绪。

(2) DMA 工作过程

① 当进程要求设备输入数据时，CPU 把准备存放输入数据的内存起始地址以及要传送的字节数分别送入 DMA 控制器中的内存地址寄存器和传送字节计数器。

② 发出数据传输请求的进程进入等待状态。此时正在执行的 CPU 指令被暂时挂起。进程调度程序调度其他进程占用 CPU。

③ 输入设备不断地窃取 CPU 工作周期，将数据缓冲寄存器中的数据源源不断地写入内存，直到所请求的字节全部传送完毕。

④ DMA 控制器在传送完所有字节时，通过中断请求线发出中断信号。CPU 在接收到中断信号后，转入中断处理程序进行后续处理。

⑤ 中断处理结束后，CPU 返回到被中断的进程中，或切换到新的进程上下文环境中继续执行。

(3) DMA 与中断的区别

① 中断方式是在数据缓冲寄存器满之后发出中断，要求 CPU 进行中断处理，而 DMA 方式则是在所要求传送的数据块全部传送结束时要求 CPU 进行中断处理。这就大大减少了 CPU 进行中断处理的次数。

② 中断方式的数据传送是在中断处理时由 CPU 控制完成的，而 DMA 方式则是在 DMA 控制器的控制下，不经过 CPU 控制完成的。这就排除了 CPU 因并行设备过多而来不及处理以及因速度不匹配而造成数据丢失等现象。

(4) DMA 方式的优缺点

在 DMA 方式中，由于 I/O 设备直接同内存发生成块的数据交换，因此 I/O 效率比较高。由于这个优点，DMA 技术在现代计算机系统中，得到了广泛的应用。许多输入/输出设备的控制器，特别是块设备的控制器，都支持 DMA 方式。

通过上述分析可以看出，DMA 控制器功能的强弱是决定 DMA 效率的关键因素。DMA 控制器需要为每次数据传送做大量的工作，数据传送单位的增大意味着传送次数的减少。另外，DMA 方式窃取了时钟周期，CPU 处理效率降低了，要想尽量少地窃取时钟周期，就要设法提高 DMA 控制器的性能，从而减少对 CPU 处理效率的影响。

8. 通道方式

输入/输出通道是一个独立于 CPU、专门管理 I/O 的处理机，它控制设备与内存直接进行数据交换。它有自己的通道指令，这些通道指令由 CPU 启动，并在操作结束时向 CPU 发出中断信号。

输入/输出通道控制是一种以内存为中心，实现设备和内存直接交换数据的控制方式。在通道方式中，数据的传输方向、存放数据的内存起始地址以及传输的数据块长度等都由通道来进行控制。

另外,通道控制方式可以做到一个通道控制多台设备与内存进行数据交换,因此,通道方式进一步减轻了 CPU 的工作负担,增加了计算机系统的并行工作速度。

通道的思想是从早期的大型计算机系统中发展起来的。在早期的大型计算机系统中,一般配有大量的 I/O 设备。为了把对 I/O 设备的管理从计算机主机中分离出来,形成了 I/O 通道的概念,并专门设计出了 I/O 通道处理机。

I/O 通道在计算机系统中是一个非常重要的部件,它对系统整体性能的提高起了相当重要的作用。不过,随着技术不断的发展,处理机和 I/O 设备性能的不断提高,专用、独立的 I/O 通道处理机已不常见。但是通道的思想又融入了许多新的技术,所以仍在广泛地应用着。由于光纤通道技术具有数据传输速率高、数据传输距离远以及可简化大型存储系统设计的优点,新的通用光纤通道技术正在快速发展。这种通用光纤通道可以在一个通道上容纳多达 127 个大容量硬盘驱动器。显然,在大容量高速存储应用领域,通用光纤通道有着广泛的应用前景。

3.3.2 I^2C 总线

1. I^2C 总线的一些特征

I^2C 是一种串行总线,它只使用 2 条信号线,1 条是串行数据线 SDA,另 1 条是串行时钟 SCL。除此之外还有 1 条地线,共 3 条连接线。每个连接到总线的器件都可以通过唯一的地址进行连接,主设备可以作为主设备发送器或主设备接收器。I^2C 是一种真正的多主设备总线,如果两个或多个主设备同时发起数据传输,可以通过冲突检测和仲裁决定由哪个主设备取得总线的控制权。串行的 8 位双向数据传输,位速率在标准模式下可达 100 kb/s,快速模式下可达 400 kb/s,高速模式下可达 3.4 Mb/s。

片上的滤波器可以滤去总线数据线上的毛刺波以保证数据完整,连接到相同总线上的 IC 数量只受到总线的最大电容 400 pF 所限制。

I^2C 总线术语定义如表 3 - 21 所列。

表 3 - 21 I^2C 总线术语定义

术 语	描 述
发送器	发送数据到总线的器件
接收器	从总线接收数据的器件
主设备	发起传输,并产生时钟信号和终止发送操作的器件
从设备	被主设备寻址的器件
多主设备	同时有多于一个主设备尝试控制总线但不破坏报文
仲裁	是一个在有多个主设备同时尝试控制总线但只允许其中一个控制总线并使报文不被破坏的过程
同步	两个或多个器件同步时钟信号的过程

无论是微控制器、LCD 驱动器、存储器或键盘接口,都可以作为一个发送器或接收器,这由器件的功能决定。很明显,LCD 驱动器只是一个接收器,而存储器则既可以接收又可以发送数据。除了发送器和接收器的差别之外,在执行数据传输时一个设备可以被看作是主设备或是从设备,如表 3-21 所列。主设备是初始化总线上数据传输并产生允许传输的时钟信号的器件,此时任何被寻址的器件都被看作是从设备。

I^2C 总线是一个多主设备的总线,这就是说可以有多于一个能控制总线的主设备器件连接到总线。不过通常情况下,主设备是微控制器。

2. 位传输

由于连接到 I^2C 总线的器件有不同种类的工艺,CMOS NMOS 双极性逻辑 0(低)和 1(高)的电平不是固定的,它由 V_{DD} 的相关电平决定,每传输一个数据位就产生一个时钟脉冲。

(1) 数据的有效性

SDA 线上的数据必须在时钟的高电平周期保持稳定,数据线的高或低电平状态只有在 SCL 线的时钟信号是低电平时才能改变,如图 3-4 所示。

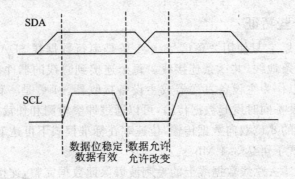

图 3-4 I^2C 数据位的传输

(2) 起始和停止条件

在 I^2C 总线中唯一出现的是被定义为起始 S 和停止 P 条件的情况,如图 3-5 所示。

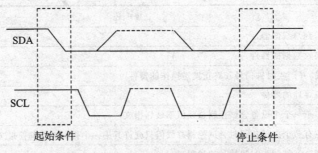

图 3-5 I^2C 起始条件和停止条件

起始条件是当 SCL 线保持为高电平,SDA 线由高电平向低电平切换的情况,被当作是 I²C 一次事务传输的开始。

停止条件是当 SCL 线保持为高电平,SDA 线由低电平向高电平切换的情况,被当作是 I²C 一次事务传输的结束。

起始和停止条件一般由主设备产生,总线在起始条件后被认为处于忙的状态,在停止条件的某段时间后总线被认为再次处于空闲状态。

3. 数据传输

(1) 字节格式

发送到 SDA 线上的每个字节必须为 8 位,每次传输可以发送的字节数量不受限制,每个字节后必须跟一个响应位,首先传输的是数据的最高位 MSB。如果从设备要完成一些内部处理功能之后(例如一个内部中断服务程序),才能接收或发送下一个完整的数据字节,可以使时钟线 SCL 保持低电平迫使主设备进入等待状态。当从设备准备好接收下一个数据字节并释放时钟线 SCL 后数据传输继续进行。

(2) 响应

数据传输必须带响应,相关的响应时钟脉冲由主设备产生。在响应的时钟脉冲期间,发送器释放 SDA 线(高阻状态),接收器必须将 SDA 线拉低。即在这个时钟脉冲的高电平期间,接收器将 SDA 保持稳定的低电平,如图 3-6 所示。当然必须考虑建立和保持时间。

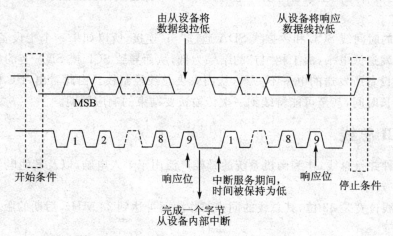

图 3-6 I²C 总线数据传输时序图

当从设备不能响应从设备地址(例如从设备正在执行的一些实时功能不能接收或发送)时,从设备使数据线保持高电平,主设备产生一个停止条件终止传输或者产生重复起始条件开始新的传输。

如果从设备接收器响应了从设备地址,但是在传输了一段时间后不能接收更多数据字节,这时主设备必须再一次终止传输。

数据传输结束时,由主设备产生终止条件,I²C 总线被释放。

4. 仲裁和时钟发生

(1) 同　步

所有的主设备在 SCL 线上产生它们自己的时钟,从而在 I²C 总线上传输数据消息。数据只在时钟周期的高电平有效,因此需要确定的时钟来进行逐位仲裁。

时钟同步通过 I²C 接口与 SCL 线"与"连接来实现。

(2) 仲　裁

主设备只能在总线空闲的时候启动传输。两个或多个主设备可以在起始条件的最小持续时间 $t_{HD;STA}$ 内产生一个起始条件,它会导致在总线上产生一个如协议定义的起始条件。

当 SCL 线是高电平时,仲裁在 SDA 线上发生。当一个主设备在数据线 SDA 上发送高电平,而其他主设备在 SDA 线上发送低电平时,发送高电平的主设备将断开它的数据输出,因为总线上的电平与它自己的电平不相同,从而竞争失败。

仲裁可以持续多位,它的第一个阶段是比较地址位有关的寻址信息,如果每个主设备都尝试寻址相同的器件,仲裁会继续比较数据位(如果是主设备发送器),或者比较响应位(如果是主设备接收器),因为 I²C 总线的地址和数据信息由赢得仲裁的主设备决定,在仲裁过程中不会丢失信息,丢失仲裁的主设备可以产生时钟脉冲,直到丢失仲裁的该字节末尾。

小结:

由于 I²C 的时间线 SCL 和数据线 SDA 通过"与"连接,所以如果一个主设备发送高电平,而其他主设备发送低电平,由于相"与"的结果为低,从而导致 SCL 或 SDA 上的电平状态与发送高电平的主设备所发送的电平不一致,从而失去总线控制权。由此看出,I²C 的总线仲裁可能需要持续很长时间,甚至可能持续到一次传输快要结束的响应周期。

3.3.3　PCI 总线

PCI 是一种并行总线,作为微机系统的骨架广泛用于个人电脑,以及其他电子设备如数字电视中。

PCI 的总线位宽是 32 位,其总线的同步工作频率可达到 33 MHz,后期的版本从位宽到时钟频率都提高了。

对于一个总线主设备,PCI 接口至少需要 49 条信号线,从设备至少需要 47 条信号线。它们包括数据线、地址线和接口控制线。

1. PCI 总线信号描述

(1) 系统信号

① CLK　　总线时钟信号;

② RES# 系统复位信号。

(2) 地址和数据信号

① AD[31：0] 地址数据多数复用信号；

② C/BE[3：0] 总线命令和字节允许信号；

③ PAR 奇偶校验信号。

(3) 接口控制信号

① FRAME# 帧周期信号。双向三态,低电平有效。由当前总线主设备驱动。表示一个总线周期的开始和结束。当该信号有效时,表示开始总线的传输操作。AD[31：0]和C/BE[3：0]上传送的是有效地址和命令。在整个总线周期内,FRAME#一直操持有效,当FRAME#变为高电平时,表示进入最后一个数据节拍,本次总线操作结束。

② IRDY# 主设备准备好信号。双向三态,低电平有效。该信号由当前总线主设备驱动。它与TRDY#同时有效可完成数据的传输。在写周期IRDY#表示AD[31：0]上数据有效;在读信号周期该信号表示主设备已经准备好接收数据。

③ TRDY# 从设备准备好信号。双向三态,低电平有效,从设备驱动。当该信号有效,表示从设备准备好传送数据。在写周期,表示从设备准备好接收数据;在读周期,表示AD[31：0]上的数据有效。

④ STOP# 从设备要求总线主设备停止当前数据传送。双向三态,低电平有效,从设备驱动。用于请求总线主设备停止当前数据传送。

⑤ LOCK# 锁定信号。双向三态,低电平有效,主设备驱动。当该信号有效,用于保证主设备对存储器的锁定操作。

⑥ IDSEL 初始化设备选择信号。输入信号,高电平有效。在配置读写操作阶段,用于芯片的选择。

⑦ DEVSEL# 设备选择信号。双向三态,低电平有效,从设备驱动。当该信号有效时(输出),表示所译码的地址是在设备的地址范围之内。

(4) 总裁信号

① REQ# 总线请求信号。双向三态,低电平有效,由希望成为总线主控设备的设备驱动。它是一个点对点的信号,并且每一个主控设备都有自己的REQ#。

② GNT# 总线请求允许信号。双向三态,低电平有效。当该信号有效时,表示总线请求被响应。这也是一个点对点的信号,并且每一个主控设备都有自己的GNT#。

(5) 中断请求信号

INTx# 中断请求信号(x = A,B,C,D)。PCI为每一个单功能设备定义了一根中断线。对于多功能设备,最多可有4条中断线。对于单功能设备,只能使用INTA#。多功能设备的任何一种功能都可以连接到任何一条中断线上。如果一个设备只用到一条中断线,则连接到INTA#,如果用到两条中断线,则连接到INTA#和INTB#,以此类推。

(6) 其他信号线

略。

2. PCI 总线命令

PCI 总线命令如表 3-22 所列。

表 3-22 PCI 总线命令

C/BE[3:0]#	命令类型	说　明
0000	中断响应	中断识别命令
0001	特殊周期	提供在总线上的新篇章广播机制
0010	I/O 读	
0011	I/O 写	
0100	保留	
0101	保留	
0110	存储器读	
0111	存储器写	
1000	保留	
1001	保留	
1010	读配置	用来读每一个主控器的配置空间
1011	写配置	用来写每一个主控器的配置空间
1100	存储器重复读	只要 FRAME# 有效,就应保持管道的连续,以便传送大量的数据
1101	双地址节拍	用来传送 64 位地址至某一设备
1110	高速缓存读	用于多于 32 位的数据
1111	高速缓存写	

3. PCI 总线协议基础

PCI 总线协议支持猝发性(burst)成组数据传输。基本的 PCI 传输由 3 条信号线控制：
- FRAME#　　　该信号由主控设备驱动,表示总线操作的开始和结束。
- IRDY#　　　　该信号由主控设备驱动,允许插入等待周期。
- TRDY#　　　　该信号由从设备驱动,允许插入等待周期。

(1) PCI 地址空间

PCI 定义了 3 个物理空间,分别是:存储器地址空间,I/O 地址空间和配置地址空间。其中:存储器地址空间是 PCI 设备内部使用的存储器地址空间,I/O 地址空间是 PCI 设备内部使用的 I/O 端口的地址及范围。配置地址空间是对 PCI 设备自身进行配置的寄存器空间,是一个 PCI 设备必须实现的,是一个系统中的 PCI 总线控制器对一个 PCI 设备进行操控的寄存器空间。

除了配置空间之外,存储器空间与 I/O 空间是由 PCI 设备自己进行负责的,PCI 设备自身负责译码的工作。

PCI 的一个重要特性就是资源动态配置,不像串口或并口那样使用固定的 0x3F7,或 0x1F7 那样的固定 I/O 端口地址。PCI 总线控制器通过访问一个 PCI 的配置空间来获取配置信息,然后从系统资源中动态为一个 PCI 设备分配存储资源、I/O 资源以及中断资源。由此,PCI 实现了即插即用的功能而无需通过硬件的跳线或是软件端口的指定来使用一个设备,从而解决了在一个复杂系统中资源分配的问题。

(2) PCI 的总线管理规则

① 由 FRAME♯ 和 IRDY♯ 定义总线忙和总线空闲状态。当其中一个信号有效,则表示总线忙。当两个信号都无效的时候,总线进入空闲状态。

② 一旦 FRAM♯ 被置为无效,在同一传输周期不能被重新设置。

③ 除非 IRDY♯ 被设置为无效,一般情况下不能设置 FRAME♯ 无效。

4. PCI 总线的总裁

在一个给定的时间内,PCI 总线上只有一个总线主控设备(主设备),PCI 系统有一个中央仲裁电路,它即是 PCI 总裁器,由总线仲裁器设定哪一个主设备控制总线,并将控制总线设备的 GNT♯ 信号置为有效。PCI 总线执行中心仲裁机制,中心仲裁机制使用旋转优先级和公平性等原则,是最坏情况下的仲裁基础。

仲裁信号线:

■ REQ♯   总线请求信号。

■ GNT♯   总线请求响应信号。

在 PCI 系统中,每个总线主设备都有一个唯一的请求(REQ♯)和允许(GNT♯)信号。仲裁器可以在任何时钟置某一个设备的 GNT♯ 无效。当某一个设备利用 PCI 总线传输数据时,必须保证它的 GNT♯ 信号在时钟的前沿被设置。仲裁基本协议如下:

① 若设置了 GNT♯ 有效和 FRAME♯ 无效,当前的传输有效且能够继续下去。

② 如果总线不在空闲状态(IDLE),一个设备的 GNT♯ 信号有效和另一个设备的 GNT♯ 信号无效之间必须有一个延时时间,否则会在 AD 线和 PAR 线上出现时序竞争。

③ 当 FRAME♯ 无效时,为了响应优先级更高的主设备的服务,可以在任意时刻置 GNT♯ 和 REQ♯ 无效。若总线占用者在 GNT♯ 和 REQ♯ 设置后,在 16 个 PCI 时钟周期以后还没有开始传输,仲裁器可以在以后的任意一个时刻移去 GNT♯ 信号,以响应一个优先级更高的设备。

当总线拥有者传送多个数据时,应保持 REQ♯ 有效。如果没有别的设备请求总线,或当前总线主控设备具有最高优先级,仲裁器将会一直让当前总线主控设备继续使用总线。

从设备可以在任何时候使 REQ♯ 无效,撤销总线请求,相应的,总线仲裁器将会使 GNT♯ 无效。如果某一单元只想作一次传送操作,它将在 FRAME# 有效的同一个时钟使 REQ# 无效。当从设备中止某一传送时(STOP# 有效),总线主控设备必须在两个 PCI 时钟周期内使 REQ# 无效,使总线回到 IDLE 状态。如果总线主控设备想继续传送,必须重新使 REQ# 有效。

如果当前总线主控设备的 GNT# 已经有效后,但是没有开始操作(其 REQ# 也有效),并且在 16 个 PCI 时钟内总线仍处于 IDLE 状态,则仲裁器可以假定当前总线主控设备"断路",然后,仲裁器可以在任何时候切换 GNT#,为更高优先级的设备服务。

5. PCI 总线传输

PCI 是地址/数据复用总线,每一个 PCI 总线传送由两个节拍组成:地址节拍和数据节拍。一个地址节拍由 FRAME# 信号从非激活状态(高电平)转换到激活状态(低电平)的时钟周期开始。在地址节拍,总线主设备通过 C/BE[3:0]# 端发送总线命令,如果是总线读命令,紧接着地址节拍的时钟周期叫总线转换周期,在这一个时钟周期内,AD[31:0]既不被主设备驱动也不被从设备驱动,以避免总线冲突。对于写操作,就没有总线转换周期,总线直接从地址节拍进入到数据节拍。

所有的 PCI 总线传送由一个地址节拍和一个或多个数据节拍组成,地址节拍的时间是一个 PCI 时钟周期,数据节拍数取决于要传送的数据个数,一个数据节拍至少需要一个 PCI 时钟周期,在任何一个数据节拍都可以插入等待周期。FRAME# 从有效变成无效表示当前正在进行最后一个节拍。

总线操作结束有多种方式,大多数情况下,由从设备和主设备共同撤销设备就绪信号:TRDY# 和 IRDY#;如果从设备不能够继续传送,可以设置 STOP# 信号,表示从设备撤销与总线的连接;所寻址的从设备不存在或者 DEVSEL# 信号一直为无效状态都可能导致主设备结束当前总线操作,使 FRAME# 和 ERDY# 变成无效,回到总线空闲状态。

在存储器指令传送期间,所有从设备都应检查 AD[1:0],并且提供所要求的猝发顺序,或在每一个数据节拍之后让从设备脱离总线。所有支持猝发的设备都要求线性触发顺序。对于采用高速缓存线触发器没有这种要求。在存储器空间,是对由 AD[31:2]进行译码所得到的双字地址进行操作,在线性增加模式下,在每个数据节拍之后,地址增加 4 个字节,直到传送结束。

在存储指令期间,AD[1:0]有如下意义:

AD1	AD0	猝发顺序
0	0	线性增加
0	1	高速缓存线触发器模式
1	x	保留

6. PCI 配置周期

系统必须提供由软件产生 PCI 配置周期的机制。这种机制一般存在于主桥路中。PCI 定义两种不同的机制,即配置机制1#和配置机制2#。通常采用配置机制1#,且所有以后的主桥路都要提供这种机制。

配置机制1#使用两个I/O地址。在PC机中,第一个双字地址是(CF8H),是一个可读写的寄存器,命名为CONFIG-ADDRESS。第二个地址是(CFCH),命名为CONFIG-DATA寄存器。对配置空间的操作是通过写一个值到CONFIG-ADDRESS寄存器。在此之后如果对CONFIG-DATA寄存器进行读或写的操作,桥就会将CONFIG-ADDRESS寄存器中的值转换成PCI总线上所要求的配置周期,即自动产生配置读和配置写周期。

CONFIG-ADDRESS寄存器是一个32位寄存器,其格式如图3-7所示。Bit31是允许位,bit30到bit24保留,只读,其返回必须是全0。Bit23到bit16选择系统中特定的总线。Bit15到bit11选择一个特定总线上的某个设备,Bit10到bit8选择一个PCI设备中特定的功能(如果一个PCI设备支持多个功能)。Bit7到bit2选择设备配置空间中的配置寄存器。Bit1和bit0是只读字段,且在读的时候必须返回为全0。

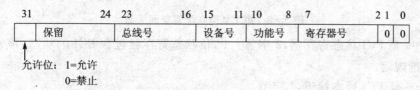

图3-7 PCI CONFIG-ADDRESS寄存器格式

无论何时,主桥路只要检测到对CONFIG-ADDRESS寄存器的写操作,该桥路就把数据写入到自己内部的CONFIG-ADDRESS寄存器中,在读CONFIG-ADDRESS寄存器时,桥路将返回到CONFIG-ADDRESS中的数据。该寄存器所占用的I/O空间的一个地址,可以对它进行Byte(字节)和WORD(字)操作。

当桥路检测到对CONFIG-DATA寄存器的读写操作时,它先检查CONFIG-ADDRESS寄存器中的允许位和总线号,如果允许位等于1,且总线号与设备的总线号相符,就允许配置周期传送。

7. PCI配置空间

为了实现参数的自动配置,每个PCI设备都必须支持256字节的配置空间,其中,前64字节是必须支持的。后面64~255字节是由设备自定义的字段。PCI总线驱动依赖于这64字节的配置空间头部,对系统中所有的PCI总线上的所有设备进行自动配置。

图3-8显示了PCI类型0配置空间的头部。其中:

地址0x00是厂家标识,2字节。

地址0x02是设备标识,2字节。

地址0x04是PCI命令寄存器,2字节。PCI命令寄存器用于存放PCI命令,这些命令由PCI标准规定,适用于所有的PCI设备。

31		16	15		0	
设备标识符(Device ID)			产家标识符(Vendor ID)			00h
状态(Status)			命令(Command)			04h
类代码(Class Code)				版本标识		08h
内部自检(BIST)	头部类型		延时时间	缓存线长度		0Ch
基地址寄存器(Base Address Register) 0						10h
基地址寄存器 1						14h
基地址寄存器 2						18h
基地址寄存器 3						1Ch
基地址寄存器 4						20h
基地址寄存器 5						24h
Cardbus CIS Pointer						28h
子系统标识符			子系统厂商标识符			2Ch
扩展 ROM 基地址						30h
保留 —				Capabilities Ptr		34h
保留 —						38h
最大延迟	最小允许		中断引脚线	中断请求线		3Ch

图 3-8 PCI 类型 0 配置空间头部

地址 0x06 是 PCI 状态寄存器，2 字节。16 位状态寄存器包含 PCI 的状态，该寄存器的功能由 PCI 标准规定。

地址 0x08 是 PCI 版本标识，1 字节。

地址 0x09 是类代码寄存器，3 字节。该寄存器分 3 节，其中高字节(0x0B)是基本类，中间字节(0x0A)是子类，最低字节(0x09)说明特定寄存器编程接口。

地址 0x0C 是高速缓存大小寄存器，1 字节。

地址 0x0D 是延时定时器，1 字节。

地址 0x0E 是头部类型，1 字节。

地址 0x0F 是内部自检寄存器，1 字节。

地址 0x10~0x27 共 6 个 32 位的基地址寄存器。用来说明 PCI 设备内部所使用的存储器地址空间，或是 I/O 地址空间的属性。通过这些基地址的读操作，可以从返回值判断该地址所对应的空间是存储器空间，还是 I/O 空间，并且计算出所指示空间的大小。然后系统配置软件从系统的存储资源(空间)，或是 I/O 资源(空间)为这个 PCI 设备分配相应的资源，并将基地址写入到对应的基地址寄存器中，从而实现对这个 PCI 设备的地址空间的配置。

地址 0x30 是扩充 ROM 基地址，4 字节。

地址 0x3C 是中断线寄存器，1 字节。

地址 0x3D 是中断引脚寄存器，1 字节。

地址 0x3E 是最小允许时间，1 字节。

地址 0x3F 是最大延迟时间，1 字节。

8. PCI 设备的初始化

所有的 PCI 设备以及 PCI 桥都需要执行 PCI 初始化操作。系统中如果有多个 PCI 设备存在时，对于每一个设备，都需要实现最基本的配置寄存器。设备的配置寄存器空间是通过 IDSEL 信号来选择的，在软件实现时，是通过 CONFIG - ADDRESS 寄存器来指定。

PCI 总线上的设备在复位以后，主机进入对该设备的配置周期，主机通过查询（读）配置寄存器获得 PCI 设备的基本信息，包括资源需求信息，例如所需要的存储器空间和 I/O 空间的大小，中断线寄存器，中断引脚线的连接情况。主机软件然后根据系统资源决定是否能够初始化这个 PCI 设备，如果是，那么将对存储器、I/O 基地址、中断请求线和中断寄存器写入系统软件所分配的值。

3.3.4 设备模型

理解了总线，再来看各种各样的设备就会变得非常简单。设备不外乎是总线上的一个终端，它是数据传输的目标。

尽管设备的种类复杂多样，但可以把一个外部设备当作一个数据处理机。从数据流的角度上来说，一个设备总是需要跟中央处理器（CPU）进行通信。从 CPU 那里获得输出数据，或者给 CPU 提供输入数据。除此之外，一个设备还需要从 CPU 那里获取指令，执行某种类型的操作。

与编写一个程序模块一样，一个程序模块具备数据，而这个模块会根据各种不同的调用对数据执行操作。从这个意义上说，一个外部设备不外乎有 4 个方面的任务，归纳如下：

① 产生数据，输入到 CPU。
② 接收数据，从 CPU 输出。
③ 处理数据，从 CPU 接受指令。
④ 状态报告，反馈到 CPU。

其中，状态报告是伴随前 3 个操作的过程而发生的。

当然，这里只是一个简化的模型，首先假定设备只是与 CPU 相连的。在一个系统中，除了 CPU 可以管理一个外部设备，一个外部设备还可以管理特别的外部设备，通常这类可以管理别的外部设备的设备就是一个总线控制器。例如：USB 总线控制器，或是一个 I^2C 控制器，它们的连接线上，可以挂接很多同类型的接口设备。这就是前面所讨论的各种各样的总线。

有了这个直观的概念之后，理解一个设备的行为就变得简单，就可以逐个进行分析。

1. 产生数据

产生数据的设备很多，例如：大家日常使用的鼠标，键盘，它们会产生一个扫描码，或是鼠标移动的一个方向偏移，以及鼠标键按下的动作码。这些简单的编码将实时报告给 CPU，提示一个外部的输入操作。

第3章 硬件基础

其次,声音输入设备的麦克风也能够产生数据,它把外部的声音事件,经过模数转换形成 PCM 采样码,这些编码相对于鼠标键盘产生的单一编码而言,更加复杂,其数据量也增加了维度。

另外还有视频采集卡或是一个摄像头,它所产生的数据可以认为是 3 个维度,2 个维度是空间的,1 个维度是时间的。

除了上面所列举的这些日常熟知的例子外,还有很多其他的输入设备,例如触摸屏、手写笔、条形扫描终端、扫描仪和工业控制当中的传感器的数字接口等,它们都是输入设备。

下面先从键盘这个简单的例子来考察一个外部设备,看看需要配备什么样的措施才能实现与 CPU 相互间的数据和信息交互。

输入设备要把采集到的数据,或是一个设备内部产生的数据传递给 CPU,它必须要完成两件事情。

第一:向 CPU 报告外部设备有数据产生,请求 CPU 进行处理。这是通过一个事件消息报告给 CPU 的。报告的方式可以是主动的,也可以是被动的。

第二:真实传递数据。

先看一下数据状态被动报告的情形:

要完成这些状态的报告以及数据的输入这 2 件事情,设备需要有 2 个窗口,或叫端口,来与 CPU 传达信息。在硬件系统中,端口的访问是通过 I/O 地址来操作的。相对于所举的例子,一个输入设备需要有一个状态端口,以及一个数据端口。通过状态端口,CPU 可以查询到数据准备状态,通过数据端口,CPU 可以读取数据。

对于主动报告事件的输入设备,设备还需要有一个中断请求线连接到 CPU,通过中断,一个外部设备可以实时中断 CPU 当前的操作,主动报告一个外部事件已经产生,等待 CPU 进行处理。

对于大批量的数据传输,单靠一个数据端口来读取数据是不够用的,因为那样很浪费 CPU 处理器的时间。原因是 CPU 处理器的速度通常都很高,而外部设备的工作速度与 CPU 的工作速度比起来,要低好几个数量级,速度的不匹配导致 CPU 的时间浪费。所以对于批量数据的读取,往往由一个单独的设备来专门负责,把数据从一个外部设备搬运到系统内存的特定位置,搬运完之后,再通知 CPU,数据已经搬运到"大楼"内部。由此可以想见,与 CPU 协同工作的系统内存必须要工作得很快,否则同样会遇到速度不匹配而导致 CPU 的时间浪费。现在有很多的特殊机制解决 CPU 与内存之间速度不匹配的改进方法,大家熟知的 cache 就是其中之一。

这个专门负责搬运的设备就是 DMA,直接内存存取。

2. 接收数据

接收数据的设备,比如:显示设备,打印机设备和声音播放设备,与产生数据的设备相对,接收数据的设备从 CPU 那里接收数据。

与产生数据的设备相似,可以想象接收数据的设备也需要两个端口:
第一是状态端口,第二是数据端口。

产生数据的设备所要报告的状态是数据已经产生,那么接收数据的设备所要报告的状态是端口已经准备好接收新的数据。当 CPU 向一个设备输送一个或一批数据之后,慢速的外部设备需要一段时间来处理这些数据,当这批数据处理完之后,通过状态端口可以通知 CPU,下一个或一批数据可以再次传递过来。

对于一批数据的情形,可以想象在这个设备内有一个缓冲区。缓冲区的深度就是一次可以接收 CPU 传递过来数据的最大长度。

为了管理这个缓冲区,需要有一个缓冲区的起始端口地址(I/O 地址),缓冲区的大小指示(通过一个寄存器或是通过文档说明),以及当前操作位置的指针。

与产生数据的设备相似,接收数据的设备也可以有主动报告和被动报告的机制,以及使用 DMA 辅助传送数据,只不过方向刚好相反而已。

3. 处理数据

无论是输入设备,还是输出设备,它们都需要对数据进行处理。就像编写一个模块函数一样,在这个函数内部必定会对数据做一些处理。当然并不是所有的函数都一定要有数据输入,一定要有数据输出,或是一定要有数据处理。

数据处理的过程一般是设备自身完成的,为了增加灵活性和控制性,在数据处理的过程中,有时还需要 CPU 进行适当的干预,也就是说需要 CPU 发送各种数据操作的指令。这就跟编写驱动时所设计的 IOCTL() 函数一样,上层应用发出各种命令请求,下层驱动执行对应的操作。对于设备也一样,由 CPU(通常是驱动)向一个设备发送操作请求,设备执行相应的操作。

CPU 向设备发送命令请求是通过一些命令端口来操纵的。当一条命令执行完毕,设备可以向 CPU 报告一个执行状态(比如说,正确传输,或是一个错误产生)。所以数据的处理同样也有状态寄存器。状态的报告也可以是主动的,或是被动的。

由于命令字的发送涉及到的信息量不大,命令字的传达一般不需要通过 DMA。

小结:

本节只是从数据传递这一特性来说明设备的操作,实际情况中,设备的控制是非常复杂的。每一个设备都涉及相关的一些总线协议,以及一个设备自身的数据处理的一些规范。一个设备含有许多操作,一组操作完成一个特定的功能。软件对于设备的操作是通过对 I/O 地址的访问来实现的。所以除了要理解数据传递,还要理解设备的各种功能,以及对应于这些功能的操作方式、状态查询和结果验证等。

3.3.5 一个 IDE 控制器设备实例

下面以一个实际的例子来说明一个设备的功能及其操作。这个例子以 ITE8172 中的硬盘控制器为例来说明如何从软件开发的角度来认识一个设备,以及如何从软件实现的角度去

第 3 章 硬件基础

控制一个设备。

1. 概述

ITE8172 的 IDE 控制器（以下简称 IDE 控制器）提供一个从 IDE 设备到系统的一个接口，这个接口遵循 ATA/ATAPI－4 标准（编者注：为此读者需要基本了解 ATA/ATAPI 协议标准）。IDE 控制器还支持分散/集中 DMA 机制（Scatter/Gather DMA Mechanism）。

2. 结构框图

IDE 控制器作为一个 PCI 设备挂在 PCI 总线上。由图 3-9 上可以看出，IDE 控制器既是一个主设备，又是一个从设备；作为主设备，它可以发起一系列的总线传输；作为从设备，它可以响应 PCI 总线上的数据命令请求。

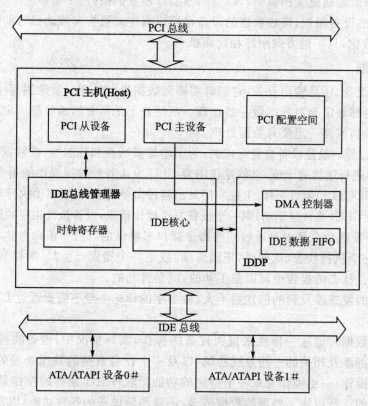

图 3－9　ITE8172 IDE 控制器框图

3. IDE 控制器寄存器组

IDE 控制器支持标准的 PCI 配置寄存器。除此之外，由于 IDE 控制器支持 PCI 主设备，所以它还有一组总线主设备 IDE 输入/输出寄存器（Bus Master IDE I/O Registers）。

表3-23列出了ITE8172的IDE控制器的PCI配置寄存器,表3-24列出了总线主设备IDE输入/输出寄存器。

表3-23　ITE8172 IDE控制器的PCI配置寄存器

寄存器名字	读/写	地址偏移	默认值
制造商标识寄存器(VID)	RO	0x00	1283h
设备标识寄存器(DID)	RO	0x02	8172h
命令寄存器(CMD)	RO	0x04	0005h
设备状态寄存器(STS)	RO	0x06	0280h
版本标识寄存器(RID)	RO	0x08	01h
编程接口寄存器(PI)	RO	0x09	8Ah
子设备类代码(SCC)	RO	0x0A	01h
主设备类代码(BCC)	RO	0x0B	01h
头部类型寄存器(HTYPE)	RO	0xE	00h
基地址寄存器0(BA0)	R/W	0x10	140179F1h
基地址寄存器1(BA1)	R/W	0x14	14017BF5h
总线主设备基地址寄存器(BMBA)	R/W	0x20	14017801h
IDE时钟寄存器(IDET)	R/W	0x40	C000h
从IDE时钟寄存器(SLVT)	R/W	0x44	FFFFFF00h
同步DMA控制寄存器(SDMAC)	R/W	0x48	00h
同步DMA时钟寄存器(SDMATIM)	R/W	0x4A	00h

表3-24　ITE8172 IDE总线主设备IDE输入/输出寄存器

寄存器名字	读/写	地址偏移	默认值
总线主设备IDE命令寄存器(BMICR)	RO	0x00	1283h
总线主设备IDE状态寄存器(BMISR)	RO	0x02	8172h
总线主设备IDE描述表指针寄存器(BMIDTPR)	RO	0x04	0005h

4. IDE输入/输出端口的映射

在PC机里,大家熟知的IDE控制寄存器有2组寄存器:命令寄存器和控制寄存器。命令寄存器用来接收命令和传送数据;控制寄存器用作磁盘控制。其中命令控制器的地址范围是1F0H～1F7H,控制寄存器的地址范围是3F0H～3F7H。一般PC机里有两个IDE接口,对于第二组接口,这两组寄存器的地址分别是:

- 命令寄存器　170H～177H;

第3章 硬件基础

■ 控制寄存器 370H～377H。

在嵌入式设备里,由于采用PCI总线结构,IDE控制器是挂在PCI总线上的,所以这里的基地址与PC机里分配的地址不同,而且它们的基地址是通过PCI动态分配,可以动态配置的,当然也可以采用默认值。在默认情况下,如表3-25所列(如果基地址不同,只要加上对应的偏移就可以了)。

表3-25 IDE命令寄存器

I/O映射地址	寄存器名字		寄存器宽度	存取宽度
	读	写		
0x140179F0	数据	数据	16位	32/16位
0x140179F1	错误代码	写特征	8位	8位
0x140179F2	扇区数	扇区数	8位	8位
0x140179F3	扇区号 LBA[7:2]	扇区号 LBA[7:2]	8位	8位
0x140179F4	柱面号(低) LBA[15:8]	柱面号(低) LBA[15:8]	8位	8位
0x140179F5	柱面号(高) LBA[23:16]	柱面号(高) LBA[23:16]	8位	8位
0x140179F6	驱动器/磁头选择 LBA[27:24]	驱动器/磁头选择 LBA[27:24]	8位	8位
0x140179F7	状态	命令	8位	8位
0x140179F6	替换状态	设备控制	8位	8位

关于IDE命令及操作这里不再赘述,有兴趣深入了解的读者可以参阅相关接口介绍方面的书籍。

第二篇 驱动模型篇

在本篇中,首先从驱动的开发开始讨论。作为一个独立设备的驱动,从硬件上来讲,它是一个完整、复杂的硬件平台中相对独立的一个组件;从软件上来说,它也是一个复杂系统中的一个单一部分。因此首先讨论设备驱动的开发有助于读者更容易进入系统程序的开发,对工程设计也非常实用。因为在很多情况下,对于系统平台软件,我们只负责一些移植工作,只负责一些驱动模块的开发,而不是从头到尾构建一个完整的系统。

同时,有了驱动开发的经验,也很容易理解一个复杂系统的开发。

第4章

驱动的通用模型

本章将向读者讲解关于驱动的一般共性,让读者初步了解设备驱动的架构。对于各种各样的嵌入式操作系统,面对名目繁多的接口函数,究竟哪个函数将起到什么作用?哪一个函数里面将实现什么样的特定操作?本章将向读者解答这些问题。

随后的章节针对一些具体操作系统中的驱动接口实例来帮助读者进一步分析各个操作系统中驱动程序的框架,从而深入掌握I/O接口系统、驱动接口以及软件、硬件之间的交互。

4.1 设备驱动的作用

简单地说,设备驱动程序在软件系统中的重要作用有两个方面:
① 为应用程序提供统一的文件访问接口;
② 屏蔽硬件实现细节。

第4章 驱动的通用模型

系统中有种类繁多的外围设备,通过操作系统的文件系统,I/O 系统,有了设备驱动程序的实现,使得应用程序对于各种各样设备的操作可以直接跟文件系统打交道,通过系统中对于设备的命名规则来打开特定的硬件设备,而以统一的读、写方式来实现对设备的"存取"。与此同时,作为应用程序来说,它们不必关心硬件的实现细节,可以以一类设备统一的操作方式来实现对设备的操作。比如说,一个声卡,可能是由不同厂商设计的,作为应用程序而言,它们要做的工作,是打开系统中默认的、或特定的音频设备,然后通过读写例程,把 PCM 数据写入到声卡设备,设备由驱动的配合来实现回放。必要的时候,可能还会通过声卡所提供的接口进行适当的配置,例如:对声道的数目(单声道,双声道),数据采样率(22.05 kHz, 44.1 kHz, 48 kHz),音量的大小,左右声道的平衡等。这些配置可以采用 ioctl(),辅以适当的命令字以及参数实现对设备的配置。

在一个系统中,常见的外部设备有以下几种:
① 人机输入/输出设备　键盘,显示设备,打印机和扫描仪。
② 定点设备(也属于人机输入设备)　鼠标和触摸屏。
③ 音频输入/输出设备　MIC 话筒、声卡及扬声器。
④ 视频输入/输出设备　摄像头、电视信号输入/输出。
⑤ 存储设备　Flash 闪存、CF 卡、SD 卡、MMC 卡、IDE 硬盘和 CD/DVD 光驱。
⑥ 互联设备　UART、红外(IrDA)、蓝牙(BlueTooth)、WiFi、GSM/2G/3G 和 Ethernet。
⑦ 总线设备　USB、1394、PCI、SDIO、PCMCIA、SPI 和 I^2C 等。

除了上述列举的这些外围设备之外,现代的 SoC 里还集成了音频、视频的压缩编码,解码的模块,它们也需要驱动去与底层的硬件进行交互。

除了上面提到的设备类之外,全世界有无数家硬件设备制造商,即使提供同一类设备,它们的硬件实现也往往千差万别,即使同一家厂商开发同一类设备,它们也会更新换代,增加新的功能,升级版本,产品系列的差别也很大。所以如果没有驱动程序,通过应用程序直接访问硬件的话,其工作量将相当巨大,维护起来也非常困难。随着系统复杂度的增加,更新换代的需求越来越多,没有驱动程序来实现单一的系统已经不再可能。驱动程序正是应运这一需求而产生的。

同时,驱动程序也是软件分层的产物。它使得硬件设备的驱动程序设计者,专注于与硬件的交互,掌握和控制硬件的状态、行为,完成应用程序与外部设备的数据交互与转换。同时,它按照系统的要求规范,即按照设备类型的文件接口,提供统一的应用编程接口(文件操作接口),使得用户程序可以像读写普通文件那样来打开一个设备("文件"),进一步进行参数的设置(对设备进行配置),以及"读"或"写"的操作,最后关闭这个设备("文件")。

因此,有了驱动程序,对于应用程序设计者来说,就只需要专注于各种复杂应用的实现,而不必关心所采用的硬件设备来自哪一家厂商,也不必关心硬件的实现原理和细节,只需要了解其根本功能特性,以及操作这类设备时由操作系统提供的统一的文件操作接口就可以了。

4.2 驱动类型

在上面,反复提到"类设备"。这里的类设备与 USB 里定义的类设备的概念略有不同,是指一类设备。一类设备可以用同一个驱动来操作,也可以用不同的驱动来操作。对于各种设备驱动,根据它们的操作特征,以及应用编程接口的差别,可以对其大致归类,称之为驱动类型,对于特性相似的一类,或几类设备所采用的统一的应用编程接口归为一类。下面解释一下为什么要提出驱动类型这个概念。

上面列出了常见的大部分设备,也提到驱动程序为应用程序提供统一的接口。但是由于各种类型的设备所提供的功能千差万别,有的简单、有的复杂,其操作方式也完全不相同,有些是一个系统必须的,有些却是可选的、动态加载的,所以驱动程序为应用程序提供统一的接口也有好几类。即使通过层层封装,实现完全一样的 Open,Close,Read,Write,Ioctl 接口,对于某些设备也将会影响其效率,所以是完全没有必要的。例如:对于输入设备,由于用户的输入对于系统来说是随机的,如果采用主动读的方法获取用户的输入,在很多时候会读入失败。对于这种情况,采用消息驱动的机制就比较有效,与主机主动读输入的方式相反,消息驱动的方式是当输入设备有输入动作(事件)的时候,由设备主动向系统发送消息。系统被动接受消息,然后对消息采取响应,当没有消息的时候,接受事件消息的任务就处于挂起状态。由此看来,并非所有的设备都是通过 Open,Close,Read,Write 来访问的。

那么如何兼顾统一,又照顾差别呢?最好的办法就是对于一类设备,或者特性相近的几类设备采取同样的接口。

历史上,主流的操作系统都分了几大类型的设备驱动。下面就个人的理解分别进行阐述,以便于读者的理解。

4.2.1 Linux 中的驱动类型

在 Linux 中,主要有 4 种类型的设备驱动:字符型设备驱动、块设备驱动、网络设备驱动和总线设备驱动。

字符型设备和块设备都是通过文件打开的形式来操作的。在 Linux 系统中的/dev/目录下,为每个字符型设备和块设备创建了一个设备文件。这些设备文件就是应用程序访问一个设备的入口。这些设备文件并不对应到外部的真实物理设备,它们只是物理设备的驱动程序所配置数据的记录。这些设备文件中记录了分配给物理设备的逻辑上的主设备号和从设备号。驱动程序在加载时,会向系统注册说明该驱动支持某类设备(主设备号、从设备号等于自己注册时登记的主设备号和从设备号的那一类)的驱动操作。由此看来,/dev/目录下的设备文件是应用程序访问驱动程序的一个入口点,通过这个访问点,应用程序调用操作系统提供的统一接口 open(例如:open("/dev/UART0"))来打开各个物理设备,而不需要采用互不相同

第4章 驱动的通用模型

的调用函数名字,例如:UART0_open,UART1_open,Audio_open,Flash1_open,hda_open, hdb_pen 等。Linux 通过设备文件来实现从一个设备名字到访问特定的驱动程序之间的关联。

下面简单说明一下几种类型设备的区别。

字符型设备主要是顺序操作的,它没有缓冲区,不能随机移动文件读写指针。例如:键盘和串口(UART)的驱动属于字符型设备。

块设备与字符型设备相对,每次读写数据以块为单位,它有读写缓冲区,可以随机移动读写指针。例如:Flash,IDE 硬盘就属于块设备。

除了上述两类设备,还有一类网络设备。为什么单列一类网络设备呢?其主要原因是因为网络上的数据访问与本地数据访问不一样,由于网络连通的复杂性,采用数据包的方式进行数据传输,出现丢包、重复包、损坏包和延时等诸多不确定因素,所以网络上的数据传输需要有多层协议的支持。为了访问网络数据,操作系统定义了一套与一般文件操作不一样的应用接口,广泛使用的是 Socket。Socket 通过一系列连接原语与远端主机建立连接,包括一系列的请求、等待、监听和响应等所起的作用与本地文件操作的 Open 很类似。一旦连接建立起来,随后的数据读写操作也与本地文件操作很类似,但是等待、阻塞、超时和连接丢失等一系列潜在的不确定因素导致网络的访问与本地文件的访问仍然差别很大。由于远程访问与本地数据访问的显著差别,于是把网络设备独列出一类,定义不同的应用编程接口。

最后一类是总线设备,总线设备本身不完成用户直接需要的特定功能,也就是说,总线设备不向应用程序提供应用编程接口(API),也不最终产生和处理用户数据,它的主要作用是为总线上的设备提供传输和控制通道。总线设备的驱动则为类设备驱动程序(即客户驱动程序)提供服务,它通过设备驱动编程接口 DDI(Device Driver Interfaces)为上层的软件(客户驱动程序)提供服务。

总线设备驱动的另一个作用是支持动态配置。通过动态配置,总线可以动态地监测总线上是否有一个或多个设备连接上(插入)或断开(拔出)。一旦检测到新的设备连接到系统,总线驱动会通过标准的总线数据问询协议来识别这个设备的类型,然后初始化这个设备,如:复位、上电、分配资源、中断分配和 DMA 通道分配等。如果该设备的资源需求,例如:供电需求,系统无法满足,则总线驱动拒绝加载这个设备。如果设备可以正常被加载,则总线驱动加载相应类设备的客户驱动,由它负责对该类设备的后续初始化以及随后的数据交互操作。这一系列动态监测、特性查询、上电初始、设备配置、加载类设备所需要的驱动,以及进行软件初始化的过程称为**总线枚举过程**。

与之相对,如果一个设备从总线拔出,则总线将监测到设备端口的变化,于是从系统中卸载与这个类设备相关的驱动,以及回收这个设备所占用的资源,例如:访问地址、IO 地址空间、中断和 DMA 等,以备其他的设备加载时分配使用的资源。

由此看来,总线设备可以支持动态加载或卸载一个设备以及与设备相关的驱动,后者常称为客户驱动。这种功能,常称为"即插即用"(P&P 或 PnP)功能。

总线上的设备常称为类设备,它表示一个类型的设备;而类设备的驱动常叫做客户驱动。例如在 USB 驱动层次中,USB 总线驱动为 USB 总线上的设备提供数据传输的软件服务;诸如 USB 人机接口类设备(HID),或是一个 USB 存储设备,或是其他 USB 设备会有各自特定的客户驱动,它们借助于 USB 总线驱动所提供的服务来实现客户驱动与 USB 设备之间的各种数据包的传输。

类设备驱动,依赖于总线所提供的硬件接口,以及总线驱动所提供的软件服务来实现类设备驱动与类设备硬件之间的交互功能。在面向应用的编程接口方面,类设备驱动可能实现像字符型设备那样的应用接口,或是像块设备那块的应用接口。例如:一个 USB 键盘可能就实现像字符型设备那样的应用接口,而一个 USB 存储设备地却可以实现像 Flash 或是 IDE 硬盘那样的块设备接口。从应用编程接口上来看,访问总线上的设备跟访问直接与系统内部总线相连的设备没有什么区别,因此类设备驱动没有单列一种驱动类型。

4.2.2　WinCE 中的驱动类型

WinCE 中设备驱动的类型与 Linux 很类似。只不过在 WinCE 中,提出了一个"本地驱动"。

所谓本地驱动,就是那些不用文件接口来操作的驱动,例如:鼠标,键盘和显示器。由于 Windows 操作系统提供便捷的窗口机制,它以图形界面下的消息驱动为框架。键盘、鼠标或其他定位点的事件输入,直接以消息的方式发送到特定的消息接收窗口,而不是采用读写方式获取输入数据。同样,对于输出设备显示器的操作是对窗口所在的显示区域的绘图操作来实现的,文字及图形的输出特定于一个窗口,这种窗口机制有助于"桌面"的管理,各个窗口管理自己的界面显示,管理自己对窗口消息的响应,从而使得各个应用窗口在重绘、叠加和消息管理等方面操作起来更加容易。窗口可以扩大到整个屏幕,这种情况下,一个应用可以独占整个显示区,拦截所有的输入信息。对于屏幕或窗口的操作,Windows 提供了标准 GDI 绘图与文字输出函数,用户编程接口也不用采用文件打开的方式,而是通过创建设备上下文(graphics device context)的方式来管理窗口的显示区。在 WinCE 中显示驱动也属于本地驱动。本地驱动一般是在操作系统启动时随操作系统内核一同被加载。

字符型的设备,被称之为流式(stream)接口的设备。流式接口的设备驱动由设备管理器(device manager)负载管理加载,它可以随内核一同被加载,或是在应用程序请求需要时被加载。

同样地,WinCE 中也有块设备,总线设备和网络设备等驱动类型。这里不再赘述。

4.2.3　VxWorks 中的驱动类型

VxWorks 的 I/O 系统支持以下几种类型的设备:

① 字符型设备。例如:终端(terminals)或通信线(communication lines)。
② 随机存取的块设备。例如:磁盘(disk)。
③ 虚拟设备。例如:任务间的管道(pipe)或套接字(socket)。
④ 监视或控制的 I/O 设备。例如:数字或模拟的 I/O 设备。
⑤ 访问远程设备的网络设备。例如:以太网卡。

4.3 设备驱动的通用模型

在这一节要讨论各种嵌入式操作系统中设备驱动的通用概念,以及开发设备驱动通用的内容与一般的方法。

无论是 Linux,WinCE 还是 VxWorks,作为设备驱动,它们所要解决的问题都是基本相同的,所以其驱动的结构也大同小异。通过本节的分析,可以使我们对驱动程序内部的实现结构有一个清楚的认识。

4.3.1 模块部分的驱动

一个驱动程序从功能上可以分成两大部分,一部分称为模块的初始化,另一部分才是真正的对设备进行操作的驱动。后者将在下一小节讨论。

模块的初始化也可以说是模块部分的驱动。为什么要提出一个模块的驱动呢?因为作为一个驱动程序,它在系统中是一个组件部分。作为一个独立的实体,它要与操作系统的其他部分相互关联。试想,一个设备驱动只是实现了 read,write 和 ioctl 这些函数,那么一个系统中有很多的设备,也有很多的设备驱动,一个应用如何知道想要调用的设备应该调到那个 read 函数呢?操作系统也不知道,而且如果整个操作系统作为一个巨大进程来运行的话,两个以上的 read 会导致同名而无法被正确连接,也就无法被正确运行。也许读者要说,实现了 open,close 函数,通过它就可以找到特定的调用关系。但问题还是和上面的讨论一样,操作系统不知道调用哪个 open,也不允许多个同名的全局函数。

问题如何解决呢?不同的驱动需要不同的区分,命名空间可以解决这个问题。而模块的驱动就是为了解决这些重名和定位的问题。也就是说,一个设备的驱动实现了一些核心的读、写和控制的例程。而这个设备驱动作为一个独立的模块,还需要一个包装,对于这个包装,需要在它上面作上适应的标记,同时还要在系统中注册登记。

明白了这个道理,就很容易理解一个驱动内部的层次结构了。也就是说,在一个驱动程序的设计中,除了要实现那些基本的读、写和控制操作的例程之外,还得在驱动程序的实现里增加额外的辅助功能,以帮助操作系统正确加载这个驱动,正确地在系统中登记注册,正确地把一个应用程序对某个设备的请求定位到对于这个驱动的请求上,实现名字到驱动的关联。

下面来看一下,作为一个模块的驱动,它要做哪些实现事情。

在 Linux 里，有两个入口负责模块的驱动，它们是：

__init   __init_module( );
__init   __release_module( );

从名字上显而易见，第一个函数是模块的初始化函数，它是模块在被加载时需要运行的函数。而第二个函数则是模块被卸载时需要调用的清理函数。

与之类似，WinCE 下面也有类似的函数 DllMain。DllMain 与其他线程的入口函数 Main 不相同，这里 DllMain 只是一个函数，它与普通的函数没有什么两样，但是在一个驱动被加载、被卸载以及一个驱动在创建一个新的线程或结束一个线程时，DllMain 都会被调用到。所以 DllMain 提供给驱动程序员更多、更灵活的控制。当然，很多时候，不需要做那么多的事情，这时可以不用理会这些调用。DllMain 通过输入参数来确定调用的类型，有点类似于 ioctl() 函数，根据不同的命令来完成不同的处理工作。

类似的，VxWorks 的驱动需要实现一个初始化函数 xxDrv( )；该函数进行驱动的初始化加载工作，例如注册登记一个驱动，连接一个硬件中断，分配与驱动相关的数据结构等。

小结

一个模块的驱动，就是要把一个驱动加载到系统中，在这个过程中，一般需要向系统进行登记注册，以便随后对该驱动所管理的设备的访问能够定位到这个驱动；然后，驱动的初始化例程进行整个驱动共有的初始化工作，也就是那些与具体的设备不相关、全局的、服务于所有设备共有的初始化工作。同时可以注意到，一个驱动程序可以同时支持多个设备实例。有了这些概念，在遇到驱动设计中的那些看似类似又有所不同的函数接口时，我们就会在设计过程中区别对待，在合适的地方作恰当的操作。

简单地，从外部功能上来说，模块的驱动为应用程序打开一个类型的设备（同一个驱动可能支持多个物理设备，所以这里称之为类）提供了软件上的关联；从内部功能上说，模块的驱动提供设备驱动的初始化工作，包括：为 I/O 系统或设备管理器提供登记注册信息，进行该设备共同使用部分软件的初始化工作。

4.3.2　设备的驱动例程

接下来讨论设备操作相关的驱动。

在实际对设备进行数据传输的操作过程中，常常涉及一些系统资源，例如：需要硬件中断和 DMA 的配合，物理设备需要通过 I/O 地址访问，为此需要从系统内存里分配一块专用内存空间，把它映射到外部物理设备的 I/O 地址空间。

除了这些硬件资源以外，还涉及一些软件资源。例如在一个驱动中，要创建一些全局的数据结构，创建一些读写缓冲区，创建数据结构的链表，要为特定的设备创建私有的数据结构，还可能创建用于同步或互斥访问的锁和信号量等。如果一个驱动涉及大量数据或事务的处理，

第4章 驱动的通用模型

则耗时会比较多,还可能需要在驱动中创建一些内核线程,由它们来处理偶发性的事务。

另外,一些读写请求可能需要长时间的等待,在这些情况下,用户的读、写的请求不能立即被返回,这时需要使用阻塞等待的机制。

1. 设备的创建

一个驱动被加载之后,它还只是一个软件的概念。在许多情形下,就像是系统加载了一个动态库。这个驱动还没有与特定的设备关联起来。也就是说,模块的驱动还只是抽象的,只是对设备具体操作的软件部分的一个载体。

在用户开始使用一个设备之前,驱动还必须在软件和硬件的层面上创建一个设备。系统在枚举过程中,当找到一个新设备时,I/O 系统或设备管理器就试图匹配系统中已经加载的模块驱动所注册的设备支持类型,然后调用该驱动程序所提供的设备创建函数,为该类型的每一个设备创建一个设备实例。只有在这个过程之后,用户程序才可以调用 Open 函数来打开一个物理设备。也就是说,如果系统仅仅加载了驱动,而没有创建设备,用户是无法打开设备的。在这一方面,实时操作系统不同,处理的方式也略有不同。

下面来具体讨论一下,各个嵌入式操作系统中,设备的创建是如何进行的。

在 WinCE 中,设备管理器(device manager)首先加载了驱动,这个时候,它要使用参数 DLL_PROCESS_ATTACH 来调用 DllMain。之后,设备管理器会针对系统中发现的一个物理设备来尝试调用驱动里的 DEV_Init 例程,如果成功,则以后会用此设备驱动来访问这个物理设备。另一个函数 DEV_DeInit 例程做相应的动作。这些函数针对每一个实例作不同的初始化和清理工作。

在 VxWorks 中也有类似的函数。

首先

xxDrv( )

初始化驱动,然后

xxDevCreate(name,…)

创建一个设备,并给它取一个专有的名字。这个名字就是用户后面使用 Open 来打开的设备的名字。

xxDevCreate(name,…)

则从系统中删除一个设备。

在模块初始化部分,模块的初始化工作为应用程序提供了打开一个设备类驱动之间的关联,而设备的创建为应用程序最终打开某个具体的设备提供软件的实现。具体来说,例如:有一个 UART 驱动,它可以支持 4 个 UART 硬件,这 4 个不同的 UART 硬件的 I/O 地址各不相同,举例说,基地址分别为 0x10002000,0x10002100,0x10002200,0x10002300。而对于每一个具体的物理设备,其基本操作都是一样的,包括各个类似寄存器的偏移地址都一样,对寄存器的操作也一样。在 Linux 中,驱动通过主设备号来注册这一类设备的驱动,在后面可以看到，从设备号用于驱动内部区分不同的设备。同样的，在 WinCE 中，也使用"COM"的前缀来标识一类设备的驱动，而用 0～9 等 10 个不同的后缀来区分不同的物理设备，从而一个 WinCE 驱动最多可以支持 10 个同类型、不同的物理设备。

2. 设备操作例程

设备操作例程就是对物理设备进行真实操作的函数。它就是通常见到的 Read，Write，Ioctl 这类的函数。

对于设备的读、写操作，常常伴随着数据的传输。如前面讨论的那样，常常通过查询、中断和 DMA 的方式配合设备的读、写操作。有时采取阻塞等待的机制。

read()，write()系统调用常采取下面的原型接口：

```
Nbytes = read(fd,buffer,max_byte_to_be_read);
Nbytes = write(fd,buffer,write_len);
```

其中，对于 read()函数，fd 是通过 Open 打开的文件描述符，Buffer 用于存放读回来的数据，max_byte_to_be_read 是 buffer 里能够容纳的、最多读操作的字节数，返回值 Nbytes 是实际读到的字节数。

对于 write()函数，fd 是通过 Open 打开的文件描述符，Buffer 里保存着用于输出到设备的数据，write_len 是数据的长度，返回值 Nbytes 是实际写操作的字节数。例如：应用程序可以使用写操作来向一个声卡设备输入 PCM 音频采样数据。

Ioctl 主要用于对设备的属性进行配置。Ioctl 几乎可以对设备进行所有的操作。操作系统对于 Ioctl 所要提供的功能没有统一的定义，应用程序能够通过 Ioctl 对驱动执行什么样的配置以及操作，完全取决于驱动的实现。因此，对于 Ioctl 的操作需要针对驱动所提供的应用编程接口（API）文档。

应用程序通过调用系统调用 Ioctl 来实现对设备的控制操作。系统调用 Ioctl 有 2 个主要参数：一个是 Ioctl 将要执行命令的命令字，另一个是这个命令所需要的一个参数，它可以是一个数据结构的指针，从而允许用户传入任意数目或任意结构类型的参数给这个命令。通过定义各种不同的命令，辅以各种不同的命令参数，就可以实现对设备各种各样的操作，甚至于可以通过 Ioctl 来对设备进行读或写操作。

例如：可以通过 Ioctl 来对串口设置波特率，设备数据长度格式，停止位和校验位等格式；可以通过 Ioctl 来设置声卡的声道数目，设置音量和设置比特率等。

小结：

通过上面的讨论，结合多个操作系统的驱动结构，讨论了设备驱动在初始化，以及对设备进行操作所需要处理的事务的共性。由此读者可以通过对比，理解驱动中各种各样函数接口的真实用途，而不至于在实际开发中不知所云，从而无从下手。知道了驱动的内部结构关系，也就知道在那一个接口函数作什么样的处理和操作。在上面着重讨论了：

① 驱动层次的初始化。
② 设备的创建，设备层次的初始化。
③ 读写控制例程。

在第一个层次，主要负责对操作系统接口方面的登记，对所有设备公用的那部分进行初始化，包括软件、硬件的初始化工作，都放在驱动的初始化部分。而在第二个层次，是针对于特定的设备实例所进行的初始化工作。

最后，还要说明一点，如果所开发的驱动只支持一个实例，这种情形会变得相对简单，即初始化的工作可以在驱动层面里做，也可以在设备初始的层面上做。这样的情况很多，一些初学者在刚开始编写驱动的时候，没有弄明白上面的道理，虽然这种含混的初始化方式都可以工作，但是遇到情况复杂化的时候，就容易出现错误。因此，即使对于单一实例的设备驱动，在编写驱动的时候仍然要做到心中有数，按规范的方式编写驱动，不但可以提高自己的驱动设计能力，还能够使以后的维护简单、容易。

第 5 章

VxWorks 的驱动模型

在这一章里,将深入讨论 VxWorks 下的模型驱动,深入讨论 VxWorks 中 I/O 系统的内部结构,从而加深驱动与 I/O 之间的接口以及文件系统之间相互关系的理解。

5.1 VxWorks 的 I/O 系统

下面以 VxWorks 为例来分析一下操作系统的 I/O 系统,由此更深入地了解应用程序、操作系统核心和设备驱动之间的层次关系。

I/O 系统的目的在于为应用程序提供与具体设备无关的统一接口,从而使应用程序可以像读写文件一样对外围硬件设备进行读、写和参数配置,而无需了解设备的具体实现细节与差异。

如前所述,一个系统中一般有以下几种类型的设备驱动:
① 面向字符型的设备,例如终端、串行设备或键盘接口。
② 块设备。其特点是可以随机访问指定的块。
③ 网络设备。它用于存取远端的设备。
④ 除此之外还有一些虚拟的设备,或监控控制设备。例如:进程间的管道或套接字。

5.1.1 I/O 系统概述

首先看一个系统中应用程序、I/O 系统以及驱动之间的层次关系。

一般情况下,用户应用程序对于设备的操作(读写控制)请求,首先是通过操作系统提供的通用文件接口传递给操作系统。操作系统负责这部分接口的是 I/O 系统。

在用户请求传递到驱动的真实操作之前,已经由 I/O 系统作了大量的处理工作。但是,VxWorks 作为一种实时性很强的嵌入式操作系统,它的 I/O 系统只是做了很少量的处理,只作了一些简单的交换(switch)工作,而把绝大部分的处理工作交由设备驱动的实现者去实现。

这样做的好处,是去除了操作系统繁琐无用的操作,但同时带来的问题是驱动程序的设计者需要用大量的程序去处理一些协议事务,增加了驱动编写的麻烦,为此,VxWorks 提供了 High-level 的例程库,于是驱动程序的开发者在需要的时候可以使用这些例程库,而对于不需要这些管理的,驱动与用户程序的交互就非常快。

第 5 章　VxWorks 的驱动模型

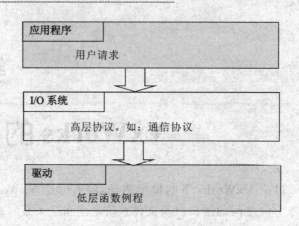

图 5-1　驱动在系统中的层次结构

VxWorks 的 I/O 系统支持以下几种类型的设备：

① 字符型设备。例如：终端(terminal)或通信线(communication line)。
② 随机存取的块设备。例如：磁盘(disk)。
③ 虚拟设备。例如：任务间的管道(pipe)或套接字(socket)。
④ 监视或控制的 I/O 设备。例如：数字或模拟的 I/O 设备。
⑤ 访问远程设备的网络设备。例如：以太网卡。

VxWorks 的 I/O 系统支持两种类型的 I/O：

① 基本 I/O：(Basic I/O)是与 Unix 系统兼容的。
② 缓冲 I/O：(Buffered I/O)是与 ANSI C 兼容的。

在内部，VxWorks 采用统一的结构。在这一章，先讨论文件和设备以及从用户的观点来看这两种 I/O。

图 5-2 给出了 VxWorks 的 I/O 系统中，各个组成部分之间的调用层次关系。在这个框图中，可以看到，缓冲 I/O 最终定向到基本 I/O。VxWorks 内部、基本 I/O 和缓冲 I/O 使用统一的结构。

块设备是与文件系统相关联的，对于块设备的访问请求需要通过文件系统例程作预处理。原因是什么呢？作为结构化的存储设备上的文件(简称"磁盘文件")是以块为单位来存取的，磁盘文件存储的位置，需要通过文件系统当中的目录来检索，以定位一个磁盘文件实际存放的物理位置，而文件系统例程正是需要作这项管理与计算。它把对一个文件 N 字节的读取或写入转换为对块设备上第 Nxx 块或多个块进行的读写操作。文件系统的驱动将会做这些计算、转换和维护。

对于非块设备(non-block device)，设备无关的基本 I/O 例程将直接定向到驱动例程。驱动例程最终操作硬件设备。

第 5 章　VxWorks 的驱动模型

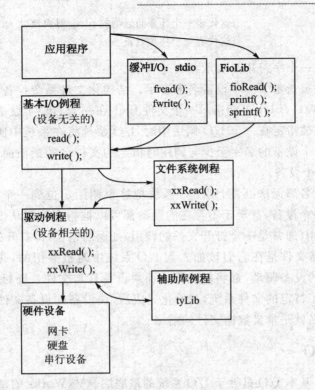

图 5-2　VxWorks I/O 系统的调用关系

另外,驱动例程还可以调用"辅助库例程"。前面已经提到,VxWorks 这样设计的目的是给驱动设计者提供更多、更灵活的控制权,在核心 I/O 中,VxWorks 实现了极少的处理,而为驱动设计者提供了一系列辅助的库例程,以备设计时选用。增加了整个系统的灵活性和 I/O 系统的调用开销,从而提高了实时性,提高了效率。

5.1.2　文件名与设备

在操作系统中,设备是通过命名文件来访问的,这里的文件与平常说的文件系统中用于存放数据的文件有更广泛的涵义。它包括两类:

① 非结构化组织的"原始"设备。例如:一个串行通信通道,或是一个任务间通信的管道。这种类型的文件设备,就是常指的设备文件。

② 结构化组织的、可以随机存取的逻辑文件。这种类型的文件就是通常意义的文件系统中的文件。

在应用程序设计中,怎样去命名这两类文件呢?对于第二种文件,在平常的应用程序中已经很熟悉了。这里把几种文件名字方式归纳一下:

/usr/mydoc/test.txt　　　　　;这是常义的文件系统中的文件

```
/pipe/mypipe              ;这代表一个任务间通信的 pipe,习惯地以 /pipe 作前缀
/tty0                     ;这代表一个物理设备
```

一个文件名通过一个字符串来表示:

非结构化的设备被指定了一个设备名来表示。结构化文件系统设备,其设备名后面紧跟着文件名。例如:DEV1:/file1 可能指示一个文件 file1 在一个 DEV1 设备上。

当一个文件名字被指定在一个 I/O 调用中时,I/O 系统将在系统中所有登记了的设备名当中查找。当找到一个设备的名字至少与调用时指定的文件名的最前面子串相匹配时,这个 I/O 调用就定位到这个设备。

如果所有的设备名都无法匹配,则 I/O 系统把这个调用定位到一个默认的设备(default device)。系统中任一个设备,甚至于不存在的设备都可以被指定为默认设备。如果匹配最终失败,则这个 I/O 调用(通常是一个打开文件的调用)则返回错误,即打开失败。

非-块设备的设备文件是在它们被加入到 I/O 系统中时被登记的,通常是在系统初始化时,I/O 系统加载了的设备驱动,都将被登记。而块设备是与文件系统相关的,当一个块设备被初始化时,它指定了特定的文件系统,初始化完成后,块设备的设备文件名被加到 I/O 系统中,这个块设备文件名就是常义数据文件的前缀。

5.1.3 基本 I/O

在 VxWorks 中,基本 I/O 是处于 I/O 系统的最底层。VxWorks 的基本 I/O 包含 7 个基本函数,它与标准 C 库的 I/O 原主相兼容。它们是:

```
creat();        创建一个文件
remove();       删除一个文件
open();         打开一个文件,(可选地,创建一个文件)
close();        关闭一个文件
read();         读一个先前创建的或打开的文件
write();        写一个先前创建的或打开的文件 write();
ioctl();        对一个文件或设备执行指定的控制操作
```

1. 文件描述符

在基本 I/O 层,文件使用一个文件描述符(fd)来引用。文件描述符是在调用 open() 或 create() 时返回的一个小的整数。其他的基本 I/O 例程需要使用这个 fd 作为一个参数来指示特定的文件。fd 对于用户来说是没有什么意义的,它只是 I/O 系统内部来标识正在处理的不同文件。如果一个文件关闭,这个小整数可以被用来返回给随后的其他文件的打开操作。

在 VxWorks 中,可以使用的文件描述符是有限的,所以当一个文件不使用时,尽量关闭

文件。事实上 fd 是 VxWorks 内部维护的一个文件打开的数组的下标，数组大小是有限的，所以文件描述符也是有限的。

2. 打开和关闭文件

在对一个设备进行 I/O 操作之前，必须通过 creat( ) 或 open( ) 来打开一个设备。传递给 open 的参数是文件名或设备文件名、存取的类型标志和访问的模式。

```
fd = open ("name",flags,mode);
```

"name"—即为文件名。

flags—是存取的类型标志。它可以取值：O_RDONLY, O_WRONLY, O_RDWR, O_CREAT, O_TRUNC。其含义不再赘述。

mode—是设置访问权限的比特标志。

```
close (fd);
```

关闭一个打开的文件。

3. 创建与删除文件

```
fd = creat ("name",flags);
remove ("name");
```

在面向文件的设备上，可以通过 creat( ) 和 remove( ) 来创建和删除一个文件。创建一个新文件与打开一个文件的参数类似，只不过是它可以创建一个事先不存在的文件。Remove 从设备上删除一个文件，当一个文件处于打开状态时，不能删除这个文件。

在非-面向文件的设备上，creat ( ) 的作用与 open ( ) 完全一样。Remove ( ) 操作对于这类设备不起任何作用。

4. 文件的读、写和控制等操作

```
nbytes = read (fd,&buffer,maxBytes);
nbytes = write (fd,&buffer,nBytes);
result = ioctl (fd,function_code,arg);
```

对文件的读写操作的含义不再赘述。

Ioctl ( ) 用于对一个设备进行状态、参数的查询与设置。例如设置 UART 串口的波特率，设置声卡的音量，通道数目，可用如下代码所示：

```
status = ioctl (fd_UART0,FIOBAUDRATE,9600arg);
status = ioctl (fd_audio_dsp,F_AU_VOLUME,60);
status = ioctl (fd_audio_dsp,F_AU_CHANNEL,2);
```

Ioctl ( ) 函数所能提供的功能代码以及参数的取值意义和范围，完全是由驱动程序设计者提供的,因此驱动程序设计者在设计完一个驱动之后,一定要有完整的文档来描述这个驱动可以支持的设置与查询方面的功能,以及参数的设置范围和意义。

如上面所示:F_AU_VOLUME 功能码,它是一个宏,可能表示一个整数值,例如 12(#define F_AU_VOLUME 12),可用它来设置音量,而音量的取值范围设置为 0~100,其中 0 表示 Mute(无声),100 表示最大音量。

5.1.4　缓冲 I/O

缓冲(buffered) I/O 与 UNIX 完全兼容,与 Windows 的 Stdio 兼容,从而提供了完全的 ANSI C 支持。

需要注意的是,printf( ),sprintf( )以及 sscanf( )传统地被归结为 Stdio 的一部分,但在 VxWorks 中,把它作为格式化的 I/O 来处理(Formatted I/O)。

什么是缓冲 I/O 呢?它与基本 I/O 有何不同?

前面已经讨论过,VxWorks 的 I/O 系统核心只处理了很少量的定位操作,效率是很高的,但是基本 I/O 仍然有一部分开销。例如:

首先,分发设备无关的调用(read( ),write( ),等等)到设备相关的例程(xxRead( ),xxWrite( ))。

其次,用户可能使用了互斥访问机制,以免与别的用户操作相互干扰。

假如用户每次调用 read( )从一个文件中读取一个字符:

```
n = read (fd,&buffer,1);
```

那么大量的这种操作,如果每次都要从物理设备上去取一个字符,就会增加太多的额外开销。而缓冲 Buffered I/O 使用一个文件缓冲,每次从设备里读入一个 Buffer 长度的数据,缓冲在系统内部,当下次用户希望读回一个字符时,不是从设备里取数据,而是从 Buffer 里直接取数据,直到缓冲里的数据全部读完,才再从物理设备上去读数据,这种机制就叫做缓冲 I/O。可以看出缓冲 I/O 是基于 Basic I/O 的。

使用缓冲 I/O 需要使用另一套 API 来对文件进行打开和关闭。

```
FILE*   fp = fopen("/usr/myfile1","r");
fclose (fp);
```

随后的读写和操作采用:fread( ),fwrite( )或 getc( ),putc( )。后者是每次读写一个字符的宏。例如:

```
n = fread (&buff, sizeof(DATA_TYPE), num_of_data, fp);
```

5.1.5　格式化 I/O

在 VxWorks 中,printf( ),sprintf( ),sscanf( )当作格式化 I/O 来实现。

5.2 VxWorks 的驱动及其内部结构

如前面所讨论,在 I/O 系统里有 3 个主要的元素:**驱动**、**设备**和**文件**。设备**文件**起到用户访问设备的桥梁作用,或者说是访问设备的访问点。VxWorks 中主要有两种类型的驱动,一种是字符型的驱动,另一种是块设备驱动。块设备驱动必须跟一个文件系统交互,作为一个入门的教程以及简化起见,这里主要讨论字符型的驱动。有兴趣的读者可以在以后的深化学习中参考 VxWorks 的编程文档进行自学。

下面看一个假想的驱动的例子。(下面的代码摘自 VxWorks Programmer's Guide)。

```
/************************************************************
*       xxDrv - 驱动的初始化函数
*
*       xxDrv() 初始化这个驱动
*              它通过 iosDrvInstall()安装驱动,可能分配数据
*              结构,连接中断服务例程(ISRs),以及初始化硬件。
*************************************************************/
STATUS xxDrv ( )
{
    xxDrvNum = iosDrvInstall (xxCreat,0,xxOpen,0,xxRead,
                              xxWrite,xxIoctl);
    (void) intConnect (intvec,xxInterrupt,...);
    ...
}

/************************************************************
*       xxDevCreate - 设备创建函数
*       调用这个函数用于向系统增加一个设备,其名字由<name>指定,这个设备
*       将由这个驱动来服务。其他与驱动相关联的参数可能包括:
*       缓冲区的长度,设备的地址等。
*
*       这个函数通过调用 iosDevAdd 将这个设备添加到 I/O 系统中。
*       它可能也会分配和初始化用于这个设备的数据结构,初始化信号量,
*       初始化设备硬件等。
*************************************************************/
STATUS xxDevCreate (char * name,...)
{
    status = iosDevAdd (xxDev,name,xxDrvNum);
    ...
```

```
}
/****************************************************************
 *      下面的函数实现基本的 I/O 功能
 *
 *      xxOpen()返回的值仅对于这个驱动有意义,它必须在随后对这个
 *      设备文件操作的其他 I/O 函数调用时,当作参数被传回。
 ****************************************************************/
int xxOpen (XXDEV * xxDev,char * remainder,int  mode)
{
    /* 串行设备必须没有文件名字部分 */
    if (remainder[0] != 0)
        return (ERROR);
    else
        return ((int) xxDev);
}

int xxRead (XXDEV * xxDev,char * buffer,  int  nBytes)
...
int xxWrite (xxDev,buffer,nBytes)
...
int xxIoctl (xxDev,requestCode,arg)
...
/****************************************************************
 *      xxInterrupt - 中断服务例程
 *
 *      很多驱动里面包含有中断处理例程,以响应从设备产生的中断,由该
 *      驱动进行服务。这些服务例程通过调用 intConnect()连接到特定
 *      的中断,典型地,intConnect 在 xxDrv()中调用。
 *
 *      中断服务例程可以接受一个单一的参数,在调用 intConnect 时指定。
 *      (see intLib).
 ****************************************************************/
VOID xxInterrupt (arg)
...
```

在这个驱动的例子中,每一个函数前面都有一个前缀"xx",这一个前缀是一个比较重要的概念,它代表一个驱动在系统中唯一的缩写名字。例如:net,tty,au,kdb 等。在本书的例子里,使用"xx"来代表设备的缩写名字。

5.2.1 驱动的安装、驱动表

STATUS xxDrv( )是一个驱动程序的入口。正如前面章节讨论的那样,它需要初始化

这个驱动,然后通过一个系统调用。iosDrvInstall 向 I/O 系统注册这个驱动,而其中的参数,正是这个驱动所实现的 7 个 I/O 基本函数的入口地址。注意到参数中某些函数的入口被设置成为 0,其意思是 7 个基本函数并不一定都必须实现。

在驱动的初始化例程中,可以允许分配数据结构,连接一个中断服务向量以及初始化硬件。当然也可以把硬件的初始化工作留待 Create Device 那步去做。这取决于所要初始化的硬件是多个设备实例所共用的,还是单个设备所独有的。

前面已经讲过,驱动的入口不同于应用程序的 main 函数,main 函数的生存期是整个程序的运行时期,而 xxDrv() 入口函数只是在驱动被加载时被调用。事实上,函数也只是当用户有操作时才会被调用到。从这个意义上讲,驱动程序不外乎为应用程序提供了一系列的函数调用例程,它们本身没有运行执行体。但是情况也不完全是这样的,如果驱动内部需要等待某些事件的产生,那么在一个驱动里可能要创建一个任务,称之为内核线程(VxWorks 中叫任务)。这种情况下,这个驱动中的一个或多个内核任务会一直不停地在系统中运行着。它们(内核任务或线程)与应用程序的任务一样,依据优先级别会被 CPU 调度到。

除了内核任务之外,驱动中的其他线程是在用户请求之后,通过 I/O 系统分发到这个驱动时被运行的,所以驱动中的例程是运行在用户调用任务的上下文空间里的(User calling task's context)。由此,驱动里的例程可以自由地使用跟用户程序一样的所有的系统调用,这包括互斥访问的临界区机制和信号量机制。

总之,除了 7 个基本函数之外,VxWorks 驱动里还包括其它 3 个额外的例程:

① xxDrv( ),它是驱动的入口。在该例程中,它要向 I/O 系统里注册这个驱动以及它们的 7 个基本函数的入口,连接中断向量以及进行必要的硬件初始化。

② xxDevCreate( ),向 I/O 系统里增加一个设备,这个设备由本驱动提供服务。

③ 中断例程,它提供与设备相连接的中断的服务例程。中断例程是由驱动初使化时安装,向系统登记注册一个回调函数;如果设备上有硬件事件发生,满足对设备配置的中断触发条件,则设备硬件向 CPU 发出一个外部中断请求;CPU 中断中央处理程序判明外部中断来源,并查找系统中断向量表,然后转入到中断服务例程开始执行对硬件中断的服务。

在这里,也看到了 VxWorks 的一些缺陷。VxWorks 有驱动安装的例程,而没有驱动卸载的例程。同样,有设备创建的例程,而没有设备删除的例程。

驱动表(driver table)与驱动的安装

VxWorks 的 I/O 系统核心维护了一个表,这就是系统中所有已经加载的驱动表。在这个驱动表中,记录了每一个驱动的 7 个基本 I/O 操作例程的入口地址。

下面是这个过程的详细说明。其中 iosDrvInstall( ) 是 I/O 系统提供给驱动的一个系统调用。

第5章 VxWorks 的驱动模型

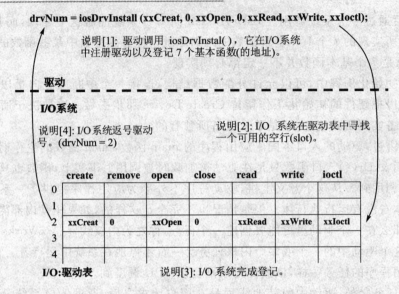

图 5-3 VxWorks 驱动安装

5.2.2 设备的创建、设备链表

一旦安装了驱动，I/O 系统进一步请求由驱动提供的 xxDevCreat( ) 来创建相关的设备。一个驱动可以同时服务于多个特定类型的设备（例如：UART0，UART1），每一个设备在 I/O 系统里都被称之为实例（instance）。同类型的设备往往只是硬件方面存在局部的不同（例如仅仅是 I/O 起始地址不同，或是所使用的中断引脚号不同），这种情况就可以使用同一个驱动来提供服务。

在驱动的加载过程中，如果成功地安装了驱动，则 I/O 系统会调用驱动提供的 xxDevCreate( ) 来为每一个实例创建内核数据结构以及进行必要的硬件初始化过程，这些都在 xxDevCreate( ) 中实现。

在 xxDevCreate( ) 实现中，一个重要的调用就是：

iosDevAdd (xxDev,name,xxDrvNum);

如下所示：

```
STATUS xxDevCreate (char * name,...)
{
    status = iosDevAdd ((DEV_HDR *)xxDev,name,xxDrvNum);
    ...
}
```

设备数据结构与设备链表（device list）

在 VxWorks 中，每一个设备都定义了一个数据结构，叫做设备描述符（device descrip-

第 5 章　VxWorks 的驱动模型

tor)，这个数据结构里包含了所有设备相关的信息，包括：
- 设备的名字字符串；
- 服务于这个设备的驱动的驱动号(driver number)；
- 这个设备附加的特殊的私有信息。如设备的 I/O 起始地址、缓冲区、信号量，以及其他驱动设计者定义的任何信息。I/O 系统内部只维护设备私有数据的一个指针。

在 I/O 系统核心里，只维护了设备数据结构的头部(device header, DEV_HDR)，这些 HDR 组成一个链表，当应用程序通过一个设备名字调用 Open 打开一个设备文件时，I/O 系统核心就会搜索这个链表，进一步定位驱动，从而找到相关的 7 个基本 I/O 访问函数。

在 iosDevAdd 系统调用中，第一个参数 xxDev 就是 DEV_HDR 类型，第二个参数则是这个设备的文件名，第三个参数是服务于这个设备的驱动的驱动号，它是设备与驱动之间的关联。

下面看一看内部实现的具体步骤，如图 5-4 所示。

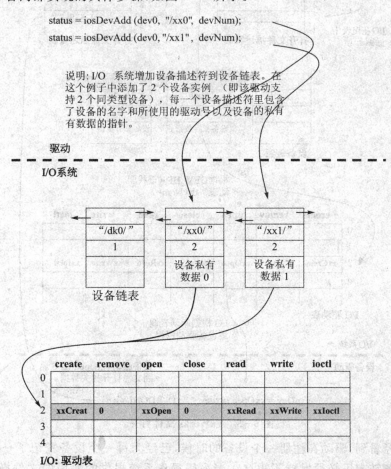

图 5-4　VxWorks 设备添加

5.2.3 文件的打开、文件描述符表

有了前面的讲解,I/O 系统的架构已经逐渐明晰,我们已经掌握了驱动、设备与 I/O 系统的关系,接下来进一步了解用户是如何透过 I/O 系统与驱动进行交互的,如图 5-5 所示。

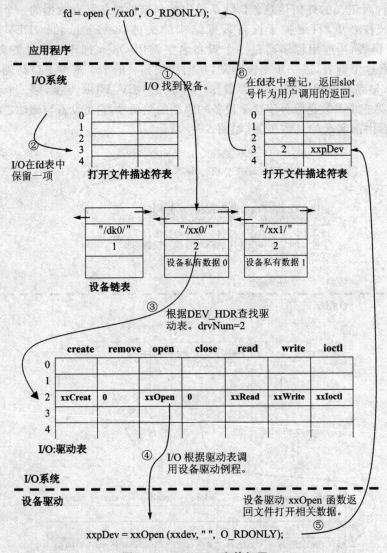

图 5-5 VxWorks 文件打开

在前面已经看到,驱动在注册一个设备的时候,已经为每一个设备登记了一个设备名字,这些名字在设备链表里必须保持不重名。当采用操作系统提供的通用的文件操作 API 函数(例如:open( ),或 creat( ))来创建一个新文件或打开一个新文件时,操作系统把这些请求定

位到 I/O 系统。I/O 系统根据用户传过来的文件名,在设备链表里搜索,找出最前面子字符串匹配的设备。如果没找到,它会找 default 设备,如果还是没有找到,则 I/O 系统返回一个错误,告诉用户无法找到指定的文件,打开失败。

如果成功地找到,I/O 系统则在内部维护的一个用户可打开的文件描述符表里添加一项,并返回一个索引号(fd 的标识号)作为后续文件操作的参数。

5.2.4 文件的读、写、控制和关闭操作

图 5-6 显示了文件制作的一个例子。

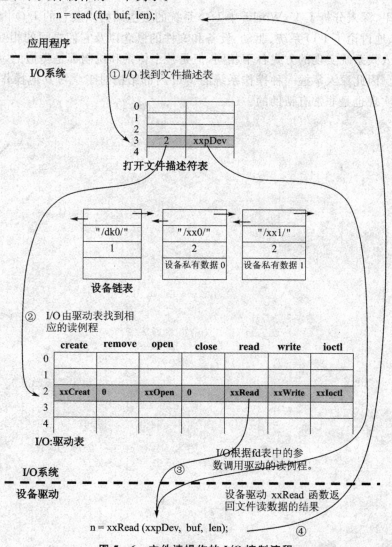

图 5-6 文件读操作的 I/O 控制流程

第5章　VxWorks 的驱动模型

在这里，对文件后续的读写操作已经不再使用设备链表。有关设备的信息已经包含在文件描述符表中。这是因为对于同一个设备上不同的文件打开维护的私有数据不一样（例如：文件读写指针），因此设备链表只在文件的打开操作时被使用到。但驱动表却是所有的文件读写操作都要被查找，以确定驱动程序的各个例程的调用地址。其他的文件操作与读操作类似。

文件的关闭则是在文件描述符表中删除对应的文件描述符表项，并标记为空白。后续的文件打开操作可以使用那个表项。在嵌入式系统中，由于资源有限，也由于为了使设计尽可能简化，一个系统中用户能同时打开的文件是有限的，所以不使用的文件应当尽早关闭。

小结：

在这一章里，深入分析了 VxWorks 中 I/O 系统的层次结构以及它的 I/O 内部实现机制。通过实例，深入地讨论了 I/O 系统、驱动、设备和文件的概念以及它们之间的相互关系。

其他的嵌入式系统实现的方式各不相同，但是整个体系和机制都是类似的，所要完成的任务也是类似的。因此深入掌握一种操作系统的 I/O 内部结构对于学习其他操作系统，理解其他操作系统的实现也是非常有帮助的。

第 6 章

Linux 的驱动模型

经过前面的学习,我们已经掌握了驱动程序的基本架构。驱动程序是软件从上到下分层的结果,分层的情况为:

最上层是应用程序。

第二层是操作系统核心,如在第 5 章 VxWorks 的驱动模型中讨论的 I/O 系统。可以想象,I/O 系统的任务就是管理和记录系统中各种各样的驱动和各种各样的设备,维护各种各样的数据结构,负责应用程序对 I/O 文件访问的调用分发。

第三层是驱动程序的实现例程。

最下一层就是硬件。

从这个意义上讲,驱动程序只不过是复杂系统软件当中的一个部分,驱动程序也是程序,所以在本书的基础篇中反复强调程序的重要性。

由于有了 I/O 层的屏蔽,加上整个操作系统的源代码十分复杂,使得驱动程序的初学者无法看清楚层次间的来龙去脉,从而不知道驱动程序的各个函数中需要做什么样的处理,所以本书花大量的篇幅反复讲解驱动程序的层次模型结构。只要理解了其中的道理,再加上深厚的程序功底和必要的实践,驱动程序的开发就会势如破竹。

正如在第 4 章所讲到的那样,一个驱动程序需要实现两部分的处理:一是与 I/O 系统的接口,即作为一个模块的驱动例程;另一个是设备的驱动例程。在设备的驱动例程中,通过与硬件的交互而为上层(I/O 系统层,最终应用程序接口层)提供对设备的读、写和控制操作,从而使用户程序达到与外部设备交互数据和传递信息的目的。

6.1 Linux 的驱动加载方式

6.1.1 内核驱动模块与模块化驱动

首先讨论一下 Linux 中驱动的加载方式。Linux 的驱动有两种加载方式,一种方式是编译到系统内核,在系统内核启动时一同加载;另一种方式是把一个驱动编译成一个模块,把一个模块理解成一个动态函数库,这个驱动模块可以在操作系统完全运行起来之后,通过脚本,

第6章　Linux 的驱动模型

或是"手动"添加到系统中。

一个驱动模块好比一个动态库。动态库是应用程序在运行需要的时候由操作系统自动地装载进来，或是由程序主动地从磁盘文件系统里进行装载，例如：load_library。与动态库不一样的是，Linux 的驱动作为一个独立的模块，它可以单独被加载，而不是在一个运行程序的内部被加载。

驱动被加载之后，从逻辑上说，它并没有运行的实体，只是提供了一系列例程，可以在应用程序需要的时候，加以调用并为应用程序提供服务。但是，在驱动内部，也可以创建内核线程，并使用各种线程同步的机制，从而驱动内部也可以有执行体。在很多时候，驱动内部的执行体处于潜伏休眠状态，它可能是为了等待特定的事件发生，例如等候中断例程给出一个信号量。驱动需要作长时间的处理，或是需要有阻塞或是需要有阻塞等待的机制，或是多个端口的监听等情况下，都可以通过创建内核线程的方式来实现。内核线程通过多种线程通信机制实现与中断处理例程、上层应用程序的调用等之间的交互。

6.1.2　模块化驱动的加载与卸载

Linux 可以实现随意动态的加载与卸载操作系统部件。Linux 模块就是这样一种可在系统启动后的任何时候动态连入核心的程序部件。当不再需要它时，又可以将它从系统核心中卸载并删除。Linux 模块多指设备驱动和伪设备驱动，如网络设备和文件系统等。

Linux 提供了 2 个命令：使用 insmod 命令来显式加载核心模块，使用 rmmod 命令来卸载模块。同时，核心自身也可以请求核心后台进程 Kerneld 来加载与卸载模块。

动态可加载代码的好处在于可以让系统核心保持很小的尺寸并且非常灵活。使用模块的方式同时还可以无需重构操作系统内核并频繁重新启动下载来调试运行新内核，这在早期开发的过程中非常有用，比如说：每次因为一个小的改动就要完整编译一个 Linux 操作系统内核，然后把它下载到目标开发板，并启动整个内核。这样的调试是相当耗时的，而且与内核一起运行，调试不方便，一遇问题，有可能还没看到问题的现象，系统已经挂起来了。

另外一种则是在需要时加载模块，称它为请求加载。当核心发现有必要加载某个模块时（例如用户安装了核心中不存在的文件系统时），核心将请求核心后台进程（kerneld）准备加载适当的模块。这个核心后台进程仅仅是一个带有超级用户权限的普通用户进程。当系统启动时，它也被启动，并为核心打开了一个进程间通信（IPC）通道。核心在执行各种任务时需要用它来向 Kerneld 发送消息。

Kerneld 的主要功能是加载和卸载核心模块，但是它还可以执行其他任务，如通过串行线路建立 PPP 连接并在适当时候关闭它。Kerneld 自身并不执行这些任务，它通过某些程序如 insmod 来做此工作。它只是核心的代理，为核心进行调度。

模块可以通过使用 rmmod 命令来删除，但是请求加载模块将被 Kerneld 在其使用记数为 0 时自动从系统中删除。Kerneld 在每次 Idle 定时器到期时都执行一个系统调用，以将系统中所有不再使用的请求加载模块从系统中删除,这个定时器的值在启动 Kerneld 时设置。如果核心中的其他部分还在使用某个模块,则此模块不能被卸载。Linux 通过模块的引用计数来记录一个(驱动)模块是否别的模块或是否为应用程序所使用。直到这个引用计数减为 0 时,模块才真正从系统中删除。模块必须能够在从核心被删除之前释放其所分配的所有系统资源,如物理内存或中断等。

6.2 Linux 的驱动架构

下面的图 6-1 直观显示了 Linux 驱动程序模块与操作系统核心之间的关系。

由图 6-1 可以清楚看到,Linux 模块部分的驱动,包括两个例程:

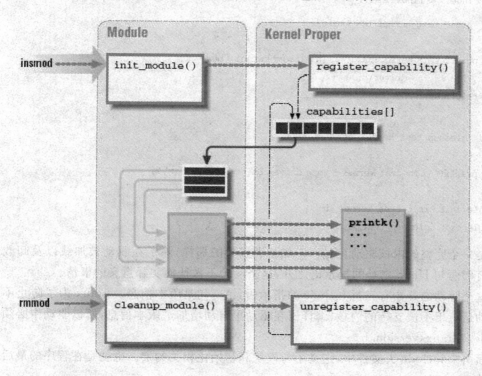

图 6-1 Linux 驱动与操作系统核心之间的关系

init_module( )和 cleanup_module( )。

这两个函数是驱动必须实现的基本例程。实现了这两个基本接口函数,这个驱动也就是一个完整的驱动,就可以编译到内核成为本地化的驱动,也可以编译成模块-模式的驱动,通过 insmod 手动加载到系统。

下面将通过两个很简单的例子来理解 Linux 的编译系统和 Linux 的驱动框架。

6.2.1 一个最简单的内核驱动

下面的例子显示一个最简单的内核模块驱动程序。

```
/*-----------------------------------------------------------
 *   文件:test_drv1.c
 *   一个最小的内核-模式驱动的例子
 *-----------------------------------------------------------
 */
#include   <linux/version.h>
#include   <linux/module.h>
#include   <linux/init.h>
int    init_test_kernel_drv(void)
{
    printf("\n hello,world!   This is my kernel-mode
            driver\n");
    return 0;
}
void   cleanup_test_kernel_drv(void)
{
    printf("\n My test kernel-mode driver Exits  byebye! \n");
}
module_init(init_test_kernel_drv);
module_exit(cleanup_test_kernel_drv);
```

这是一个完整的内核驱动,当然,正如读者想象的那样,除了在驱动被加载以及卸载的时候能够打印两句 Hello 之类的提示语之外,这个驱动不做任何实际意义的事情。

在这个驱动的开始有三行 include 的指示语,第一句是版本信息。Linux 为了防止不同版本的驱动运行于不被支持的内核,编译器在驱动里自动增加了版本信息,所以驱动中必须包含 #include <linux/version.h>。

后面两个 include 头文件中,定义了与模块和初始化相关的宏。也就是在程序的最后两行里所写的:

module_init   (your_driver_initialization_routine_address);
module_exit   (your_driver_exit_routine_address);

读者可以想像到,module_init( );和 module_exit( );才是驱动的真实入口,这是外部加载器需要执行的函数起点。因此把

    int   init_test_kernel_drv(void);

写成：

```
static   int  init_test_kernel_drv (void);
static   void cleanup_test_kernel_drv (void);
```

也没有关系。而且它们的名字也是任意的。

Module_init( )；和 module_exit ( )；是两个宏，它们在编译为内核驱动或作为一个独立的模块驱动这两种情况下所表示的意义不同。有兴趣的读者可以参考 "module.h" 和 "init.h" 两个头文件自行分析。

为了把这个简单驱动添加到系统内核中，还必须把这个文件的编译增加到内核编译的系统，以及把这个内核模块增加到内核系统里。下面的步骤说明如何修改 Makefile，以完成这些配置步骤。为此还得为这个内核模块写一个 Makefile 脚本：

```
/*---------------------------------------------------------
 *     Makefile—内核-模式测试驱动的编译脚本
 *---------------------------------------------------------
 */
#目标文件列表
Obj-y              := test_drv1.o
Obj-m              :=
Obj-n              :=
OBJECT             :=

#转换到 Rules.make 的目标列表

O_TARGET           := mydrv.o
O_OBJS             := $(filter-out $(export-objs),$(Obj-y))
OX_OBJS            := $(filter     $(export-objs),$(Obj-y))
M_OBJS             := $(filter-out $(export-objs),$(Obj-m))
MX_OBJS            := $(filter     $(export-objs),$(Obj-m))
MI_OBJS            := $(filter-out $(export-objs),$(Obj-n))
MIX_OBJS           := $(filter     $(export-objs),$(Obj-n))

include  $(TOPDIR)/Rules.make
```

上面就是一个完整的 Makefile 文件，除此之外，为了让编译器能够在内核源代码树里自动编译到这个文件，还必须把这个驱动的源文件 "test_drv1.c" 以及上面的这个 Makefile 复制到 /drivers/test_drv/ 目录下，然后修改 /drivers/Makefile，即 drivers 目录下的 Makefile，让它编译的时候包含 "test_drv" 这个目录。如下所示：

```
/*---------------------------------------------------------
 *  Drivers-最上层目录的编译脚本(makefile)
```

```
*-----------------------------------------------
*/
# 这儿增加我的驱动,到sub-dir列表的最后
#
subdir-y        :=block char net parport sound misc\test_drv
```

注意到在宏 subdir-y 的末尾增加了一项"test_drv",那样编译器编译到 /drivers/ 目录下的 Makefile 时,就会深入到 /drivers/test_drv 目录下面去按照 /drivers/test_drv/Makefile 所定义的规则执行相关的编译。

由于在/drivers/test_drv/Makefile 文件中指示了 Obj—y := test_drv1.o,编译器会根据 Rules.Make 中定义的编译规则来编译 test_drv1.c,由此生成 test_drv1.o。/test_drv/Makefile 后面的一些 filter,及 filter-out 宏定义将过滤这些中间目标文件,以把它们加到合适的模块中去,即如何归类间目标文件 *.o。

在这里,通过修改/drivers/目录下的 Makefile,可以让编译器编译 test_drv1.c,但还是没有解决如何把 test_drv1.o 加入到系统内核之中的问题,Linux 的编译环境已经能很容易地添加新的模块到一个系统中。为此,只需要在根目录下的 Makefile 里为 test_drv1.o 增加一项。如下所示:

```
/*-----------------------------------------------
 *    这是 Linux 内核最上层的编译脚本
 *-----------------------------------------------
 */
# 这里增加我的驱动文件到 Linux 内核中
#
DRIVERS-y     +=   drivers/test_drv/test_drv1.o
```

至此,所有的配置工作完作,然后转移到 Linux 内核源代码的根目录下,执行 Make 即可。

由于 DRIVERS-y 宏包括所有增加到系统内核的驱动,本例中的测试驱动就会被编译器自动增加到内核。把新的 Kernel 下载到目标板,重新启动,然后就可以在 Kernel 启动信息中看到下列字样,说明这个驱动已经成功地被系统内核加载。

```
hello,world!    This is my kernel-mode driver
```

同样,如果执行 Kernel 的 Shutdown,还可以看到这个驱动被 Linux 操作系统从内核中删除,这个时候可以看到:

```
My test kernel-mode driver Exits…byebye!
```

尽管这个驱动很小,但由于是内核驱动,所以它在系统内核的整个工作生命周期内都一直处于内存里。

6.2.2　一个最简单的模块驱动

```c
/*--------------------------------------------------------
 *    文件：    modtst.c
 *    一个最简单的模块-模式的Linux驱动的例子
 *--------------------------------------------------------
 */
#include    <linux/version.h>
#include    <linux/module.h>
#include    <linux/init.h>
#include    <linux/types.h>
#include    <linux/pci.h>
int  tkfunc(void);

int  __init  init_module(void)
{
    printfk("\n hello, This is my module-mode driver\n");
    //tkfunc();
    return 0;
}

void  __exit  cleanup_module(void)
{
    printk("\n My test module-mode driver Exits…!\n");
}

int  tkfunc(void)
{
    struct  pci_dev    * pdev = NULL;
    unsigned  int      VendorID, DeviceID;
    long               ClassCode, AllCode, MemAddr;

    pdev = (struct  pci_dev *)pci_find_class(0x060000,pdev);
    if (pdev != NULL) {
        printk ("\ndev:%x\n", pdev);
        pci_read_config_dword(pdev,0x00,&AllCode);
        printk ("AllCode:%x\n",  AllCode);
        pci_read_config_dword(pdev,0x00,&VendorID);
        printk ("VendorID:%x\n", VendorID);
    }
    return  0;
```

第6章 Linux 的驱动模型

}

为了帮助读者熟悉一些驱动里的基本调用,在这里特意添加了一个 tkfun( )函数。
另外,这里没有使用上一小节讲的两个宏:

module_init (&…);
module_exit (&…);

目的是让读者更清楚地看到这两个宏展开时的真实情况。

对于这个模块,同样需要写一个 Makefile 来编译这个模块驱动。与上一小节不同的是:在上一小节使用了系统定义的 Rules.Make,而里面具体的编译规则,读者是看不到的。在这个例子中,写出了完整的编译规则,让读者了解编译器内部的工作情况。

```
/*---------------------------------------------------------
 *    Makefile—模块-模式测试驱动的编译脚本
 *---------------------------------------------------------
 */
CC = mips_fp_le-gcc
KERDEF   = -DMODULE    -D__KERNEL__   -DLINUX
INSTALL  = /opt/hardhat/devkit/mips/fp_le_target/usr
MFLAGS   = -D__KERNEL__  -I/mnt/hd2/ev_linx/include  -Wall \
           -Wstrict-prototypes  -O2  fomit-frame-pointer  \
           -G 0 -mno-abicalls  -fno-pic  -mips2  -Wa,\
           --trap -pipt -DMODULE  -mlong-calls  -c

install : modtst.o
    mips_fp_le-ld  -r modtst.o  -omytst
    install  -m 755  mytst  $(INSTALL)/bin/myhello

modtst.o  :  modtst.c
    $(CC)  $(MFLAGS)  -o$@  $<
```

这是一个完整的 Makefile,其中的语法规则这里不作全面介绍,有兴趣的读者可以参照 Make 了解每一个语法规则。首先,CC,KERDEF 是一些宏定义。其中 INSTALL 定义了一个网络文件系统里的一个目录,目标开发板可以安装这个目录并访问,如果读者的目录不是这个,请修改目录路径。

其次,MFLAGS 也是一个宏定义。它是编译 modtst.c 时要用到的一些编译参数。读者的目标开发平台与这里介绍的可能不一样,一个简单的办法是编译一下内核,然后从一个编译过程中复制编译一个 C 源文件时的编译参数,然后作一些删减即可。这里是以,mips2,mips_fp_le 为例子的,mips2 表示指令集,-le 表示 little endian。

注意到在编译时的命令行参数里有:

—D__KERNEL__,它告诉编译器,这个编译过程所生成的目标代码是作为内核程序使用的。

—DMODULE,它告诉编译器,这个驱动是采用模块加载的方式被加载的,而不是与内核绑定在一起、随内核启动时被自动加载的驱动。

install:modtst.o,是这个 Makefile 的起始编译目标。注意到在连接时有一个参数"-r",它告诉连接器连接时不要生成可执行式的文件,而是生成一个可重定位的模块,以备 Insmod 可以加载它。

在命令行中运行:

$>   make

在 Make 的过程中,Install 规则已经将所生成的目标代码安装到:
$(INSTALL)/bin/目录下,并且重命名为:myhello。
当开发平台启动之后,只需在目标平台的 Linux Shell 下运行:

$>   cd   /usr/bin   ;进行到模块驱动所在的目录
$>   insmod   ./myhello
$>   rmmod   myhello

其中:insmod 装载这个模块驱动到内核。如果一切顺利的话,这时可以看到如下提示:

hello, This is my module-mode driver

当./myhello 被加载到系统之后,可以用 rmmod myhello 来卸载这个模块。注意:卸载模块时不能指路径,只需指明模块的名字就可以了。

6.2.3 Linux 驱动中注册驱动

在前面几个小节的讨论中,通过实际例子讲解了 Linux 驱动与系统的接口、编译环境以及驱动加载到内核的方式与过程。在本小节中,将进一步考察 Linux 驱动与操作系统之间的交互方式。

正如在第 5 章中所讨论的那样,Linux 也需要在系统中注册设备驱动。对于字符型设备驱动,需要在 init_module( )函数中,调用 register_chrdev( )来向内核注册字符设备。register_chrdev( )的原型定义为:

#include<linux/fs.h>
#include<linux/errno.h>
int register_chrdev (unsigned int major,const char * name,struct file_operations * fops);

其中:Major 即为设备驱动程序向系统申请的主设备号,如果为 0 则表示系统为此驱动程序动态地分配一个主设备号。Name 是设备名,这个名字应该与/dev/目录中定义的设备名一致。fops 是一个指向文件操作例程函数表的一个指针,这个操作例程函数表就是在驱动实现里对设备执行打开、关闭、读、写和控制等操作的例程。

此函数返回 0 表示成功。返回 -EINVAL 表示申请的主设备号非法,一般来说是主设备号大于系统所允许的最大设备号。返回 -EBUSY 表示所申请的主设备号正在被其他设备驱动程序使用。如果是动态分配主设备号成功,此函数将返回所分配的主设备号。如果 register_chrdev 操作成功,设备名就会出现在 /proc/devices 文件里。

由此看来,Linux 的驱动登记在 I/O 核心里登记了主设备号、设备名以及对该类设备进行操作服务的函数表。在这里,可看到 register_chrdev 仅使用(仅登记)了 16 位整数的主设备号。由于只登记了主设备号,这里的设备名是代表一类设备。驱动里除了主设备号,还使用次设备号一同来标识单个的实际物理设备。操作系统核心(I/O 系统)仅使用主设备号来定位用户的 Open 操作到特定的驱动,对于次设备号,只是原样向底层驱动传递,而核心从来不关心也不使用次设备号。

下面小节进一步讲解主设备号与从设备号。

6.2.4　Linux 系统中的设备文件

Linux 系统里的设备由一个主设备号(major number)和一个次设备号(minor number)标识。主设备号唯一标识了设备类型,即设备驱动程序类型;次设备号仅由设备驱动程序解释,以支持多个设备实例,用于识别同类设备中不同的 I/O 请求所涉及的那个设备。

细心的读者可能已经发现在 Linux 系统中,没有像 VxWorks 那样通过创建设备来在 I/O 核心建立一个设备链表。

事实上,在 VxWorks 的讨论时已经看到,设备链表只在文件的打开操作时被引用,对于后续操作并没有什么大用。它主要起到将一个设备文件名映射到一个驱动的作用。Linux 采用另一种机制来实现这一过程,这就是设备文件。Linux 把设备文件做成一系列静态的磁盘文件,存储于 /dev/ 目录之下。

值得一提的是,最新的 Linux 内核也支持在操作系统运行过程中动态创建和管理设备文件,即 DevFS(Device File - System),但这里不作详细介绍,有兴趣的读者可以参考 *Linux Device Drivers* 一书。

Linux 操作系统提供了一个工具 Mknode 来生成这类设备文件。Mknode 的基本用法是:

mknod [options] name {bc} major minor

例如:

```
$> cd   /dev
$> mknod    /dev/console    c    5    1
$> mknod    /dev/systty     c    4    0
```

```
$> mknod    /dev/null    c    2    3
$> mknod    /dev/ram     b    1    1
```

下面从用户程序的调用开始,来讲述应用程序、驱动和设备文件是如何关联,用户程序是如何通过设备文件名字的字符串找到相关的设备,进而执行设备打开操作的。

有了设备文件,在用户以设备名作参数打开一个设备文件时,I/O 系统首先找到/dev 目录下的设备文件,通知读取设备文件中的信息把一个字符串的设备文件名映射到相应的设备号(主设备号,次设备号以及设备类型——字符型或块型设备)。然后再通过这个主设备号以及设备类型在系统 I/O 核心的相应表中,找到主设备号所对应的驱动。当然前提是,该设备驱动已经被加载。如前一小节所述,驱动加载初始化时已经通过调用 register_chrdev( ),对相应的主设备号所对应的驱动进行了注册。

小结:

对比看来,Linux 的设备文件的模型,更体现了把一个设备当成了一个文件,即设备文件。不同的设备如果特性很类似,可以使用同一驱动来操作,这时,只需在使用 Mknode 时,为不同的设备创建主设备号相同而次设备号不同的设备文件即可。在这种情况下,注意到各个设备名字须使用同一样的名字前缀,之后跟一个数字。如下所示:

```
mknod /dev/ ${device}0 c $major 0
mknod /dev/ ${device}1 c $major 1
mknod /dev/ ${device}2 c $major 2
mknod /dev/ ${device}3 c $major 3
```

6.3 Linux 字符型设备驱动

字符型设备与流式设备的说法基本类似。对它们的读写,基本上是定向到硬件设备。读写操作都是顺序的,不能随机向前或向后移动文件指针。而块设备恰好与之相对,针对静态存储的设备而言,对它们的读写是以块为单位的,且可以随机移动读写指针。由于它们的数据存储容量一般都很大,所以对它们的操作一般都通过文件系统。

6.3.1 驱动的加载与清理

当引导系统时,内核调用每一个驱动程序的初始化函数。它的主要任务之一是调用 register_chrdev( )来注册驱动。

内核中有两张表,一张表用于字符设备驱动程序,另一张用于块设备驱动程序。这两张表用来保存指向 file_operations 结构的指针,设备驱动程序内部的函数地址就保存在这一结构中。内核用主设备号作为索引访问 file_operations 结构,从而访问驱动程序内部的设备操作例程。file_operations 结构定义如下:

```c
#include<linux/fs.h>
struct file_operations{
    int (*lseek) (struct inode * inode,struct file * filp,off_to ff,int pos);
    int (*read) (struct inode * inode,struct file * filp,char * buf,int count);
    int (*write) (struct inode * inode,struct file * filp,char * buf,int count);
    int (*readdir) (struct inode * inode,struct file * filp,struct dirent * dirent,int count);
    int (*select) (struct inode * inode,struct file * filp,int sel_type,select_table * wait);
    int (*ioctl) (struct inode * inode,struct file * filp,unsigned int cmd,unsigned int arg);
    int (*mmap) (void);
    int (*open) (struct inode * inode,struct file * filp);
    void (*release) (struct inode * inode,struct file * filp);
    int (*fsync) (struct inode * inode,struct file * filp);
};
```

在结构 file_operations 里,记录了设备驱动程序所提供操作例程的地址,简述如下:

① lseek 移动文件读写指针的位置,显然只能用于可以随机存取的块设备。

② read 读操作,参数 buf 为存放读取数据的缓冲区,count 为所要读取的数据的最大长度。返回值为负表示读取操作发生错误,否则返回实际读取的字节数。

③ write 写操作,与 read 类似。

④ readdir 取得下一个目录入口点,只有与文件系统相关的设备驱动程序才使用。

⑤ select 驱动提供阻塞等待机制。

⑥ ioctl 对设备的配置、控制等操作,参数 cmd 为指示所有操作的控制命令。

⑦ mmap 用于把设备的内容映射到地址空间,一般只有块设备驱动程序使用。

⑧ open 打开设备准备进行 I/O 操作。返回 0 表示打开成功,负数表示失败。

⑨ release 释放设备,它会使内部的引用计数减 1,如果设备的引用计数减到 0,则从系统中删除这个设备。

在一个驱动被卸载时,应该通过在 clean_module( ) 函数里调用 unregister_chrdev( ) 来从系统删除这个驱动。

6.3.2 中断的申请与释放

初始化部分还负责给设备驱动程序申请系统资源,包括内存、中断、时钟和 I/O 端口等。在 Linux 系统里,对中断的处理属于系统核心的部分,因此如果设备与系统之间以中断方式进行数据交换,则必须把该设备的驱动程序作为系统核心的一部分。设备驱动程序通过调用 request_irq 函数来申请中断,通过 free_irq 来释放中断。它们的定义为:

```c
#include<linux/sched.h>
typedef void (*irq_handler) (int irq,void * dev_id,struct pt_regs * regs);
```

```
int  request_irq(unsigned int irq,irq_handler handler,unsigned long flags,const char *device,
void *dev_id);
void free_irq(unsigned int irq,void *dev_id);
```

参数 irq 表示所要申请的硬件中断号。Handler 为向系统登记的中断处理例程，它的函数类型是 Linux 系统所定义的标准中断处理函数：

```
typedef  void(*irq_handler)(int irq,void * dev_id,struct pt_regs *regs);
```

注意到中断登记时传递了一个 dev_id 的指针。该指针将在每次中断时当做参数传递给中断例程，它是与设备相关联的私有数据。驱动程序的设计者可以通过这一机制向中断处理例程传递任意想要传递的参数。

flags 用于设置该中断的一些特性，例如：快速处理程序（flags 里设置了 SA_INTERRUPT）还是慢速处理程序（不设置 SA_INTERRUPT），快速处理程序运行时，所有中断都被屏蔽，而慢速处理程序运行时，除了正在处理的中断外，其他中断都没有被屏蔽。在 Linux 系统中，中断可以被不同的中断处理程序共享，这要求每一个共享此中断的处理程序在申请中断时，在 Flags 里设置 SA_SHIRQ。

第 7 章

WinCE 的驱动模型

7.1 WinCE 驱动类型

WinCE 系统整个驱动的概况如图 7-1 所示。

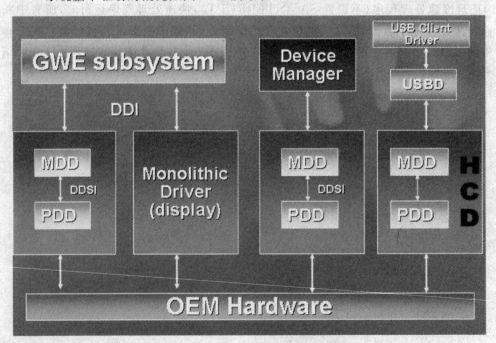

图 7-1 WinCE 驱动内部框图

由图 7-1 中可以看出,WinCE 的核心分为几大独立的系统,由于各部分的功能不同,所要求驱动提供的接口也不同。主要有:

GWES(Graphics,Windows,Event Subsystem-图形窗口事件子系统)。这个系统为用户提供窗口消息驱动的可视化图形编程接口,应用程序使用 GWES 提供的专门 API 进行图形化接口的编程。

另一大类是由 Device Manager（设备管理器）管理的驱动，这部分系统有点像前面讨论的 I/O 系统，它管理流式字符型设备以及随机存储的块设备。

可以看到，WinCE 也有像 USB 这类的总线设备驱动，除此之外，在图 7-1 上没有显示出针对网络编程应用的网络驱动。

WinCE 驱动的内部实现有两种层次结构。一种是单一模式，一种是两层结构（MDD+PDD）。对于后一种情况，WinCE 在驱动内部进一步实现软件分层，把与不同硬件厂商公用的软件，主要是逻辑结构处理的那些功能独立出来，作为通用的实现提供给 OEM 驱动开发者，而对于与硬件相关的部分则使用 PDD 来实现，这样就极大地减轻了开发驱动的工作量。硬件驱动的开发者只需要实现那些与硬件设备相关的处理，而不必关心上层的逻辑实现以及与一些复杂协议相关的软件实现。

7.2 设备管理器及其驱动模型

下面着重考察设备管理器所管理的那部分驱动。因为这部分驱动与前几章讨论的模型类似，所以通过这些分析，可以找出不同的嵌入式操作系统的共性，认识它们本质的相同点。只要掌握了其实质，掌握了其中一个系统，其他的系统就可以举一反三，自行对照分析。

在本节中，重点考查 Windows 注册表数据库在驱动管理中的作用。

由前面的讨论可知，VxWorks 依赖于 I/O 系统中建立的驱动表（driver table）以及设备链表（device list）来建立用户程序与对应驱动之间的关联。为此驱动必须在加载的过程中注册驱动，并创建设备，随后应用程序才可能通过系统提供的 open() 调用打开一个设备。而 Linux 只在系统中注册驱动，在驱动表里包含了主设备号，把设备的信息存放在磁盘文件系统中。用户程序的 Open 调用首先通过磁盘文件系统中的设备文件转换为相应的设备号（主设备号和次设备号），然后由 I/O 系统定位到相应驱动实现的实际操作，随后对文件的操作都基于文件描述符表中的文件号。

在处理设备名字与驱动的关联方面，WinCE 则依赖于注册表数据库来实现。WinCE 使用一个设备名字前缀来定位驱动。这个设备名字前缀由 3 个大写字母组成，不同类型的设备使用不同的名字。在这个设备名之后可以跟一个 0~9 的数字，所以 WinCE 同一个驱动最多可以支持 10 个设备。当应用程序使用一个设备名前缀加上一位数字后缀作为设备文件名试图打开一个设备时，I/O 系统中的设备管理器就在注册数据表中搜索，找到相应的注册数据表项，然后根据 Dll 键值找到相应的驱动文件，如果这个驱动库还没加载到系统，这个时候设备管理器就加载它。如果这个驱动已经加载，则设备管理器就把这个 IO 请求定位到相应的驱动上。应用程序与设备驱动的交互如图 7-2 所示。

由此看出，WinCE 没有使用动态注册的机制，而是采用静态的注册数据库来建立设备文件与设备驱动之间的关联。

第 7 章 WinCE 的驱动模型

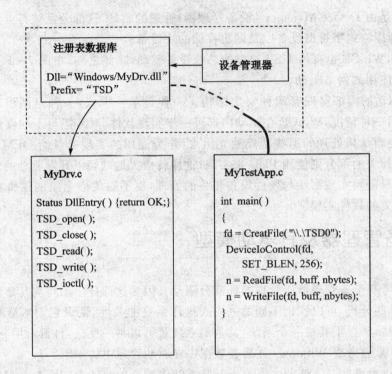

图 7 - 2 WinCE 系统中应用程序与设备驱动的交互

第三篇 BSP/OAL 篇

本书的第二篇详细讨论了驱动设计的模型,通过第二篇的学习,读者应该掌握了嵌入式系统软件中基础模块的设计方法。第三篇中将讨论整个嵌入式系统软件平台的构造方法。本篇将详细介绍板级支持包开发中的核心设计元素,通过对这些核心元素设计的介绍,读者可以举一反三理解整个系统平台的移植与开发。

第8章

BSP 的基本概念

BSP 全称叫板级支持开发包(Board Support Package)。板级支持包,顾名思义,它是为目标板运行某个嵌入操作系统平台所提供的基本软件支持包。为了弄清楚 BSP,先看看 BSP 与 Drivers 之间的联系与区别。

8.1 BSP 与驱动

人们经常谈到 BSP 与驱动(driver),这二者有什么区别与联系呢? 首先,BSP 是一个体现操作系统设计分层的概念。一般情况下,嵌入式操作系统(如:VxWorks,Linux,WinCE)供应商,他们提供和维护了操作系统核心,即:那些公共的、与设备无关的中间层系统代码。由于每个硬件平台所使用的 SoC 芯片不同,每个厂商选择的外围器件以及电路板的连接和配置的不同,那么不同开发板或是不同产品所使用的软件就会千差万别。

BSP 就是为了在嵌入设备上运行通用的操作系统平台,针对特定的硬件平台所开发的支持(supporting)软件。将这部分专用软件集成到希望运行的操作系统核心,就可以构建一个完整的、运行于目标板上的嵌入式操作系统。

简单地说,BSP 就是为了在特定的硬件平台上实现一个特定的嵌入式操作系统所必须实现的底层软件包。这个软件包里包含了完整的、启动运行一个嵌入式操作系统所必须的程序,包括最基本的系统管理,整个系统的资源分配与管理以及最小的输入/输出设备的驱动的集合。例如:必需的定位点或键盘输入设备、显示输出设备的驱动,DMA 的管理程序,中断管理、电源管理、总线驱动和存储设备驱动等。由此看来,BSP 里面包含很大一部分驱动,它们是构成一个相对实用的 OS 所必不可少的。除了 BSP 里面所包含的基本驱动模块之外,还需要一些可选的外围设备的驱动,或是第三方软件硬件的支持,即插即用的支持,从而对基本的操作系统平台的工作能力加以扩展。这部分设备驱动程序,或是第三方软件可以独立于基本的操作系统平台,可以分立单独开发,可以把这些驱动看做是对于基本操作系统实现的扩展。

由此看来,如果要对 BSP 与 Driver 有所区分的话,那就是 BSP 包含了 OS 正常运行所必须的驱动(driver),而 Driver 是对 BSP 的进一步扩展。总之,板级支持包和设备驱动都是构建一个嵌入式软件产品所必须的系统软件。

8.2 BSP 开发的目标任务

概括说来,BSP 所实现的功能包括但不限于以下功能:
- 系统的启动与初始化;
- 底层硬件的 I/O 访问;
- 系统资源的重映射与分配管理;
- 系统内存(DRAM,或 DDR)控制器的初始化;
- CPU 时钟,Cache 的管理;
- 中断的分配与管理;
- 与 CPU 相关的,中断的处理,异常的处理,虚拟内存的管理;
- DMA 的管理与驱动,时钟中断的处理;
- 总线驱动,UART 串口,常用于调试,键盘、显示屏等的驱动;
- Boot‐loader,用于启动系统,下载,以及加载操作系统内核。

第 9 章

BSP 的设计要素

在这一章里,将讨论 BSP 设计中的一些基本要素。由于 BSP 设计所涉及到的概念非常庞大,要实现的功能也非常多,各个系统所包含的硬件和软件组件都千差万别,限于能力和经验的限制,笔者不可能对所有软件元素都一一分析。本章中将以中断的处理、异常的处理和设备的访问,以点带面地讲解如何设计系统程序。

对于 BSP 设计中所要遇到的外围设备的驱动设计,第二篇中所讲的驱动模型,在 BSP 设计中同样适用。如前所述,BSP 中也包含了大量最基本的设备驱动。

除了这些最基本的设备驱动外,BSP 中主要要考虑的是整个系统资源的配置与管理。各个系统硬件资源不一样,初始化的方式也不一样。读者在实际开发中,应该结合硬件资料,参照 8.2 节中所介绍的 BSP 的开发任务逐步实现所有的软件功能。

9.1 中断处理

设备中的一个重要机制是使用中断,中断在大多数设备中都被使用。驱动中的一个重要工作就是中断到来后的事务处理。

图 9-1 显示了一个完整的中断处理的框架。由前面的讲述可知,在驱动的初始化过程中,需要注册中断处理向量。一个系统的中断向量表至少会有两项,第一项是索引,第二项是中断处理例程的入口。这个中断向量表应该位于 BSP 中,它属于 kernel 的一部分。中断处理例程就是一个回调函数,当有对应于某个设备的硬件中断到来时,BSP 的总控中断处理例程就会调用这个回调函数。

9.1.1 物理中断号与逻辑中断号

物理中断号是与中断控制器相关联的。在没有中断控制器扩展的情况下,它们就是 CPU 所能处理的硬件中断。现代的 SoC 系统中,外部设备很多,所以往往都需要中断控制器对 CPU 的中断作扩展。

那么为什么还要有一个逻辑中断号呢? 其原因是,在一些复杂系统中,有一些中断是复用的,在这个时候,一个物理中断线(在中断控制器中进行扩展之后的中断线)仍然可以对应两个

第 9 章 BSP 的设计要素

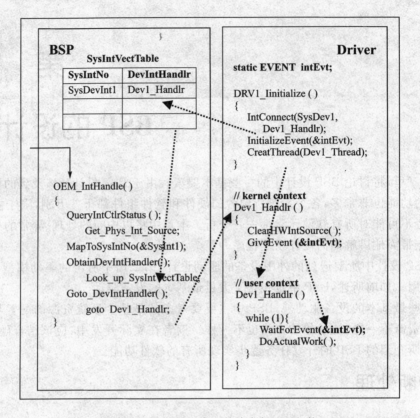

图 9 - 1 驱动程序中完整的中断处理架构

或两个以上的设备。例如:PCI 总线上的设备,其中断线就是可以复用的。

在中断复用的情况下,仅仅使用物理中断来区分不同的中断处理例程是不够的。当然,如果系统中从来没有中断复用的情况,那么可以把逻辑中断号定义为与物理中断号一样。

在 SoC 系统中,物理中断用来区分硬件设备产生的中断源。而逻辑中断则是用来登记和区分设备的中断处理例程。所以在注册中断时,必须使用逻辑中断号,这是在 BSP 的 OAL 开发包中定义的。在驱动开发时,需要查询 BSP 设计文档,以寻求开发的设备所使用的逻辑中断号,而不是通过查询物理中断号来注册中断。

操作系统内核提供了从逻辑中断号到物理中断号的映射。

9.1.2 CPU 中断与中断控制器扩展

上面的讨论中谈到了中断控制器的扩展。对于一个 SoC CPU,它往往有一个或多个硬件中断输入。ARM 有一个 IRQ,有一个 FIRQ。而 MIPS 有 8 级外部中断,但其中的两个保留为软中断使用,因此外部真正能使用的硬件中断只有 6 个,它们是可以设置优先级的,有些

MIPS 的处理器又扩展了 8 个硬件中断线,这些硬件中断线是直接连到到 CPU 的,所以它们的处理速度非常快。在 MIPS 架构里,时钟中断就是连接到 CPU 的中断上的。

对于每一个 CPU 中断输入线,CPU 内部都有相应的中断允许位以及中断屏蔽位来对外部中断的输入进行允许与屏蔽。但值得注意的是,中断的允许与屏蔽只是隔离了中断源向 CPU 请求中断,它并不能阻止一个设备向外产生中断请求。所以当系统处于初始化引导过程中,一旦打开中断允许,这个时候如果有某个设备有等待中断服务的请求,则中断会立即传递到 CPU,因此在早期系统的初始化过程中,CPU 的中断允许位一直需要禁止。

对于 CPU 的每一个中断输入线,CPU 内部都有一个中断矢量,一旦对应的中断到来,CPU 的控制就会自动跳转到中断向量对应的中断处理例程,而无需由 CPU 执行一条跳转指令。在 BSP 中,需要做的工作就是在所有 CPU 的中断向量里填入正确的入口函数的地址。

可以把 CPU 的中断输入线理解为一级中断,而通过中断控制器扩展的中断输入线理解为二级中断。一个中断控制器的中断请求输出将会连接到 CPU 中断输入线中的某一个。

9.1.3 中断源的查找

当 CPU 接收到外部中断之后,在中断处理例程中,应该检测 CPU 的状态寄存器,如 STATUS 或 CAUSE 寄存器,以确定是哪条中断线上引起的硬件中断。

如果某个 CPU 中断对应的是多个实际的物理中断(例如是通过中断器扩展的中断,或是一个复用了的中断。)这时 CPU 无法知道究竟是哪一个设备产生的中断。针对这两种情况,BSP 中有两种处理方式:

① 如果使用了中断控制器扩展,则在中断处理例程中,需要检查中断控制器的状态寄存器,以确定中断源。

② 如果是中断复用,在没有状态寄存器可以查找时,一个解决的办法就是把连接到这条中断线上的所有中断回调函数都依次调一次。

在后一种情况下,当一个驱动的中断处理例程被调用执行时,并不一定是这个设备真正产生了中断。对于这种情况,只需要忽略这次调用。BSP 的集中控制处理函数会继续尝试调用另一个驱动的中断回调例程。所以,为了保险起见,在一个驱动的中断处理例程中,经常检查自身设备是否产生中断是一个很好的习惯。

总之,中断源的查找是从 CPU 的中断状态寄存器开始,一直到中断扩展控制器的状态寄存器的层层查找,遇到中断复用的情形,真实中断源的确定,则留待驱动去确认,以判断是不是自身设备所产生的中断。

一旦获得了物理中断源,BSP 内部就会把它转换到相应的逻辑中断,将这个逻辑中断号作为索引去查找系统的中断向量表,获取驱动注册中断请求时提供的入口函数的地址,从而控制转移到相应的处理函数。

9.1.4 中断处理线程

在上面的驱动框架中可看到，在驱动的初始化例程中，创建了一个内核线程。在这个线程中等待设备中断事件的产生。中断事件是由中断处理例程所产生的。

为什么要使用这种结构呢？其主要原因是：由于中断机制是实时系统的枢纽，在中断处理例程中尽量做快速、短暂的处理，而把占用时间较长的繁杂处理放到一个线程的上下文。在一些系统中，中断嵌套是不允许的，或是实现起来很复杂。如果对于一个设备的服务需要占用很长的时间去处理，就会延迟嵌入式实时系统对于系统中其他紧要服务响应，这对于实时系统来说是不允许的。

举例说：一个网卡接收到了一个很大的数据包，驱动程序中需要对这个数据包进行复制。更有甚者，需要对这个数据包进行分析，看它是什么样的包，是不是传给这台主机的，最后需要把有用的数据放在相应的队列里。这一过程往往需要很长的时间去处理。这个时候，如果一个中断服务占用很长的时间，那么，一些实时的，比如实时音频或实时视频，或是实时通信就得不到及时的响应，造成临时的断续。

为了解决这个问题，需要把服务时间长，而任务不是很紧要的处理放在一个线程中去做，以便及时响应系统中的其他中断或是运行系统中优先级更高的应用。

在线程中处理一些硬件事务的另一个好处是，由于它处在一个线程的上下文，系统提供的很多服务例程都是可以使用的。

9.2 CPU 异常

初次接触系统软件的工程师对中断的概念比较熟，但是对于异常的名字会产生一种错觉，或是一种恐惧。其实这里所谈及到的异常与应用程序编程中遇到程序执行时的非法操作的异常是完全不同的两种概念。

CPU 异常（exceptions）是现代 SoC 系统中实现操作系统的必要机制。引入 CPU 异常的目的是为了系统能够执行某种特殊任务，或是处理一些特殊情况（包括出错的情况），需要由 CPU 去进行干预，从而保证系统能正常运行，保证系统的完整性，以及系统对外部事件处理的并发性。

举例来说，一部分程序没有被装入内存，当 CPU 进行地址分析时，发觉一条指令或是一个数据没法被装载。这时，CPU 就会产生一个异常，而异常的处理需要由控制程序来完成。CPU 异常的控制程序就是 BSP 开发人员所要实现完成的那部分异常服务程序，它与中断服务程序类似。

CPU 异常有很多的源，包括上面讲到的内存的管理，以及 TLB 进行地址转换时未命中，算术运算的溢出，除数为 0 的溢出，I/O 中断（也可以认为是异常的一种），系统调用，不支持或是无法正确译码的指令,电源键按下,或是软件的复位等,它们都会导致 CPU 无法正确执行当前的操作,CPU 控制需要转入异常服务程序。

当产生异常的时候,CPU 会搜集异常处理所必须的信息,禁止新的硬件中断的产生,保存当前程序执行地址,然后将控制转入到一个特定的异常服务程序的入口。

异常服务程序称之为:Exception Handler,它首先需要保存当前程序运行的工作上下文(the context of the processor),包括:程序计数器、CPU 当前的工作模式(如:用户模式,或是特权模式等)、中断的状态标识(是禁止的,还是允许的)等。除此之外,异常处理程序还需要保存异常处理过程中需要用到的 CPU 内部寄存器的当前值,如果需要调用外部的 C 函数或是别的外部函数,最好是将所有的寄存器的值都保存起来,以免函数调用的时候被破坏。

这些上下文的恢复是通过执行一条 ERET(Exception Reset)指令来完成的。但是注意到,ERET 只是恢复那些 CPU 状态相关的上下文,对于诸如通用寄存器的恢复还得按保存时的顺序在执行 ERET 之前手动恢复。

当异常处理完成返回时,根据异常处理的情况以及异常的种类,CPU 控制返回到被处理过的后一条指令,或是发生异常的那条指令继续执行。

需要指出的是:中断是 CPU 异常的一种,如果没有特别的说明,在下面的讨论中异常包含了中断,中断是异常的一种特例。

9.2.1 异常向量表

本小节以 MIPS 为例,主要说明异常的处理原理机制。ARM 体系的异常处理与之类似,读者可以举一反三地进行分析。

在 MIPS 体系中,异常的入口很多,有一些是保留的,其入口地址分散在 0x400 字节的地址范围。而 ARM 的异常只有 8 种,分布在起始地址开始的 56 字节。

下面看一下,在 ROM 中,一些常见的异常向量表的定义:

```
#define RVECENT(f,n) \
    b f; nop
#define XVECENT(f,bev) \
    b f; li k0,bev
_romInit:
    .set    noreorder
    RVECENT(__romInit,0)                /* Power-ON 入口点 */
romWarmInit:
_romWarmInit:
    RVECENT(romReboot,1)                /* 软件重启(reboot)*/
    RVECENT(romReserved,2)
    RVECENT(romReserved,3)
```

```
        RVECENT(romReserved,4)
        RVECENT(romReserved,5)
        RVECENT(romReserved,6)
        RVECENT(romReserved,7)
        RVECENT(romReserved,8)
        RVECENT(romReserved,9)
        RVECENT(romReserved,10)
        RVECENT(romReserved,11)
        RVECENT(romReserved,12)
        RVECENT(romReserved,13)
        RVECENT(romReserved,14)
        RVECENT(romReserved,15)
        RVECENT(romReserved,16)
        RVECENT(romReserved,17)
        RVECENT(romReserved,18)
        RVECENT(romReserved,19)
        RVECENT(romReserved,20)
        RVECENT(romReserved,21)
        RVECENT(romReserved,22)
        RVECENT(romReserved,23)
        RVECENT(romReserved,24)
        RVECENT(romReserved,25)
        RVECENT(romReserved,26)
        RVECENT(romReserved,27)
        RVECENT(romReserved,28)
        RVECENT(romReserved,29)
        RVECENT(romReserved,30)
        RVECENT(romReserved,31)
#if (CPU == R3000)
        XVECENT(romExcHandle,0x100)  /* bfc00100: R3000 UTLB 错失的向量 */
#else
        RVECENT(romReserved,32)
#endif   /* CPU == R3000 */
        RVECENT(romReserved,33)
        RVECENT(romReserved,34)
        RVECENT(romReserved,35)
        RVECENT(romReserved,36)
        RVECENT(romReserved,37)
        RVECENT(romReserved,38)
```

```
    RVECENT(romReserved,39)
#if (CPU == R33000 || CPU == R33020)
    XVECENT(romExcHandle,0x140)  /* bfc00140: LR330x0 调试的向量 */
#else
    RVECENT(romReserved,40)
#endif    /* CPU == R33000 || CPU == R33020 */
    RVECENT(romReserved,41)
    RVECENT(romReserved,42)
    RVECENT(romReserved,43)
    RVECENT(romReserved,44)
    RVECENT(romReserved,45)
    RVECENT(romReserved,46)
    RVECENT(romReserved,47)
#if (CPU == R3000 || CPU == R33000 || CPU == R33020)
    XVECENT(romExcHandle,0x180)  /* bfc00180: R3000 一般异常的向量 */
#else
    RVECENT(romReserved,48)
#endif    /* CPU == R3000 || CPU == R33000 || CPU == R33020 */
    RVECENT(romReserved,49)
    RVECENT(romReserved,50)
    RVECENT(romReserved,51)
    RVECENT(romReserved,52)
    RVECENT(romReserved,53)
    RVECENT(romReserved,54)
    RVECENT(romReserved,55)
    RVECENT(romReserved,56)
    RVECENT(romReserved,57)
    RVECENT(romReserved,58)
    RVECENT(romReserved,59)
    RVECENT(romReserved,60)
    RVECENT(romReserved,61)
    RVECENT(romReserved,62)
    RVECENT(romReserved,63)
#if (CPU == R4000)
    XVECENT(romExcHandle,0x200)  /* bfc00200: R4000 TLB 错失的向量 */
#else
    RVECENT(romReserved,64)
#endif
    RVECENT(romReserved,65)
```

```
    RVECENT(romReserved,66)
    RVECENT(romReserved,67)
    RVECENT(romReserved,68)
    RVECENT(romReserved,69)
    RVECENT(romReserved,70)
    RVECENT(romReserved,71)
    RVECENT(romReserved,72)
    RVECENT(romReserved,73)
    RVECENT(romReserved,74)
    RVECENT(romReserved,75)
    RVECENT(romReserved,76)
    RVECENT(romReserved,77)
    RVECENT(romReserved,78)
    RVECENT(romReserved,79)
#if (CPU == R4000)
    XVECENT(romExcHandle,0x280) /* bfc00280: R4000 XTLB 错失的向量 */
#else
    RVECENT(romReserved,80)
#endif
    RVECENT(romReserved,81)
    RVECENT(romReserved,82)
    RVECENT(romReserved,83)
    RVECENT(romReserved,84)
    RVECENT(romReserved,85)
    RVECENT(romReserved,86)
    RVECENT(romReserved,87)
    RVECENT(romReserved,88)
    RVECENT(romReserved,89)
    RVECENT(romReserved,90)
    RVECENT(romReserved,91)
    RVECENT(romReserved,92)
    RVECENT(romReserved,93)
    RVECENT(romReserved,94)
    RVECENT(romReserved,95)
#if ((CPU == R4000) || (CPU == R4650))
    XVECENT(romExcHandle,0x300) /* bfc00300: R4000 缓存(cache)处理的向量 */
#else
    RVECENT(romReserved,96)
#endif
```

```
    RVECENT(romReserved,97)
    RVECENT(romReserved,98)
    RVECENT(romReserved,99)
    RVECENT(romReserved,100)
    RVECENT(romReserved,101)
    RVECENT(romReserved,102)
    RVECENT(romReserved,103)
    RVECENT(romReserved,104)
    RVECENT(romReserved,105)
    RVECENT(romReserved,106)
    RVECENT(romReserved,107)
    RVECENT(romReserved,108)
    RVECENT(romReserved,109)
    RVECENT(romReserved,110)
    RVECENT(romReserved,111)
#if ((CPU == R4000) || (CPU == R4650))
    XVECENT(romExcHandle,0x380) /* bfc00380：R4000 一般异常的向量 */
#else
    RVECENT(romReserved,112)
#endif
    RVECENT(romReserved,113)
    RVECENT(romReserved,114)
    RVECENT(romReserved,115)
    RVECENT(romReserved,116)
    RVECENT(romReserved,116)
    RVECENT(romReserved,118)
    RVECENT(romReserved,119)
    RVECENT(romReserved,120)
    RVECENT(romReserved,121)
    RVECENT(romReserved,122)
    RVECENT(romReserved,123)
    RVECENT(romReserved,124)
    RVECENT(romReserved,125)
    RVECENT(romReserved,126)
    RVECENT(romReserved,127)

    /* 假定没有别的保留的向量,则：
     * 128 * 8 == 1024 == 0x400
     * 因此这里的地址是:R_VEC + 0x400 == 0xbfc00400
     */
```

第 9 章 BSP 的设计要素

虽然上面的写法有点繁琐,但它帮助读者清楚地看到 ROM 中前 1 000 个字节实际上是异常和中断向量的入口,而很多异常的入口是被保留的,目前 MIPS 只使用了有限的几个。MIPS 保留这么大一块向量表的做法有点费解。

下面看一个比较简洁的写法:

```
    .ent    reset_exception
reset_exception:
    .set noreorder
    .set noat

    b       prestart            # Reset 入口点
    move    k0,zero
    b       prestart            # VxWorks 重启(Reboot)入口点
    move    k0,zero
    b       __start             # ITROM 第二个入口点
    move    k0,zero
    .set reorder

/* 上电启动的异常处理向量
 */
    .origin 0x100               /* bfc00100: r3000 UTLB 错失 */
r3k_utlb_bev

    .origin    0x140            /* bfc00140: lr33000 调试 */
lr33k_dbg_bev

    .origin 0x180               /* bfc00180: r3000 一般的异常 */
r3k_gen_bev

    .origin 0x200               /* bfc00200: r4000 TLB 错失 */
r4k_tlb_bev

    .origin 0x280               /* bfc00280: r4000 XTLB 错失 */
r4k_xtlb_bev

    .origin 0x300               /* bfc00300: r4000 缓存(cache)出错 */
r4k_cache_bev

    .origin 0x380               /* bfc00380: r4000 一般的异常 */
r4k_gen_bev

    .end    reset_exception
```

在这个例子中,注意到程序里面有很多伪指令:.origin 0x???,它强制下一条指令或数据从相对偏移为"???"地址开始的地方开始存放。而对照 MIPS 的体系架构,可以看出 0x000 的位置就是 Power-On Reset 的起始入口;同样,0x100 是 TLB 未命中时的入口,0x180 是一般异常的入口,0x300 是 cache 错误。同样还看到 R3000,R4000 系列的异常入口有一些差异,而在这一个表中都可以统一定义。

除了在这里定义了各种异常的入口表之外,这段代码的前面部分,在两个实际异常之间的空白处,实际上还可以放入其他指令,由此可以想象,对于快速的处理或是一些预处理,就可以放在中断向量表的空白处处理完毕,那样的好处是不用保存大量的现场,不用进行控制跳转来增加额外的 CPU 处理时间。

9.2.2 向量表的安装

有些时候,需要用系统中新的异常处理例程取代老的处理例程,这时就需要使用新的向量去覆盖旧的向量,或者是如上一小节所述,直接将短小的异常预处理,比如说将异常分发程序段复制到 CPU 的向量表。如下代码片段所示:

```
    .text
/*************************************************************
*   testExcVecInit - 重载通常的异常向量
*
*   这个函数在 excVecInit 被调用之后,以重载通常
*   向量地址 0x80000080 处的异常处理程序。
*/
    .globl     testExcVecInit
    .ent       testExcVecInit
testExcVecInit:
    subu       sp,24
    sw         ra,20(sp)

    la         a0,testExcNormVec        //新的通用处理函数－源地址
    li         a1,E_VEC                 // E_VEC = 0x80000080－目标地址
    lw         a2,testExcNormVecSize    //新的通用处理函数的长度
    srl        a2,2
    jal        bcopyLongs               //复制

    /*
    *  * 使指令缓存(ICache)无效,以便新的数据在下次异常到来的时候
    *  * 可以被当作指令读取。
    */
    li         a0,E_VEC                 //清除从 0x8000080 开始的一段的指令缓存
    lw         a1,testExcNormVecSize
    jal        cacheTextUpdate

    lw         ra,20(sp)
```

```
        addu    sp,24
        j       ra
        .end    testExcVecInit
// 下面是新的异常处理函数的例子
/***********************************************************
 * void testExcNormVec()
 */
    .comm   savedK1,4
    .ent    testExcNormVec
    .set    noreorder
    .set    noat
testExcNormVec:
    la      k0,savedK1
    sw      k1,0(k0)                    //询产生异常的原因
    mfc0    k0,C0_CAUSE                 /* grab cause register */
    lw      k1,areWeNested              /* grab value in delay slot */
    andi    k0,CAUSE_EXCMASK            /* look at exception bits */
    bne     k0,zero,1f                  /* zero == interrupt */
    nop
    la      k0,myExcIntStub             //跳转到中断处理例程
    j       k0                          /* jump to interrupt handler */
    nop
1:  lw      k1,savedK1
    la      k0,myExcStub                //跳转到异常处理例程
    j       k0                          /* jump to exception handler */
    nop
testExcNormVecEnd:
    .set    at
    .set    reorder
    .end    testExcNormVec
    .sdata
testExcNormVecSize:                     //计算异常分发处理程序的长度
    .word   testExcNormVecEnd - testExcNormVec
    .text
```

Linux 异常的初始化

接下来看一下 Linux 操作系统中异常向量表的安装过程。Linux 的异常向量的初始化的入口函数是：trap_init( )，如下代码片段所示：

```c
void __init trap_init(void)
{
    extern char except_vec1_generic, except_vec2_generic;
    extern char except_vec3_generic, except_vec3_r4000;
    extern char except_vec4;
    extern char except_vec_ejtag_debug;
    unsigned long i;

    /* 一些固件程序没有清除 BEV 标志,这里清除它 */
    clear_cp0_status(ST0_BEV);

    /* 复制通用的异常处理例程代码到它们最终的异常地址。*/
    memcpy((void *)(KSEG0 + 0x80), &except_vec1_generic, 0x80);
    memcpy((void *)(KSEG0 + 0x100), &except_vec2_generic, 0x80);
    memcpy((void *)(KSEG0 + 0x180), &except_vec3_generic, 0x80);
    flush_icache_range(KSEG0 + 0x80, KSEG0 + 0x200);
    /*
     * 设置默认的中断向量
     */
    for (i = 0; i <= 31; i++)
        set_except_vector(i, handle_reserved);

    /* 复制 EJTAG 调试异常处理例程代码到它最终的异常地址 */
    */
    if (mips_cpu.options & MIPS_CPU_EJTAG)
        memcpy((void *)(KSEG0 + 0x200), &except_vec_ejtag_debug, 0x80);

    /* 只有部分 CPU 有 watch 异常,或使用一个明确的中断向量 */
    */
    watch_init();

    /*
     * 有些 MIPS CPU 使用一系统明确的中断向量地址,以减少
     * 中断处理的额外开销,如果有的话就使用它们。
     */
    if (mips_cpu.options & MIPS_CPU_DIVEC) {
        memcpy((void *)(KSEG0 + 0x200), &except_vec4, 8);
        set_cp0_cause(CAUSEF_IV);
    }

    /*
     * 有些 CPU 可以使能/或禁止缓存(cache)的极性,但是它们使用
     * 不同的方式。
```

```
         */
        parity_protection_init();

        set_except_vector(1,handle_mod);
        set_except_vector(2,handle_tlbl);
        set_except_vector(3,handle_tlbs);
        set_except_vector(4,handle_adel);
        set_except_vector(5,handle_ades);

        /*
         * 数据总线错/指令总线错是由外部硬件通知的,所以这 2 个异常
         * 有板级特定的向量。
         */
        set_except_vector(6,handle_ibe);
        set_except_vector(7,handle_dbe);
        ibe_board_handler = default_be_board_handler;
        dbe_board_handler = default_be_board_handler;

        set_except_vector(8,handle_sys);
        set_except_vector(9,handle_bp);
        set_except_vector(10,handle_ri);
        set_except_vector(11,handle_cpu);
        set_except_vector(12,handle_ov);
        set_except_vector(13,handle_tr);

        if (mips_cpu.options & MIPS_CPU_FPU)
            set_except_vector(15,handle_fpe);
        if (mips_cpu.options & MIPS_CPU_MCHECK)
            set_except_vector(24,handle_mcheck);
}
```

有了上面的分析,这段代码的意图应该很清楚,在此不在赘述。在这里,主要关注类似于:

```
        set_except_vector(1,handle_mod);
        set_except_vector(2,handle_tlbl);
        set_except_vector(3,handle_tlbs);
        set_except_vector(4,handle_adel);
        set_except_vector(5,handle_ades);
        ……
```

的代码。它们安装异常处理的矢量,即是说把异常处理函数的入口地址逐个填写到 CPU 规定的异常产生时 CPU 的起始执行地址。

9.2.3 异常处理代码实例

本小节以中断作为例子,分析在一个实际的 Linux 中,BSP 底层中断的分发及处理的完整过程。

下面的例子是使用 ITE 公司的 IT8172G 中断控制器。通过这个例子,读者可了解底层中断的处理、中间层的派发以及上层(Driver 级)的处理。

图 9-2 显示了 IT8172G 中断控制器的内部框图,关于 IT8172G 以及其中断控制器的详细介绍这里不作讨论。有兴趣的读者请参见"IT8172G Ultra RISC Companion Chip"文档。

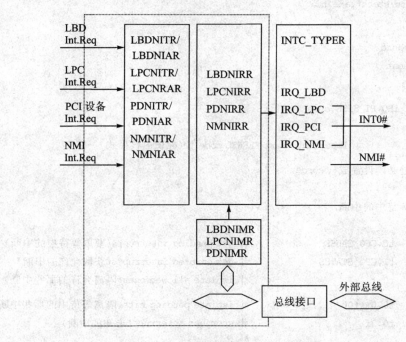

图 9-2　IT8172G 中断控制器内部框图

IT8172G 中断控制器外部可以接大量中断源,大体上分成 4 组,一组是 Local Bus Device 中断源;第二组是 LPC 设备;第三组是 PCI 设备;第四组是非屏蔽中断(NMI)。

在内部,IT8172G 中断控制器有多组寄存器来设置各个中断源的触发模式(trigger mode),有逐个允许或禁止的中断屏蔽寄存器以及中断请求寄存器。后者指示了当前外部有哪一个,或是哪几个中断源发出了中断请求。

在 IT8172G 中断控制器的输出端,IT8172G 将所有的可屏蔽中断的请求连接到 CPU 的 INT0# 号中断输入线,而把 IT8172G 的非屏蔽中断的输出连接到 CPU 的非屏蔽中断的输入线。

下面看具体的代码实现。

第9章 BSP的设计要素

文件 int-handler.S 是中断处理中 low-level 级别的处理,即中断到来时,CPU 最先执行的处理工作。

```
/****************************************************************
 *   int-handler.S
 ****************************************************************/
#include <asm/asm.h>
#include <asm/mipsregs.h>
#include <asm/regdef.h>
#include <asm/stackframe.h>

    .text
    .set    macro
    .set    noat
    .align  5

NESTED(it8172_IRQ,PT_SIZE,sp)
    SAVE_ALL
    CLI                 # Important: mark KERNEL mode!(标识内核模式)

    /* 在此处必须设置成 'reorder' */
    /*
     * 获取等待中的中断
     */
    mfc0    t0,CP0_CAUSE        # get pending interrupts(获取等待中的中断)
    mfc0    t1,CP0_STATUS       # get enabled interrupts(获取允许的中断)
    and     t0,t1               # isolate allowed ones(隔离允许的那些中断)

    andi    t0,0xff00           # isolate pending bits(隔离等待中的那些中断)
    beqz    t0,3f               # spurious interrupt(未知的中断)

    andi    a0,t0,CAUSEF_IP7
    beq     a0,zero,1f
    move    a0,sp
    jal     local_timer_interrupt
    j       ret_from_irq
    nop

1:
    andi    a0,t0,CAUSEF_IP2    # 这里仅剩下期待处理的中断
    beq     a0,zero,3f
    move    a0,sp
    jal     it8172_hw0_irqdispatch
```

```
        mfc0        t0,CP0_STATUS           # 禁止中断
        ori         t0,1
        xori        t0,1
        mtc0        t0,CP0_STATUS
        nop
        nop
        nop
        la          a1,ret_from_irq
        jr          a1
                    nop
3:
        move        a0,sp
        jal         mips_spurious_interrupt
                    nop
        la          a1,ret_from_irq
        jr          a1
            nop

END(it8172_IRQ)
```

其中 NESTED(it8172_IRQ,PT_SIZE,sp) 是一条宏定义，宏的第一个参数是函数名，后两个参数指示出在中断进入时要为该中断处理函数保留一定地址空间的内存，以供局部变量使用。

接下来的宏 SAVE_ALL 就是保存所有 CPU 的通用寄存器，CLI 清除中断允许。然后从 CAUSE 和 STATUS 寄存器里获取当前产生中断的中断源的信息，并进行分析，如果是，时钟中断就跳到时钟中断处理例程，如果不是，就跳转到 it8172_hw0_irqdispatch()，这一部分就是需要中断控制器进行判断和进一步处理的，后面将对此进一步讲解。

与进入中断的处理相对的是，从中断返回的处理，在每一个中断处理的末尾都有一句 JMP ret_from_irq。这一部分程序，在"Entry.S"中定义，可以想像，它需要恢复所有的通用寄存器，需要恢复中断请求允许（在 STATUS 中），需要恢复 CPU 先前的工作模式状态（Kernel 态，还是用户态），需要恢复栈寄存器（SP），最后从中断返回跳转（IRET）。

代码片段如下所示：

```
/****************************************************************
 *  Entry.S
 ****************************************************************/

EXPORT(ret_from_irq)
EXPORT(ret_from_exception)
```

第9章 BSP 的设计要素

```
            lw      t0,PT_STATUS(sp)        # 返回到内核模式?
            andi    t0,t0,KU_USER
            bnez    t0,ret_from_sys_call
            j       restore_all
reschedule: jal     schedule
EXPORT(ret_from_sys_call)
            .type   ret_from_irq,@function
# 是否需要重调度或信号原子测试
            mfc0    t0,CP0_STATUS
            ori     t0,t0,1
            xori    t0,t0,1
            mtc0    t0,CP0_STATUS
            nop; nop; nop
            lw      v0,TASK_NEED_RESCHED($28)
            lw      v1,TASK_SIGPENDING($28)
            bnez    v0,reschedule
            bnez    v1,signal_return
            FEXPORT(restore_all)
restore_all:    .set    noat
            RESTORE_ALL_AND_RET
            .set    at
```

与 9.2.3 小节所介绍的异常向量矢量安装类似,也需要对中断矢量进行安装,本例中,IT8172G 中断控制器的输出端连接到 CPU 的中断输入线 0,所以在 init_IRQ( )函数中,有如下初始化语句:

set_except_vector(0,it8172_IRQ);

与 9.2.3 小节类似,set_except_vector( )的第一个参数是矢量号。

```
/***************************************************************
 *   irq.c
 ***************************************************************/
#include <linux/errno.h>
#include <linux/init.h>
#include ……
#include ……

#undef DEBUG_IRQ
#ifdef DEBUG_IRQ
#define DPRINTK(fmt,args...) printk("%s: " fmt,__FUNCTION__ ,## args)
```

```
# else
# define DPRINTK(fmt,args...)
# endif

# ifdef CONFIG_REMOTE_DEBUG
extern void breakpoint(void);
# endif

# define EXT_IRQ0_TO_IP 2 /* IP 2 */
# define EXT_IRQ5_TO_IP 7 /* IP 7 */

unsigned int local_bh_count[NR_CPUS];
unsigned int local_irq_count[NR_CPUS];
void disable_it8172_irq(unsigned int irq_nr);
void enable_it8172_irq(unsigned int irq_nr);
```

注:硬件中断控制器的寄存器地址。

```
struct it8172_intc_regs volatile * it8172_hw0_icregs
    = (struct it8172_intc_regs volatile *)
        (KSEG1ADDR(IT8172_PCI_IO_BASE + IT_INTC_BASE));
```

注:CPU 状态寄存器中断位的屏蔽与设置。它们是在 CPU 级对硬件中断的允许与禁止。对于 CPU 一级的中断控制将影响到所有的硬件中断,包括通过硬件中断器扩展的外部中断以及没有通过中断器扩展的直接连接到 CPU 其他中断输入线的所有硬件中断。

```
/* 这个函数用于小心存取 CP0 中断屏蔽位 */
static inline void modify_cp0_intmask(unsigned clr_mask,unsigned set_mask)
{
    unsigned long status = read_32bit_cp0_register(CP0_STATUS);
    status &= ~((clr_mask & 0xFF) << 8);
    status |=   (set_mask & 0xFF) << 8;
    write_32bit_cp0_register(CP0_STATUS,status);
}

static inline void mask_irq(unsigned int irq_nr)
{
    modify_cp0_intmask(irq_nr,0);
}

static inline void unmask_irq(unsigned int irq_nr)
{
    modify_cp0_intmask(0,irq_nr);
}
```

注:在中断控制器这个级别对中断的允许与禁止。

```c
void local_disable_irq(unsigned int irq_nr)
{
    unsigned long flags;

    save_and_cli(flags);
    disable_it8172_irq(irq_nr);
    restore_flags(flags);
}

void local_enable_irq(unsigned int irq_nr)
{
    unsigned long flags;

    save_and_cli(flags);
    enable_it8172_irq(irq_nr);
    restore_flags(flags);
}

void disable_it8172_irq(unsigned int irq_nr)
{
    DPRINTK("disable_it8172_irq %d\n",irq_nr);
    if ((irq_nr >= IT8172_LPC_IRQ_BASE) && (irq_nr <= IT8172_SERIRQ_15))
    {
        /* LPC 中断 */
        it8172_hw0_icregs->lpc_mask |=
            (1 << (irq_nr - IT8172_LPC_IRQ_BASE));
    }
    else if ((irq_nr >= IT8172_LB_IRQ_BASE) &&
    (irq_nr <= IT8172_IOCHK_IRQ))
    {
        /* 局部总线中断 */
        it8172_hw0_icregs->lb_mask |=
            (1 << (irq_nr - IT8172_LB_IRQ_BASE));
    }
    else if ((irq_nr >= IT8172_PCI_DEV_IRQ_BASE)&&
    (irq_nr <= IT8172_DMA_IRQ))
    {
        /* PCI 或其他中断 */
        it8172_hw0_icregs->pci_mask |=
            (1 << (irq_nr - IT8172_PCI_DEV_IRQ_BASE));
    }
```

```c
    else if ((irq_nr >= IT8172_NMI_IRQ_BASE) &&
    (irq_nr <= IT8172_POWER_NMI_IRQ))
    {
        /* NMI 中断 */
        it8172_hw0_icregs->nmi_mask |=
            (1 << (irq_nr - IT8172_NMI_IRQ_BASE));
    }
    else {
        panic("disable_it8172_irq: bad irq %d",irq_nr);
    }
}
void enable_it8172_irq(unsigned int irq_nr)
{
    DPRINTK("enable_it8172_irq %d\n",irq_nr);
    if ( (irq_nr >= IT8172_LPC_IRQ_BASE) &&
    (irq_nr <= IT8172_SERIRQ_15))
    {
        /* LPC 中断 */
        it8172_hw0_icregs->lpc_mask &=
            ~(1 << (irq_nr - IT8172_LPC_IRQ_BASE));
    }
    else if ( (irq_nr >= IT8172_LB_IRQ_BASE) &&
            (irq_nr <= IT8172_IOCHK_IRQ))
    {
        /* 局部总线中断 */
        it8172_hw0_icregs->lb_mask &=
            ~(1 << (irq_nr - IT8172_LB_IRQ_BASE));
    }
    else if ( (irq_nr >= IT8172_PCI_DEV_IRQ_BASE) &&
    (irq_nr <= IT8172_DMA_IRQ))
    {
        /* PCI 或其他中断 */
        it8172_hw0_icregs->pci_mask &=
            ~(1 << (irq_nr - IT8172_PCI_DEV_IRQ_BASE));
    }
    else if ( (irq_nr >= IT8172_NMI_IRQ_BASE) &&
    (irq_nr <= IT8172_POWER_NMI_IRQ))
    {
        /* NMI 中断 */
```

```c
            it8172_hw0_icregs->nmi_mask &=
                ~(1 << (irq_nr - IT8172_NMI_IRQ_BASE));
    }
    else {
        panic("enable_it8172_irq: bad irq %d",irq_nr);
    }
}

static unsigned int startup_ite_irq(unsigned int irq)
{
    enable_it8172_irq(irq);
    return 0;
}

#define shutdown_ite_irq      disable_it8172_irq
#define mask_and_ack_ite_irq  disable_it8172_irq
static void end_ite_irq(unsigned int irq)
{
    if (!(irq_desc[irq].status & (IRQ_DISABLED|IRQ_INPROGRESS)))
        enable_it8172_irq(irq);
}

static struct hw_interrupt_type it8172_irq_type = {
    "ITE8172",
    startup_ite_irq,
    shutdown_ite_irq,
    enable_it8172_irq,
    disable_it8172_irq,
    mask_and_ack_ite_irq,
    end_ite_irq,
    NULL
};

static void enable_none(unsigned int irq) { }
static unsigned int startup_none(unsigned int irq) { return 0; }
static void disable_none(unsigned int irq) { }
static void ack_none(unsigned int irq) { }
/* 这里定义:startup 等价于"enable",shutdown 等价于 "disable" */
#define shutdown_none disable_none
#define end_none      enable_none

void enable_cpu_timer(void)
```

```c
{
    unsigned long flags;
    save_and_cli(flags);
    unmask_irq(1<<EXT_IRQ5_TO_IP); /* timer interrupt */
    restore_flags(flags);
}
```

注：中断向量的初始化，通过 set_except_vector 安装所需要的硬件中断。设置硬件中断控制器的初始工作模式与状态。

```c
void __init init_IRQ(void)
{
    int i;
    unsigned long flags;
    memset(irq_desc,0,sizeof(irq_desc));
    set_except_vector(0,it8172_IRQ);

    init_generic_irq();
    /* 屏蔽所有中断 */
    it8172_hw0_icregs->lb_mask = 0xffff;
    it8172_hw0_icregs->lpc_mask = 0xffff;
    it8172_hw0_icregs->pci_mask = 0xffff;
    it8172_hw0_icregs->nmi_mask = 0xffff;

    /* 设置所有中断为电平触发模式 */
    it8172_hw0_icregs->lb_trigger   = 0;
    it8172_hw0_icregs->lpc_trigger  = 0;
    it8172_hw0_icregs->pci_trigger  = 0;
    it8172_hw0_icregs->nmi_trigger  = 0;

    /* 触发电平的设置 */
    /* UART,键盘,鼠标的触发电平为高电平 */
    it8172_hw0_icregs->lpc_level = (0x10 | 0x2 | 0x1000);
    it8172_hw0_icregs->lb_level |= 0x20;

    /* 触发模式为边缘触发 */
    it8172_hw0_icregs->lpc_trigger |= (0x2 | 0x1000);

    for (i = 0; i <= IT8172_LAST_IRQ; i++) {
        irq_desc[i].handler = &it8172_irq_type;
    }

#ifdef CONFIG_REMOTE_DEBUG
```

```
        /* 如果本地串行 I/O 使用调试端口,等待内核 GDB 连接一次 */
        puts("Waiting for kgdb to connect...");
        set_debug_traps();
        breakpoint();
#endif
}
```

注:无法识别的中断的处理,可能会进入 panic。

```
void mips_spurious_interrupt(struct pt_regs * regs)
{
    unsigned long status,cause;

    printk("got spurious interrupt\n");
    status = read_32bit_cp0_register(CP0_STATUS);
    cause = read_32bit_cp0_register(CP0_CAUSE);
    printk("status %x cause %x\n",status,cause);
    printk("epc %x badvaddr %x \n",regs->cp0_epc,regs->cp0_badvaddr);
//    while(1);      //由于无法正确处理,系统设计者可以在这里将系统挂起。
}
```

注:硬件中断的分发。

```
void it8172_hw0_irqdispatch(struct pt_regs * regs)
{
    int irq;
    unsigned short intstatus = 0,status = 0;

    intstatus = it8172_hw0_icregs->intstatus;
    if (intstatus & 0x8) {
        panic("Got NMI interrupt");
    }
    else if (intstatus & 0x4) {
        /* PCI 中断 */
        irq = 0;
        status |= it8172_hw0_icregs->pci_req;
        while (!(status & 0x1)) {
            irq++;
            status >>= 1;
        }
        irq += IT8172_PCI_DEV_IRQ_BASE;
        //printk("pci int %d\n",irq);
    }
```

```c
    else if (intstatus & 0x1) {
        /* 局部总线中断 */
        irq = 0;
        status |= it8172_hw0_icregs->lb_req;
        while (!(status & 0x1)) {
            irq++;
            status >>= 1;
        }
        irq += IT8172_LB_IRQ_BASE;
        //printk("lb int %d\n",irq);
    }
    else if (intstatus & 0x2) {
        /* LPC 中断 */
        /* 由于一些 LPC 中断为边缘触发,可能会丢失一些中断,
         * 因为在同一次应答(acknowledge)所有的中断。因此在
         * 这里修订它。
         */
        status |= it8172_hw0_icregs->lpc_req;
        it8172_hw0_icregs->lpc_req = 0;
        irq = 0;
        while (!(status & 0x1)) {
            irq++;
            status >>= 1;
        }
        irq += IT8172_LPC_IRQ_BASE;
        //printk("LPC int %d\n",irq);
    }
    else {
        return;
    }
    do_IRQ(irq,regs);
```

注:在这里,将进一步调用系统中断的处理例程,最终将调到设备驱动里所安装的高级(别)的中断处理例程。

}

这个源文件中给出了与中断控制器打交道的大量处理例程,包括中断的允许与屏蔽的逐级设置,它们实质上是对中断控制器相应位进行设置或清除的操作。在这里需要重点关注最后一个函数:

```
void it8172_hw0_irqdispatch(struct pt_regs * regs);
```

这个函数就是在前面 low-level 级处理(int-handler.S 文件中:NESTED(it8172_IRQ, PT_SIZE,sp)函数)中所指向的中断控制级的处理。在这里对于 INT0 中断作进一步的判别和派发。它实质上就是获得了一个中断控制器所定义的物理中断号,然后由大家熟知的 do_IRQ 进行处理。do_IRQ 是操作系统提供的一个中断处理和派发的例程,可以想象,在那里,操作系统将进行物理中断号与逻辑中断号的映射,从用户程序(这里的用户指驱动)在中断连接时所注册的回调函数获得设备的中断处理例程的内存地址,然后转到设备驱动的中断处理函数。

小结:

这一小节,通过实际例子向读者讲述了中断这一核心工作在系统中低级别(CPU 级别)的处理过程,以及在操作系统级(BSP 级,中断控制器级)的详细处理过程,并讲述了 BSP 级的处理如何进一步与设备驱动级之间的交互。关于设备驱动级的处理请参见上一节:"9.1 中断处理"的讲述。

9.3 硬件 I/O 的访问

在设备驱动和 BSP 的开发中,需要频繁地与硬件打交道。由于硬件的访问与内存的访问存在很多本质的差别,所以访问硬件时需要注意很多控制方式。

9.3.1 避免使用绝对物理地址

初学者在开始编写与硬件打交道的程序时,一个容易犯的错误就是使用绝对物理地址去访问硬件。在许多现代的 RISC 体系里都使用了 MMU,以管理虚拟内存。程序员所使用的是虚拟内存,而总线上真实访问的是 I/O 空间的物理地址或同内存 RAM 的实际物理地址。虚拟内存与物理内存通过 MMU 作映射。

一个好的解决办法是使用宏定义或是写一个系统通用的函数来访问硬件的 I/O。这样使得修改和移植都很方便,如下面例子所示。

在这个例子中,给出了在 MIPS 架构下虚拟内存到物理内存之间的转换所使用的宏。MIPS 架构下 K1 和 K0 段到物理内存之间使用 SMMU 进行直接转换,所以比较简单,其他 CPU 的结构相对复杂一些,应该使用系统提供的转换接口函数进行转换。

由于不同的总线和内存可能使用不同的字节顺序,在这个例子中,还接触到一个 Endian 的例题,这也是嵌入式底层设计中常常会遇到的一个问题。根据所使用的 CPU 与内存之间是否使用了一致的字节顺序,可以修改这样的宏以适用外部硬件 I/O 的访问。

```
/***************************************************************
 *    File:    prj_ll_inc.h
 *
 *    Copyright (c) 2008,
 ***************************************************************
DESCRIPTION:
    低端(Low-Level)访问函数的通用定义

Modification history
--------------------------
2008/4/1    -    initial created.
***************************************************************/
#ifndef PRJ_LL_INC_H
#define PRJ_LL_INC_H
/*
** 基本类型的定义
*/
#define BYTE            unsigned char
#define HWORD           unsigned short
#define WORD            unsigned int
#define PBYTE           BYTE *
#define PHWORD          HWORD *
#define PWORD           WORD *

#define ADDRS           unsigned int
#define PADDRS          ADDRS *

/*----------------------------------------------------------------
** 地址转换:  虚地址 <==> 物理地址
*/
#define VERTTOPHYS(adr)     ((adr)&0x1fffffff)
#define PHYSTOKSEG0(adr)    ((adr)|0x80000000)
#define PHYSTOKSEG1(adr)    ((adr)|0xA0000000)
/*----------------------------------------------------------------
**   增加这段定义以处理应用的请求,比如说:通过内存映象的(mmapped)
**   地址来访问
*/
#if defined(__KERNEL__) || defined(IN_SPMON) || defined(IN_VLDP)
#if defined(__KERNEL__)
#undef   NOT_IN_SYSTEM                    /* 当在操作系统中时,不要包含诸如 "stdio.h" */
#endif
```

第9章 BSP的设计要素

```
#define TOVIRTADRS(adr)      PHYSTOKSEG1(adr)
#else
/** 在这种情况下,用户应该确保传过来的地址是虚拟地址 **/
#define TOVIRTADRS(adr)      (adr)
#endif

/*------------------------------
** define register table type
*/
#define REGRECORD       0          /* 记录类型的模式 */
#define REGBITMAP       1
#define REGSVGTBL       2

/*------------------------------
** register access length
*/
#define REGLEN1         1          /* BYTE 存取模式 */
#define REGLEN2         2          /* HWORD 存取模式 */
#define REGLEN4         4          /* WORD 存取模式 */

/* 是否需要字节旋转,以处理低字节顺序,或高字节顺序 */
#define _swap1(x)    ((x)&0xff)
#define _swap2(x)    ((((x)>>8)&0xff)|(((x)&0xff)<<8))
#define _swap4(x)    \
    ((((x)&0xff)<<24)|(((x)&0xff00)<<8)|(((x)>>8)&0xff00)|(((x)>>24)&0xff))

#define _swadrb(a)   (((a)&0xfffffffc) | (3-((a)&0x3)))
#define _swadrh(a)   (((a)&0xfffffffc) | (2-((a)&0x2)))
#define _swadrw(a)   (a)

/*------------------------------------------------------------
** 根据所定义的高/低字节顺序,定义通用的读写宏
*/
#if   defined(LITTLE_ENDIAN)        /* 低字节顺序 */

#define  cfg_swap2(x)            _swap2(x)
#define  cfg_swap4(x)            _swap4(x)

#define  cfg_sab(a)              (a)
#define  cfg_sah(a)              (a)
#define  cfg_saw(a)              (a)

#else   /* BIG_ENDIAN - 高字节顺序 */

#define  cfg_swap2(x)            (x)
```

```c
#define     cfg_swap4(x)            (x)
#define     cfg_sab(a)              _swadrb(a)
#define     cfg_sah(a)              _swadrh(a)
#define     cfg_saw(a)              _swadrw(a)
#endif /* LITTLE_ENDIAN - 低字节顺序 */
/*--------------------------------------------------------------
 * * C 函数的原型申明以及类型定义
 */
#ifdef  LANGUAGE_C
BYTE        sys_read_byte(ADDRS adr);
HWORD       sys_read_hword(ADDRS adr);
WORD        sys_read_word(ADDRS adr);
void        sys_write_byte(ADDRS adr,BYTE val);
void        sys_write_hword(ADDRS adr,HWORD val);
void        sys_write_word(ADDRS adr,WORD val);
/* 绝对地址的读/写函数的定义 */
BYTE        sys_read_byte_a(ADDRS adr);
HWORD       sys_read_hword_a(ADDRS adr);
WORD        sys_read_word_a(ADDRS adr);
void        sys_write_byte_a(ADDRS adr,BYTE val);
void        sys_write_hword_a(ADDRS adr,HWORD val);
void        sys_write_word_a(ADDRS adr,WORD val);
void        sys_set_led(BYTE val);
void        rmbflush(void);
/* 定义系统读写寄存器的宏,使用物理地址 */
#define SYS_READ_BYTE(a)        sys_read_byte (TOVIRTADRS(a))
#define SYS_READ_HWORD(a)       sys_read_hword(TOVIRTADRS(a))
#define SYS_READ_WORD(a)        sys_read_word (TOVIRTADRS(a))
#define SYS_WRITE_BYTE(a,v)      sys_write_byte (TOVIRTADRS(a),v)
#define SYS_WRITE_HWORD(a,v)    sys_write_hword(TOVIRTADRS(a),v)
#define SYS_WRITE_WORD(a,v)     sys_write_word (TOVIRTADRS(a),v)
#endif /* LANGUAGE_C */
#endif /* PRJ_LL_INC_H */
```

在相应的源文件中可以调用这些宏定义来实现具体的读写操作。

值得注意的是,编译器的优化算法常常会改变源程序中的执行顺序。比如说有以下两条 C 语言的语句:

```
*(int *)0x10004422 = 0x12345678;
*(int *)0x10004488 = 0xffff0000;
```

编译器可能把它编译成：

```
*(int *)0x10004488 = 0xffff0000;
*(int *)0x10004422 = 0x12345678;
```

甚至于在它们中间插入别的代码，这在对硬件 I/O 操作的时间往往是不期望的，那么可以采用关键字"volatile"来实现这一目标，如下如示：

```
#define TST_RDBYTE(adr)        (*(volatile BYTE *)(adr))
#define TST_RDHWORD(adr)       (*(volatile HWORD *)(adr))
#define TST_RDWORD(adr)        (*(volatile WORD *)(adr))

#define TST_WTBYTE(adr,v)      *(volatile BYTE *)(adr) = v
#define TST_WTHWORD(adr,v)     *(volatile HWORD *)(adr) = v
#define TST_WTWORD(adr,v)      *(volatile WORD *)(adr) = v
```

9.3.2 内存一致性问题

内存一致性的问题是与 cache 相关的。在存储器总线上，往往有多个总线主设备。例如一个外设硬件，将一个数据或一批数据直接或通过 DMA 间接写入到系统内存（RAM）中，这时，CPU 可能没有得到通知，或者是 CPU 直接从 cache 里取得了过时的数据。这对于循环 Buffer 的情况问题更突出。与之相对的，CPU 在写数据到内存时，为了提高写的效率，以及为了尽量少访问外部总线，常常采用 Write Buffer 的机制，但写入一个数据时，不是立即将这个数据写入到外部存储器中，而是写到 CPU 内部的一个写缓冲里，等到写缓冲满，或者程序强制要求 CPU Flush 这个写缓冲的时候，CPU 才请求外部总线执行一次批处理的写操作。那么在这个过程中，如果有一个外部的硬件主设备需要访问这块内存，读取的数据就可能是过时的、没有更新的数据。

在上面这两种情况下，都出现 CPU 和一个外部硬件设备对于同一个物理内存地址，在同一时刻"看到"的数据却不相同的错误。这种现象就是内存不一致的问题。

内存不一致的另一种现象是发生在 ICache 与 DCache 之间。由于 CPU 常常采用了分离的 cache 来适用于指令和数据的读取。在系统加载程序或中断安装程序把一段程序（代码在内部表示为二进制的数据）复制到一个特定的区域的时候，CPU 看到的却是以前读取的指令。如果碰巧曾经执行过这段地址的代码，CPU 将其读入到过 ICache，并且没有被别的指令代码所冲掉，就会发生上述的情况。

内存（cache）的不一致给程序的设计和系统的运行带来了危害。程序员在系统程序的设计中必须充分考虑这些因素，当使用 DMA 或是一个硬件读写数据到内存的时候，要对 CPU

对应地址段的 cache 作刷新,或者是使用 uncache 的直接内存访问。就如同物理学上"惯性"对于日常生活有弊也有利一样,也可以应用 cache 不一致的现象来做一些事情。

下面的这个代码片段就是利用 cache 不一致的现象来测试 Icache 是否工作,并测试 ICache 的大小。系统里没有一条指令或是一个状态寄存器来指示 CPU 中 cache 的大小,但可以通过下面或类似的方法计算出来。

分析这个例子有助于掌握 cache 的内部工作机制,从而也有助于提高开发者的系统程序设计能力。下面仍然是针对 MIPS CPU 的例子,如果 CPU 是 ARM,其实现与之类似,只不过所使用的指令不同和代码形式不同。

```
/* -MGN-      这个文件测试 ICache 的尺寸,存储在寄存器 v1 中
              如果失败,将 v0 置为 0xffffffff.
****/
#include "regs.h"
#include "cpu_common.h"

  .set noat
  .set noreorder

#define start _start

  .text
  .globl start
  .ent start
start:
  PROLOGUE_MGN              # 测试程序的初始入口

  /* -MGN- add this section to test C files 1# */
  li   sp,0xa00a0000        # 设置临时栈指针 0xa00a0000
  bal  CacheClear           # 清理所有的 Dcache 和 Icache
  nop

  bal  1f                   # 跳转到前面的标号 1,使 ra = 标号 1 的地址
  nop
1:
  lui  s0,0x81ff            # s0 = 0x81ff0000
  and  s0,s0,ra             # s0 = s0 & ra

  li   s5,0x400             # 设置初始 icache 的大小为 s5 = 0x400
test_lp:                    # 这是测试主循环
  bal  testichesize
  move a0,s5
  beqz v0,pass              # 如果 v0 = 0,则 pass
```

第 9 章 BSP 的设计要素

```
    move    v1,s5
    lui     t0,4
    slt     v0,s5,t0            # 如果 v0!=0,且 size=s5>0x40000,不再测试,failed
    beqz    v0,fail
    nop
    b       test_lp             # size = s5 小于 0x40000,增大 size 继续测试
    sll     s5,s5,1             # s5 = s5<<1
################## end of test ######################
    .globl pass
pass:
    b common
    ori v0,$0,0xabcd
   #stall:
   #    ori v0,$0,0xaaaa
    .globl fail
fail:
    ori v0,$0,0xdead
common:
    nop
    EPILOGUE_MGN
    .end start

    .ent testichesize
testichesize:
    /*将测试代码存放在 0x00100000 处*/
    addiu sp,sp,-64
    sw      ra,56(sp)
    sw      s1,8(sp)
    sw      s2,12(sp)
    sw      s3,16(sp)
    move    s1,a0               # s1 = a0 = 0x400
    lui     a0,0x0010           /* 在当前 pc 值高于 1M 的地方测试,a0 = 0x00100000 */
    add     a0,a0,s0
    move    s2,a0               # s2 = a0 = s0 + 0x100000
    la      a1,icache_dat       # 将 icache_dat 的 4 个 word 的代码复制到 0x00100000
    bal     cphandle            #    目标:s0 + 0x100000,源:icache_dat
    li      a2,4                #    复制的长度是 4-longs

    /* some offset by size_s1,s3 = s0 + 0x100400 */
    add     a0,s2,s1            # 将 icache_dat 的 4 个 word 的代码复制到 0x00100400
```

第9章 BSP 的设计要素

```
        move    s3,a0                   #   目标:s0 + 0x100000,源:icache_dat
        la      a1,icache_dat           #   复制的长度是 4-longs
        bal     cphandle
        li      a2,4

    /* clear both i/dcache */
        bal     CacheClear              #   清 Dcache 和 Icache
        nop

        jalr    s2                      #   跳转到 s2 = s0 + 0x100000,执行那里的代码
        move    v0,zero                 #   + 0x100000 处的代码被装载到 ICache 中
    //                                  #   "add    v0,v0,1; nop;   j ra; nop"
    /* v0 should be 1 */
        beqz    v0,1f
        li      v0,-1
        lui     a0,0xa000 /* uncache it */
        or      a0,a0,s2                #   将新的代码复制到 s2
        la      a1,icache_dat0          #   "add    v0,v0,0; nop;   j ra; nop"
        bal     cphandle
        li      a2,4

        jalr    s3
        move    v0,zero                 #   执行 s3
    //                                  #   "add    v0,v0,1; nop;   j ra; nop"
    /* v0 should be 1 */
        beqz    v0,1f
        li      v0,-1

    /* 如果 s2/s3 是在同一个 icache 标签,则必定重新装载代码到 icache 中 */
        jalr    s2                      #   执行 s2
        or      v0,zero,1
    //
    /* v0 应该是 0 */
        bnez    v0,1f
        li      v0,-1
        move    v0,zero
    1:
        lw      ra,56(sp)
        lw      s1,8(sp)
        lw      s2,12(sp)
        lw      s3,16(sp)
        j       ra
```

第 9 章 BSP 的设计要素

```asm
        addiu   sp,sp,64
        .end    testichesize
icache_dat0:
        .word 0x34020000,0x00000000,0x03e00008,0x00000000
            # 这是数据表示的代码,它等价于
            #    "add   v0,v0,0; nop;   j ra; nop"
icache_dat:
        .word 0x34020001,0x00000000,0x03e00008,0x00000000
            # 这是数据表示的代码,它等价于
            #    "add   v0,v0,1; nop;   j ra; nop"

        .text
        .align    4
        .ent      CacheClear
CacheClear:
        .set      noreorder
        mfc0      t3,C0_SR              /* 保存 SR */
        nop
        mtc0      zero,C0_SR            /* 禁止中断 */

        /* invalidate data cache */
        mtc0      zero,C0_CCTL          /* 清 0 缓存(cache)控制寄存器 */
        nop
        li        t1,CCTL_DIvl
        mtc0      t1,C0_CCTL            /* 使数据缓存(cache)无效 */
        nop
        mtc0      zero,C0_CCTL          /* 清 0 缓存(cache)控制寄存器 */
        nop

        /* 等待几个时钟周期 */
        li        t1,10
1:      subu      t1,1
        bnez      t1,1b
        nop

        /* 使指令缓存无效 */
invalidateICache:
        mtc0      zero,C0_CCTL          /* 清 0 缓存(cache)控制寄存器 */
        nop
        li        t1,CCTL_IIvl
        mtc0      t1,C0_CCTL            /* 使指令缓存(cache)无效 */
        nop
```

```
        mtc0        zero,C0_CCTL         /* 清 0 缓存(cache)控制寄存器 */
        nop
        /* 等待几个时钟周期 */
        li          t1,10
1:      subu        t1,1
        bnez        t1,1b
        nop
        mtc0        t3,C0_SR             /* 返回到先前的状态 */
        j           ra
        nop
        .end        CacheClear
        /* 原型:cphandle(int* dst,int* src,int nlongs) */
        .ent cphandle
cphandle:
        beqz        a2,1f
        lw          v0,0(a1)
        addiu       a1,a1,4
        sw          v0,0(a0)
        addiu       a0,a0,4
        b           cphandle
        addiu       a2,a2,-1
1:
        j ra
        nop
        .end cphandle
```

说明:

本程序通过使用了两段不同的代码来对内存不同位置进行测试,如下所示:

```
icache_dat0:
  .word 0x34020000,0x00000000,0x03e00008,0x00000000
      # 这是数据表示的代码,它等价于
          #   "add   v0,v0,0; nop;   j ra; nop"
icache_dat:
  .word 0x34020001,0x00000000,0x03e00008,0x00000000
          # 这是数据表示的代码,它等价于
          #   "add   v0,v0,1; nop;   j ra; nop"
```

导致 ICache 的 Miss,从而来计算出 Icahce 的大小。程序中使用了 Cache 的一个连接特性,即如果两个内存单元所对应于同一个 Cache-line,即同一个标签(tag)时,则需要把老的指令换出,将新的指令装入,即 Cache Miss。程序在第一次执行寄存器 S2 处所指示的代码时,这段指令内存是被装入到 Cache 中了,接下来执行与 S3 处偏移 0x400,0x800,0x1000 处指令的时候,S3 处的指令代码也将被装入到 Cache 中不同的位置,但当 S3 增大到一定程度时,S2 与 S3 恰好位于同一个 Tag,这发生在 ICache 大小的整数倍速的位置,于是造成 S2 处的指令被冲掉,重新执行 S2 处的指令时将从内存中装入指令。同时还利用了一个特性,就是 Cache 的大小是 2 的幂次,所以每次测试的时候,s5＝s5≪1 来进行测试新的偏移位置。

上面的代码给出了一个对 CPU 内部特性的一些测试,需要对程序和 CPU 进行精细的控制,设计一些针对性的算法。

9.3.3 I/O 访问的刷新

在硬件体系中,为了提供系统的吞吐力,减小外部存储以及 I/O 的访问,在总线接口上常常会增加一些读写缓冲,但是对于某些硬件的访问,访问顺序和时间都是非常重要的。由于增加了缓冲,对于外部硬件的 I/O 操作可能不会立即操作到硬件上,而是等到延后的某个时刻,也可能是因为总线的竞争,才会真实去写入到外部硬件的寄存器。在一些时候,等待前面的操作结束,然后再执行后续的硬件操作是必需的,这种情况下,需要对硬件的 I/O 操作强制去刷新,使对 I/O 写操作的队列全部执行完毕。

不同的 CPU 体系或是不同的硬件平台,有不同的 I/O 访问刷新的操作方式。例如 MIPS 下对于一个非 Cache 区域的 I/O 地址空间的读操作,或是 ARM 体系下的 RMB 操作,可以刷新 I/O 写队列。

打断指令流水线也可以清除当前的 I/O 写操作。具体的实现需要针对特定的硬件平台的设计处理方式而作不同的处理。

第10章 Linux 的启动过程

本章从 Linux 的启动过程的实际分析来考察板级支持包中所要实现的设计任务。

10.1 Linux 的启动流程

图 10-1 显示了 Linux 启动的流程框图。

系统上电时,最初运行 ROM 中的 Boot-loader,它将操作系统内核映像加载到内存。然后,内核的引导部分作各种初始化工作,分配和配置各种系统资源,建立各种软件的数据结构,启动内部的基本执行功能,然后加载设备驱动,安装文件系统,最后运行第一个进程,即初始化进程。在初始化进程中,进一步启动用户进程,启动 Shell,或者是 X-Windows。之后,用户就可以在操作系统提供的 Shell 或是图形 Shell 上执行各种各样的应用程序。

图 10-2 显示了 Linux 启动时的执行函数细节。下面详细分析 Linux 的启动过程。

Linux 的 boot 过程从 _stext 函数开始执行,这个函数仅次于 Arch/host/kernel/head.S。文件中,这个函数在一些版权中也叫 _start。在系统最初的启动引导过程中,中断初禁止,Cache 也被设置为无效,TLB 的转换也被设置为无效。此时,系统里只有最小的资源供程序使用。所以在 BSP 的早期启动运行中,尽量不要写占用资源多的例程。

程序控制在执行跳转到 _stext 之前,由另一个程序 Boot-loader 负责整个系统的初始引导。从技术上说 Boot-loader 不属于 Kernel(内核)的一部分。在许多 Kernel 实现中,Boot-loader 是一个独立的程序包(例如 uboot),它的作用就是把 Linux 内核映像(常指的映像就是一个内核程序或数据文件系统的二进制表示形式)从存储介质(例如:flash,硬盘,软盘,CD,等等)复制到内存(RAM)中,必要的时候,在复制过程中还执行解压缩(如果这个二进制映像是被压缩了)。然后程序控制跳转到 _stext。一旦 Boot-loader 把操作系统加载到内核,并引导执行之后,Boot-loader 的使命就完成了,它所占用的系统内存就可以被释放以供操作系统统一调度分配使用。

通常 _stext 是在位于 Kernel 映像偏移 0x1000 字节的位置。Kernel 映像常常被连接到 0x8000000 的虚拟内存位置,并在起始位置定义了符号 _text,因此 _stext 的起始地址按 _text+0x1000 计算。具体实现中,是与连接脚本以及代码中定义这些位置相关联。如下代码所示。

第 10 章 Linux 的启动过程

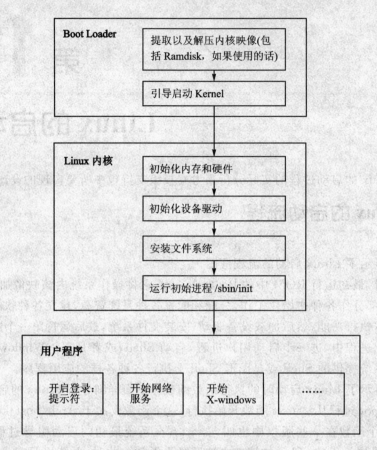

图 10-1 Linux 启动流程框图

在连接脚本文件中,定义 Kernel 二进制映像的内存布局:

```
/* 连接配置脚本 */
SECTIONS
{
    . = 0x80000000 + CONFIG_MEMORY_START + 0x1000;
    _text = .; /* 代码段或只读数据段 */
    ...
}
```

在代码文件中定义 kernel_start_addr 的相对偏移地址:

```
/* bootloader code */
    startup:
    ...
```

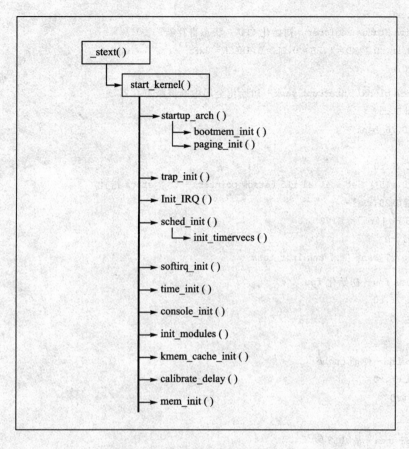

图 10-2 Linux 启动执行过程细节

```
/* 跳转到解压缩内核代码的开始位置 */
    mov.l kernel_start_addr,r0
    jmp @r0
    nop
kernel_start_addr:
    .long _text + 0x1000
```

10.2 Linux 的启动过程简介

10.2.1 _stext 函数

下面代码显示一个_stext 函数的例子:

第 10 章　Linux 的启动过程

```
ENTRY(_stext)
    ! Initialize Status Register - 初始化 CPU 状态寄存器
        mov.l 1f,r0 ! MD = 1,RB = 0,BL = 0,IMASK = 0xF
        ldc r0,sr
    ! Initialize global interrupt mask - 初始化全局中断屏蔽寄存器
        mov #0,r0
        ldc r0,r6_bank
    !
        mov.l 2f,r0
        mov r0,r15 ! Set initial r15 (stack pointer) - 设置 stack 指针
        mov #0x20,r1 !
        shll8 r1 ! r1 = 8192
        sub r1,r0
        ldc r0,r7_bank !... and init_task

    ! Initialize fpu - 初始化 fpu.
        mov.l 7f,r0
        jsr @r0
        nop

    ! Enable cache - 使能 cache
        mov.l 6f,r0
        jsr @r0
        nop

    ! Clear BSS area - 清 .BSS 段
        mov.l 3f,r1
        add #4,r1
        mov.l 4f,r2
        mov #0,r0
9:  cmp/hs r2,r1
        bf/s 9b ! while (r1 < r2)
        mov.l r0,@-r2

    ! Start kernel - 开始跳转到 kernel
        mov.l 5f,r0
        jmp @r0
        nop

    .balign 4
1:  .long 0x400000F0 ! MD = 1,RB = 0,BL = 0,FD = 0,IMASK = 0xF
2:  .long SYMBOL_NAME(stack)
```

```
3：.long SYMBOL_NAME(__bss_start)
4：.long SYMBOL_NAME(_end)
5：.long SYMBOL_NAME(start_kernel)
6：.long SYMBOL_NAME(cache_init)
7：.long SYMBOL_NAME(fpu_init)
```

各个 CPU 的指令不一样，这里不介绍特定 CPU 的指令。对于各个 CPU，其初始部分的思路都是一样的。

首先初始化 CPU 的寄存器，因为大多数 CPU 的状态寄存器里涉及到运行模式，例如：Kernel 态或是用户态以及中断允许位等。

第二步，屏蔽所有的中断源。因为这时系统内存里没有初始化好整个系统，中断向量表的位置里并没有安装好正确的处理函数，必要的中断处理设施都没有进入就绪状态。

第三步，设置 Stack 指针，有了 Stack，才可以调用子函数，以实现正确的返回，或是使用私有的局部变量。

第四步，初始化 fpu，如果系统中没有使用，也要考虑将这部分功能设置为禁止状态。

第五步，使能 Cache，因为不通过 Cache，从外部读取指令和数据是非常缓慢的过程，所以程序中应尽早使能 Cache。

第六步，清 .BSS 段。

BSS 段是程序中未初始化的数据段，默认情况下，未初始化的数据段的初值被认为是 0，为了节省程序的静态存储空间，对于初始值为 0 的数据段，连接器在连接的时候把它们分配到 BSS 段。BSS 段是数据段的一种，它们的初值就是在这个运行时刻赋值的。

最后，在这个代码片段的后面定义了一系列标号。标号的数值是通过宏 SYMBOL_NAME(xxx_name) 来定义的。注意到，其中一些 xxx_name 是连接器在连接时定义的，在程序的源代码中可能找不到那种形似函数的名字的声明及实现。

另外，程序中有 6f,7f 这样的引用，如：

```
mov.l 7f,r0
```

它表示向前面找，最近的名字为 6 的标号。

类似的有：1b,2b,…,6b，其含义与之类似，即：向后找，最近的名字为 1，或 2,…,6 的临时的、局部的标号。

10.2.2　start_kernel 函数

start_kernel() 函数位于 kernel/init/main.c。

start_kernel( ) 像一个曲目目录一样，列出了 CPU 将顺序执行的所有初始化的手续。如下所示：

```
asmlinkage void __init start_kernel(void)
{
    char * command_line;
    unsigned long mempages;
    extern char saved_command_line[];
    lock_kernel();
    printk(linux_banner);
    setup_arch(&command_line);
    printk("Kernel command line: % s\n",saved_command_line);
    parse_options(command_line);
    trap_init();
    init_IRQ();
    ...
```

在没有调用其他初始化例程之前，Linux kernel 打印出一条熟识的启动标语，然后分析输入的命令行参数。Linux 允许用户向 Kernel 输入参数，例如，启动的 rootfs 的位置。BSP 的程序设置者可以自行设计任意的命令行参数，然后在 kernel 启动的时候由 Boot-loader 传给 Kernel。

10.2.3 setup_arch 函数

setup_arch 函数通常位于文件：arch/<host>/kernel/setup.c。

setup_arch 函数的功能在于负责最初的、与机器特定硬件相关的初始化过程，包括初设置主机的机器向量，检测内存的可用位置以及大小。Setup_arch 也初始化一个最基本的内存分配器称为：bootmem，以在系统 boot 的过程中使用。

对于绝大多数的 CPU，调用 paging_init( )以使能内存管理单元(MMU)。

主机的机器向量(machine vector)是一个包含主机名字以及一系统函数的指针，以用于主机特定功能单元读写 I/O 端口时所使用的函数。从而允许在一个通用的内核平台中，使用统一的 API 接口去操作与机器特定功能相关的处理过程。

10.2.4 trap_init 函数

trap_init 函数通常位于文件：arch/<host>/kernel/traps.c。

trap_init 函数初始化与处理器的中断相关的一些功能。特别地，它修改处理器的中断向量表以指向真实的向量表地址。中断的允许要等到系统初始化的后期，在 calibrate_delay( )函数运行前进行。

以下是一个 trap_init ( )函数的例子。

```
void __init trap_init(void)
{
```

```
extern void * vbr_base;
extern void * exception_handling_table[14];
exception_handling_table[12] = (void *)do_reserved_inst;
exception_handling_table[13] = (void *)do_illegal_slot_inst;
asm volatile("ldc %0,vbr"
    : /* no output */
    : "r" (&vbr_base)
    : "memory");
}
```

10.2.5 init_IRQ 函数

init_IRQ 函数通常位于文件：arch/<host>/kernel/irq.c。

init_IRQ 函数初始化与特定硬件相关的那部分中断子系统。中断控制器也在这里进行初始化，但是相应的物理中断线是禁止的，直到相应的设备驱动或者 Kernel 模块调用 request_irq( ) 时，特定的中断请求线才被设置为允许。

10.2.6 sched_init 函数

sched_init 函数通常位于文件：kernel/sched.c。

sched_init 函数初始化 kernel 的 pidhash[]表，它是一个 Kernel 快速通过 Process – ID 查找进程描述符（process descriptor）的对照表。shed_init 函数然后初始化各种 Kernel 内部时钟所使用的底部处理例程以及向量。

10.2.7 do_initcalls 函数

do_initcalls 函数通常位于文件：kernel/main.c。

do_initcalls 函数运行一个函数列表，它们使用 __initcall 属性进行注册。这些属性仅适用于与内核模块或是设备驱动一起编译的代码，__initcall 属性消除手动维护一个初始化设备驱动的函数表。__initcall 机制通过在内存中创建一个常量的函数指针表，名字叫做".initcall.init"，它们指向初始化函数本身。当 Kernel 被连接时，连接器把所有的初始化函数的指针组织成单一的一个内存节。然后 do_initcalls( ) 依次调用这个函数。

__initcall 属性的宏定义如下所示：

```
typedef int ( * initcall_t)(void);
typedef void ( * exitcall_t)(void);
#define __initcall(fn) \
static initcall_t __initcall_##fn __init_call = fn
#define __init_call __attribute__ ((unused,__section__ (".initcall.init")))
```

do_initcalls( )函数的实现如下：

```
extern initcall_t __initcall_start,__initcall_end;
static void __init do_initcalls(void)
{
    initcall_t * call;
    call = &__initcall_start;
    do {
        ( * call)( );
        call ++ ;
    } while (call < &__initcall_end);
    flush_scheduled_tasks( );
}
```

10.2.8　init 函数

init 函数通常位于文件：kernel/main.c。

init 函数完成 kernel 的起动工作。它通过调用 do_basic_setup( )初始化系统的 PCI 以及网络功能。进程调度在这里开始被允许，标准的输入、输出以及错误流被创建。Prepare_namespace( )被调用以安装文件系统。

有了文件系统后，init( )运行 execve( )以开始发起初始用户态进程/sbin/init，如果它已存在的话。反之，如果没找到或是不存在，内核会尝试运行 "/bin/init"，或是 "bin/sh"。如果都没找到的话，Kernel 就进入 panic 并停止运行。

init( )的代码显示如下：

```
static int init(void * unused)
{
    lock_kernel( );
    do_basic_setup( );
    prepare_namespace( );
    free_initmem( );
    unlock_kernel( );

    if (open("/dev/console",O_RDWR,0) < 0)
        printk("Warning: unable to open an initial console.\n");
    (void) dup(0);
    (void) dup(0);

    if (execute_command)
        execve(execute_command,argv_init,envp_init);
    execve("/sbin/init",argv_init,envp_init);
```

```
            execve("/bin/init",argv_init,envp_init);
            execve("/bin/sh",argv_init,envp_init);
            panic("No init found. Try passing init = option to kernel.");
}
```

10.2.9　init 程序

init 程序是所有用户进程的父进程。Init 的工作职责在于通过/etc/inittab 文件的指示创建其它的用户进程。从技术上讲,Kernel 的启动过程在 init 运行之前已经全部初始化完成。但是在很多情况下,init 还是被认为是系统启动过程的一部分。

/etc/inittab 一般会运行诸如 mingetty 以提供一个登录提示,以及运行诸如/etc/rc.d/rc3.d 再开始更多的用户进程以及服务,如：xinetd,NFS 以及 crond。一般地,一个典型的 Linux 工作站在用户开始登录之前已经有几十个不同的进程开始运行。一个工作站可以通过修改/etc/inittab 文件的内容来更改启动时所运行的程序。除了修改 inittab 来更改启动进程之外,用户还可以完全更换其它的 init 程序,例如,一个嵌入式设备的主程序。

下面显示一个典型的 inittab 文件的内容：

```
id:3:initdefault:
# 系统初始化。
si::sysinit:/etc/rc.d/rc.sysinit
l0:0:wait:/etc/rc.d/rc 0
l1:1:wait:/etc/rc.d/rc 1
l2:2:wait:/etc/rc.d/rc 2
l3:3:wait:/etc/rc.d/rc 3
l4:4:wait:/etc/rc.d/rc 4
l5:5:wait:/etc/rc.d/rc 5
l6:6:wait:/etc/rc.d/rc 6
# 在所有运行级别下都运行的
ud::once:/sbin/update
# Trap CTRL-ALT-DELETE
ca::ctrlaltdel:/sbin/shutdown -t3 -r now
# 在标准运行级别下运行 getty
1:2345:respawn:/sbin/mingetty tty1
2:2345:respawn:/sbin/mingetty tty2
3:2345:respawn:/sbin/mingetty tty3
4:2345:respawn:/sbin/mingetty tty4
5:2345:respawn:/sbin/mingetty tty5
6:2345:respawn:/sbin/mingetty tty6
```

第 10 章 Linux 的启动过程

小结：

本章简单介绍了 Linux 的启动流程，在 Start_kernel() 函数里做了与内核相关的所有硬件的初始化工作，其中包括 setup_arch()。在该函数中，将对 BSP 中特定的硬件做各种不同的初始化工作。

在 Linux 内核的启动的过程中，内核可以像应用程序的 main() 函数那样接受输入参数，如：setup_arch(&command_line)；在 do_basic_setup() 中将处理这些输入参数，从而实现与内核的交互。

在 do_initcalls 小节，可看到 __init 的宏定义，从而知道底层函数设计中，前缀 __init 所起的作用，这里可以清楚地看到内核中，驱动程序的加载过程。

在 init() 函数中，系统做完各种初始化工作之后，开始运行第一个用户程序"/sbin/init"。在这里，内核会尝试在几个位置去寻找 init 程序。如果找到，就调入内存，开始执行它，如果没找到任何一个 init 程序，则系统无法启动第一个用户进程，从而系统启动失败，进入 panic 死循环。

Init() 函数与 init 程序不一样，init 程序是一个驻留于硬盘上的一个应用程序，它不再是系统 Kernel 的一部分，而 init() 函数是内核的一部分。Init 程序再次查找"/etc/inittab"文件中所描述的所要启动的所有用户程序，这包括一些内核服务，例如启动网络服务或是开启一个登录终端。在这里，系统设计员完全可以按照自己的设计意图启动任何的服务和应用程序，例如：直接启动一个嵌入式设备的主界面应用程序。

第 11 章

WinCE 的设计

11.1 WinCE OS 平台开发简介

Windows® CE 是微软提供与支持的一个开放式、可裁剪的 32 位嵌入式操作系统。目前通用的版本是 WinCE.NET 4.2，WinCE 5.0。WinCE 支持大家熟知的窗口技术以及图形用户界面。它允许系统设计者建立一个稳定性高、实时性强、外围设备支持广泛的操作系统。一个典型的基于 WinCE 操作系统的设备被设计为用于专门用途的独立设备，通常与其他计算机分离使用，它需要运行一个小型化的操作系统，对于中断有确定时间范围内的快速响应。也可以用于一些企业化的工具中，例如：工业控制方面，通信用集线器，收银终端器，以及消费电子产品，如：照相机、MP4 和交互电视等。

11.1.1 WinCE 平台的开发流程

图 11-1 显示了使用 PB 开发一个 WinCE OS 平台所涉及的工作流程。WinCE 平台的开发需要使用微软提供的一个开发工具包：Platform Builder（简称 PB）。PB 有不同的版本，用于开发不同版本的 WinCE 操作系统映像（images）。PB 是一个集成开发环境，其中集成了开发（设计，编译，测试，调试）基于特定处理器系列（如：Intel IA32, ARM, MIPS, PowerPC, Xscale,…）的 WinCE OS 映像所需要的全部应用工具。PB 主要用于 OS 系统平台的设计，它还可以导出一个特定的 SDK，以用于在这个 OS 平台上开发各种应用程序。所以基于通用 CE 平台开发应用程序的用户可以不必使用 PB，而是使用由芯片（OEM）厂商提供的基于特定芯片开发硬件平台的 SDK，或是使用微软提供的 Embedded Visual C++，或是 Visual Studio 2005。

建立一个基于 WinCE 的 OS 设计必须完成下列基本步骤：
① 开发一个板级支持包（BSP），以支持由硬件部门所设计的特定的目标设备。
② 创建一个操作系统设计（an OS design），它基于一个标准的板级支持包（BSP）或是定做的 BSP（这在第①步完成）。这个 OS 设计可以产生一个运行时映像，它可以被下载到一个标准的开发板（SDB）或一个硬件平台上。
③ 为特定的目标板级支持包（BSP）设计或定制设备驱动。

第 11 章　WinCE 的设计

④ 定制该 OS 设计,为之增加一些项目工程或是组件目录条目(catelog items)。

⑤ 编译产生运行时映像,下载到 SDB,使用 PB 所带的集成开发环境进行调试并做修改。

⑥ 当运行时映像调试完毕,达到期望的性能之后,由 PB 导出一个软件开发包(SDK),以用于第三方开发更多的应用软件。

由图 11-1 可以看出,早期设计主要是集中在 BSP 设备和驱动的开发上,用以驱动目标设备中的各个硬件模块正常工作。所以第一个阶段是整个系统的骨干核心系统的控制和最基本设备的引导阶段。这个阶段开发的软件叫做 BSP。

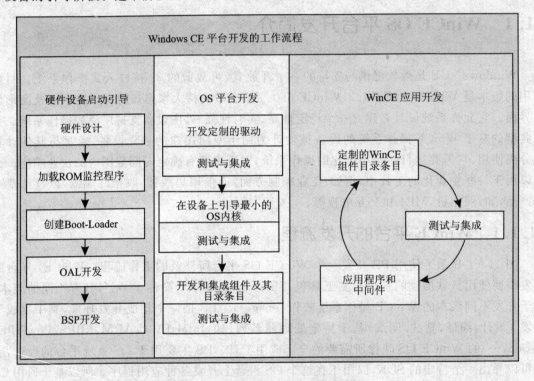

图 11-1　WinCE OS 开发的工作流程

第二个阶段是平台的开发。在平台开发阶段,需要在 BSP 的基础之上,开发更多的设备驱动,以使操作系统支持更加丰富多彩的外围设备,它们是对一个最基本的操作系统的扩展,用以支持更多的、可选的外围设备。事实上,BSP 中已经包含了很多基本的驱动(driver),例如基本的输入/输出接口,从而使得系统可以接收用户的键盘输入,定位点输入,显示设备可以显示基本的 Logo,调试接口可以打印出一些警示信息。

在设备驱动开发、系统不断丰富完善的阶段,需要不断地测试系统,把新的软件组件增加集成到系统中。同时还需增加一些配置信息,以使 PB 可以图形化地管理这些软件组件,避免手动地在命令行中去编译、复制和打包新的软件组件。这些配置信息还包括注册表信息、内存布局、OS 映像布局和内存文件系统布局等。

第三阶段是应用程序的开发。在这个阶段中,应用程序员致力于解决各种实际应用问题。这与在通常的 Windows 下开发各种应用程序非常类似。不同之处仅在于后者是通用的 Intel x86 架构,微软 Windows 操作系统平台下的应用,而前者则是在种类繁多的 CPU,以及各种各样的硬件平台上,在嵌入式操作系统平台上开发应用,特别地,后者需要使用不同的交叉编译开发工具,或是特定的 SDK 进行开发和编译。

11.1.2 WinCE 内核结构

图 11-2 显示了 WinCE 的内部层次结构。其中最上层是应用层(Application Layer),它包括微软预先开发提供的标准应用程序,如:互联网客户端服务(Internet Client Services)、WinCE 应用程序,用户接口(国际化语言支持等)以及客户端自主开发定制的应用程序。

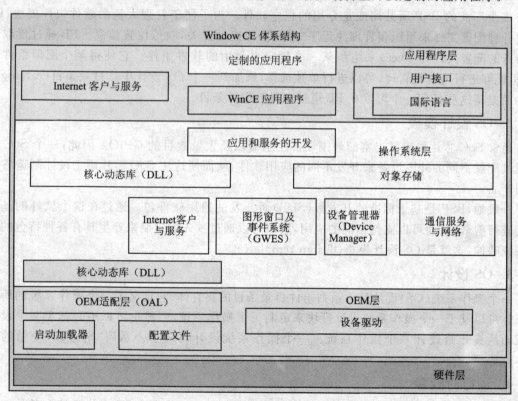

图 11-2 WinCE 的内部层次结构

中间层是操作系统层,它是微软维护的操作系统核心。操作系统核心的上层是应用编程接口(API),内部是各种各样的核心 DLLs 以及各种各样的程序组件库,诸如:多媒体技术(multimedia technologies),图形窗口和事件系统(GWES),设备管理器(device manager),通

第11章 WinCE 的设计

信服务和网络。

由于操作系统是基于特定的 OEM 厂商提供的硬件平台,操作系统核心的部分程序需要根据硬件特性进行定制。

下层是 OEM 层,它包括:OEM 适应层(OEM Adaptation Layer),设备驱动(driver),启动加载器(boot loader),配置文件(configuration files)。

最底层是硬件层(hardware layer)。

11.1.3 WinCE 设计中的一些名词术语

为了弄清楚 WinCE 设计的关键概念,下面介绍 WinCE 开发的几个术语。

1. 组件的目录条目

WinCE 开发平台是一个庞大的软件体系,它不但支持多种 CPU 体系(CISC,RISC),而且支持多个厂商的 BSP 所共用或是专用的程序软件。为了便于管理大量的软件组件模块,PB 通过各种配置文件来组织和管理源程序文件,编译选项开关,映像位置信息。PB 通过读取一类特殊的配置文件(*.cec)来组织某一个特定平台中的软件组件。它使得某个图形组件在 PB 里能够进行可视化管理,可以进行单独选择,添加到一个 OS 设计中。目录条目(catalog item)就是指这些任何一个可以在 PB 里被选择的组件条目。

2. OS 设计模板

通常 SoC 芯片集成了丰富的外围设备控制器以及大量数目的 GPIO。因此,一个 SoC 芯片通过配置不同的外围设备来开发不同的应用软件,从而使这块 SoC 芯片用于设计制造各种应用产品。

一般地,BSP 是基于标准的开发板(SDB)而开发的通用软件包。通过在这个软件的基础之上进行剪裁,从而可以支持不同的应用,所以可以通过预先的定制来产生具有各种特色的操作系统映像,这就是 OS 设计模板(design templete)。

3. OS 设计

一个操作系统(OS)设计是一系列组件目录条目的集合体,它定义了一个操作系统的所有特点。可以基于一个操作系统设计模块来定制一个操作系统,当然也可以不必基于某个设计模板而从头开始设计一个操作系统。一个操作系统设计对应于一系列"Sysgen"变量的集合体。

4. 运行时映像

操作系统运行时映像(run-time image)并不单纯包含一个 WinCE 操作系统和其他一些相关的系统程序、配置文件以及应用软件等。

5. 组 件

可以增加到 OS 设计中最小的功能单元。

6. 配　置

在 OS 设计中,从组件的目录树里选择一系列要添加到 OS 的组件条目(catalog items),以及设置一系列的编译选项。它们总称为操作系统(OS)设计的一个配置(configuration)。

7. 硬件平台

SoC 及其外围设备所组成的一个产品的所有硬件系统。在硬件平台(hardware platform)上将可以运行 WinCE 操作系统,以及其他应用软件。

8. 模　块

在 WinCE 中,模块(module)指组成一个 OS 系统映像的可执行文件(*.EXE)或者一个动态链接库(*.DLL)。一个软件就是一个可以独立执行的软件组成部分。

9. 工　程

在 WinCE 的设计中,工程(project)指对一个集合文件的管理和跟踪机制。在这个工程中,编译器可以通过编译工程中的所有文件来产生 WinCE OS 的一个功能组件(a functionality)。

10. 目标设备、基于 WinCE 的设备

目标设备(target device)实例指一个硬件平台(hardware platform)的实例。基于 WinCE 的设备(WinCE-based Device),则是指运行 WinCE OS 的一个目标设备。

11. OS 工作平台

它是一个 OS 设计的所有文件的容器,即 OS 设计的所有文件包含在 OS 的一个工作平台(workspace)中。

把 OS 看成一个巨大的工程项目,则这个巨大工程项目的工程平台就是 OS 工作平台。在 OS 工作平台里,还可以对各个功能组件设置单一的工程管理,那即是工程(project)。也就是说 OS 工作平台里可以包含多个工程,某个工程可能是一个驱动模块,或者是一个用户应用程序。

11.2　WinCE BSP 开发

WinCE 的板级支持包由 4 个部分组成:启动装载器(boot-loader),OEM 适配层,设备驱动和配置文件。WinCE BSP 框图如图 11-3 所示。

11.2.1　启动装载器

Boot-loader 的作用,如名字所示,第一是 Boot,完成对硬件平台最小的初始化,初始化内存;第二是 Loader,即将操作系统二进制映像装载到内存并跑转到操作系统的起始执行函数。

SDB(Standard Development Board,标准开发板)是指 CE 所运行的硬件开发平台。

第 11 章 WinCE 的设计

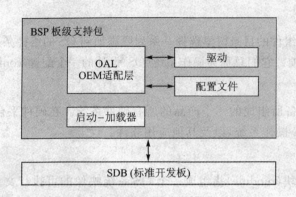

图 11-3 WinCE BSP 框图

Boot-loader 可以从多种方式下载操作系统,例如:通过一个与 SDB 相连的连接线缆(比如:以太网,USB,串口等)。Boot-loader 也可以从本地存储空间加载操作系统,例如:CF 卡,Flash,或是硬盘。

Boot-loader 一般用于开发期间快速地下载操作系统,它也包含于 OEM 产品中。但在实际的单个产品设备中,Boot-loader 可能被去除掉,而由设备中的一个简单的引导器将系统从本地存储设备中进行加载。但对于需要作预先初始化并提供软件升级之类需求的产品设备,Boot-loader 仍然可能包含于产品设备中。

1. Boot-loader 的启动流程

① CPU 早期的初始化:
- 进入特权模式;
- 清除 ICache,D-cache;
- 清除 TLB 缓冲;
- 清除写和读缓冲(drain the write and fill buffers);
- 配置和使能 RAM 控制器;
- 确保中断被清除和屏蔽;
- 初始化所有必须的锁相环(PLLs-Phase locked Loops),以及时间基准,如 RTC,和滴哒计数器。

② (可选地)重定位 Loader 代码映像到 RAM。Boot-loader 在 Reset 之后可能运行于 Flash。

③ (可选地)使能 MMU 和 Cache。

注意:MMU 和 Cache 关掉也是可以工作的,这需要在 OS 的 config.bib 文件中内存的配置时考虑这个因素。

④ 复制数据段到它最终的位置；
⑤ 早期的板级初始化。
- 设置调试的 UART；
- （可选地）提供 Loader 选项的用户菜单；
- 初始化以太网控制器。
⑥ （可选地）从 DHCP 服务器获得 IP 地址或者指定静态 IP 地址。
⑦ 初始化 TFTP 连接，Platform‐Builder 使用 TFTP 协议从开发工作站主机下载 *.bin 文件。
⑧ 将一个大的 *.bin 文件拆成一些独立的小片段，每个片段使用一个记录条目进行下载。各个记录条目都有一个校验和，从而可以有效地检验数据的正确性。数据下载后按记录条目中指定的地址进行存放。
⑨ 从 Platform-Builder 获得各种各样的用户配置，例如：boot clean，或者是否建立一个被动的 KITL 连接以及 IP 和端口地址，以用于多个 PB 服务器的连接。
⑩ 执行下载的 *.bin 文件。

2. Boot-loader 开发

从上述的启动流程，可以大致知道 Boot‐loader 所需要开发的工作。即启动过程中所要执行的各个例程，它们也就是 BSP 所需要开发的范畴。WinCE 源码中提供了主要框架和大部分与 CPU 相关的源码。而 OEM 开发者只需要开发那些与平台相关的软件。这包括：
- 板级最基本的硬件初始化　RAM 控制器，PLLs，系统控制寄存器，重定位寄存器；
- UART；
- Ethernet 驱动；
- 用户界面；
- Flash 读写擦除等的驱动。

11.2.2　OAL 开发

创建一个 OAL 包含如下任务与步骤。

1. 创建一个新的平台目录和 OAL 子目录

例如：
Platform 目录：　　%_WINCEROOT%\Platform\MyPlatform
OAL 目录：　　%_WINCEROOT%\Platform\MyPlatform\Kernel\Hal
需要把这些目录包含在 dirs 文件中，以便平台编译的时候，它们作为平台编译的一部分自动编译。

第 11 章 WinCE 的设计

2. 在 OAL 中实现 StartUp 函数

一般地,StartUp 函数初始化 CPU 核心、SDRAM 控制器、内存管理单元(MMU)以及 Caches。这个函数完成这些工作,为 WinCE 内核的运行做准备。可以与 Boot-loader 共享这部分代码。典型地,这部分代码可以从微软提供的平台开发样例中获取参考。

3. 创建 sources 和 makefile 文件

创建这些文件用以编译 StartUp 函数。

WinCE 编译的过程是由 Makefile 以及一些构建配置信息来驱动的,比如:CDEFINES、include 文件以及 library 文件的路径。可以使用一个单一的 Sources 文件来编译 OAL 为一个单一的库 Hal.lib,它在后期编译阶段中将被连接到内核(kernel)的一部分。

4. 创建内核 Buildexe 目录以及 Dirs 文件

创建内核 Buildexe 目录以及 Dirs 文件,以指示编译的进程。

WinCE 内核是一个 *.exe 执行文件,是在 BSP 编译进程的后期被创建,OAL 作为这个 *.exe 执行文件的一部分。

WinCE 内核有 3 个变种:基本的内核(basic kernel),包含 KITL 的内核(kernel with KITL)以及分级内核(profiling kernel)。

5. 创建特定 CPU 相关的 OAL 函数

例如,对于基于 ARM 的平台:
- OEMARMCacheMode
- OEMDataAbortHandler
- OEMInterruptHandler
- OEMInterruptHandlerFIQ

对于基于 MIPS 的平台:
- CacheErrorHandler
- CacheErrorHandler_End

对于基于 x86 的平台:
- CacheNMIHandler

6. 创建下列必须的 OAL 初始化函数

- InitClock

DoPowerOff 必须使用的例程,但一般地由 OEMInit 调用。

- OEMInit
- OEMCacheRangeFlush
- OEMGetExtensionDRAM

7. 创建下列调试相关的函数
- OEMDebugInit
- OEMInitDebugSerial
- OEMReadDebugByte
- OEMWriteDebugByte
- OEMWriteDebugString

8. 创建下列与电源及工作模式相关的函数
- OEMIdle
- OEMPowerOff

9. 创建下列中断处理函数
- OEMInterruptDisable
- OEMInterruptDone
- OEMInterruptEnable

10. 创建下列与实时时钟相关的函数
- OEMGetRealTime
- OEMSetAlarmTme
- OEMSetRealTime

11. 创建下列与 I/O 相关的函数
- OEMIoControl
- OEMParallePortGetByte
- OEMParallelPortSendByte

12. 定义下列 NK.lib 所需的全局变量

基于 ARM 平台和 x86 平台：
- OEMAddressTable

基于 MIPS 平台：
- OEMTLBSize

13. 编译内核可执行映像 Kernkitl.exe

在这个时候，内核映像并不是很有用的，但编译生成 kernkitl.exe 可以检验所有的配置过程是正确的，并建立了内核的一个基本框架。

14. 实现上述 OAL 函数

特别是对于 OEMIoControl 函数，需要实现下面的功能。这些功能在 BSP 以及驱动设计

第 11 章 WinCE 的设计

的其他地方将要被调用。列举于下：

```
IOCTL_HAL_DDK_CALL
IOCTL_HAL_GETBUSDATA
IOCTL_HAL_SETBUSDATA
IOCTL_HAL_DISABLE_WAKE
IOCTL_HAL_ENABLE_WAKE
IOCTL_HAL_GET_DEVICE_INFO
IOCTL_HAL_GET_DEVICEID
IOCTL_HAL_GET_UUID
IOCTL_HAL_GET_WAKE_SOURCE
IOCTL_HAL_INIT_RTC
IOCTL_HAL_INITREGISTRY
IOCTL_HAL_POSTINIT
IOCTL_HAL_PRESUSPEND
IOCTL_HAL_QUERY_DISPLAYSETTINGS
IOCTL_HAL_REBOOT
IOCTL_HAL_RELEASE_SYSINTR
IOCTL_HAL_REQUEST_IRQ
IOCTL_HAL_REQUEST_SYSINTR
IOCTL_HAL_SET_DEVICE_INFO
IOCTL_HAL_TRANSLATE_IRQ
IOCTL_KITL_GET_INFO
IOCTL_PROCESSOR_INFORMATION
IOCTL_SET_KERNEL_COMM_DEV
IOCTL_SET_KERNEL_DEV_PORT
IOCTL_VBRIDGE_802_3_MULTICAST_LIST
IOCTL_VBRIDGE_CURRENT_PACKET_FILTER
IOCTL_VBRIDGE_GET_ETHERNET_MAC
IOCTL_VBRIDGE_GET_RX_PACKET
IOCTL_VBRIDGE_GET_RX_PACKET_COMPLETE
IOCTL_VBRIDGE_GET_TX_PACKET
IOCTL_VBRIDGE_GET_TX_PACKET_COMPLETE
IOCTL_VBRIDGE_SHARED_ETHERNET
IOCTL_VBRIDGE_WILD_CARD
```

小结：

这里给出 WinCE OAL 构建的基本框架，让读者对 WinCE OAL 核心有一个初步了解，具体某个函数的实现细节可以查阅 WinCE 的开发文档。在下面的章节，再对 WinCE 设备驱动的开发步骤向读者作一个初步的介绍。

11.2.3 WinCE 配置文件

WinCE 使用 2 种类别的配置文件来构建 WinCE 内核映像。一类是源代码配置文件，另一类是内核映像配置文件。

1. 源代码配置文件

在前面 Boot-loader 和 OAL 构建的过程中，已经向读者介绍了一些与编译相关的配置文件，那就是：
- Dirs 文件；
- Sources 文件；
- Makefile 文件。

编译工具依赖于这些源文件的配置文件来确定由指定集合的源文件生成指定的模块组件，甚至于整个 WinCE 内核。除此之外，诸如 Makefile 还告诉编译工具如何来产生，如何构建这些模块和内核映像。

关于 Makefile 以及这些配置文件的细则这里不再赘述。

2. 内核映像配置文件

内核映像配置文件包括内核中包含的组件，在内存中的布局以及相互之间的关系，各种程序配置信息，配置参数，注册信息表等所有系统信息。

在 OS 的设计中，这些信息分布在以下几类文件中：
- *.bib –（Binary Image Builder）文件；
- *.reg –（Registry）文件；
- *.db –数据库文件；
- *.str –字符串文件。

*.bib 文件定义了在一个 OS 映像中所包含的模块和文件。

*.reg 文件定义了在 WinCE 冷启动时，OS 映像创建时的注册键及其初始值。

*.db 文件定义了在 WinCE 冷启动时，OS 映像包含的对象存储的数据库文件。

*.str 文件中定义了一些字符串符号，以供在 *.bib，*.reg，*.db 显示给用户时使用。

表 11-1 列出了常见的映像配置文件：

表 11-1 WinCE 常见的映像配置文件

文件名	作用范围
Common.bib, Common.reg, Common.dat, Common.db, Common.str	这些文件用于所有的工程，它们包含了 WinCE 核心的模块和组件
IE.bib, IE.reg, IE.dat, IE.db, IE.str	这些文件用于 IE 工程

续表 11-1

文件名	作用范围
Wceappsfe.bib、Wceappsfe.reg、Wceappsfe.dat、Wceappsfe.db、Wceappsfe.str	这些文件用于 WinCE 应用项目工程,它们包含支持 WordPad 字处理软件,以及 Inbox 消息处理软件所需要的组件
Wceshellfe.bib、Wceshellfe.reg、Wceshellfe.dat、Wceshellfe.db、Wceshellfe.str	这些文件用于 WinCEShellFe 工程,它们包含支持基于 WinCE Shell 的模块
Msmq.bib、Msmq.reg、Msmq.data、Msmq.db、Msmq.str	这些文件用于 MSMQ 工程,它们包含消息队列服务的模块
Platform.bib、Platform.reg、Platform.dat、Platform.db、Platform.str	这些文件用于硬件开发平台,如设备驱动
Project.bib、Project.reg、Project.dat、Project.db、Project.str	这些文件用于 WinCE 平台中所包含的工程
Config.bib	这个文件用于 OS 映像。它包含 OS 映像在内存(MEMORY)和配置(CONFIG)状态

下面描述一些比较重要的配置文件。

(1) Eboot.bib

下面的代码片段显示 Eboot.bib 的一个片段:

```
----------------------------------------------
    Name          Start         Size         Type
----------------------------------------------
    EBOOT         00030000      00030000     RAMIMAGE
    RAM           00060000      00010000     RAM
```

它是 Eboot 在内存中的映像布局。

(2) Config.bib

下面的代码片段显示 Config.bib 的一个片段:

```
----------------------------------------------
IF IMGEBOOT
    BLDR          88030000      00040000     RESERVED ;(Eboot) Bldr
    NK            88070000      01F90000     RAMIMAGE
    RAM           8A000000      01EE0000     RAM
ENDIF
```

它定义了内核映像在内存中的布局。

(3) Platform.bib

如果要在 WinCE 映像中增加一个设备驱动,则需要在 platform.bib 中添加如下条目:

```
IF BSP_UART
    uart.dll    $(_FLATRELEASEDIR)\uart.dll    NK    SH
ENDIF
```

(4) Platform.reg

如果要在 WinCE 映像中增加一个设备驱动,则需要在 platform.reg 中添加如下类似注册信息:

```
IF BSP_UART
    [HKEY_LOCAL_MACHINE\Drivers\BuiltIn\Serial]
        "Dll" = "uart.dll"
        "DeviceArrayIndex" = dword:0
        "IoBase" = dword:10001000
        "SysIntr" = dword:11
        "Prefix" = "COM"
        "Index" = dword:0
        "Order" = dword:0
ENDIF
```

11.3 WinCE 设备驱动的开发流程

在第 1 章中讲了 WinCE 的驱动模型,讨论了应用程序与设备驱动,I/O 系统,以及 BSP 之间的交互关系。在这里介绍一下在 WinCE 中增加一个新的设备驱动的流程。

11.3.1 设备驱动源代码

第一步工作是编写设备驱动的源代码。在第 1 章中已经介绍了驱动模型,WinCE 各种设备实现所需要的接口略有不同,WinCE 常用的设备种类有:

```
Audio Drivers
Battery Drivers
Block Drivers
Bluetooth HCI Transport Driver
Direct3D Device Driver Interface
DirectDraw Display Drivers
Display Drivers
DVD-Video Renderer
```

第 11 章 WinCE 的设计

```
IEEE 1394 Drivers
Keyboard Drivers
Notification LED Drivers
Parallel Port Drivers
PC Card Drivers
Printer Drivers
Serial Port Drivers
Smart Card Drivers
Stream Interface Drivers
Touch Screen Drivers
USB Drivers
```

对于各种类型的设备,WinCE 定义了相应的接口规范,一般地,需要实现驱动的初始化、设备的创建与删除,对设备操作的读、写、控制等例程以及中断的处理。

11.3.2 修改配置文件

1. *.def 文件

创建和编辑一个 def 文件,这是 WinCE 动态链接库的配置文件,指示对外输出函数的接口。例如:

```
LIBRARY       aud_ac97
EXPORTS AUD_Init
        AUD_Deinit
        AUD_Open
        AUD_Close
        AUD_Read
        AUD_Write
        AUD_Seek
        AUD_IOControl
        AUD_PowerDown
        AUD_PowerUp
```

2. 源程序配置文件

(1) Source 文件

创建和编辑 source 文件,指定编译选项,例如:

```
RELEASETYPE = PLATFORM
TARGETNAME = aud_ac97
TARGETTYPE = DYNLINK
```

```
DEFFILE = aud_ac97.def
DLLENTRY = DllMain
TARGETLIBS = $(_COMMONSDKROOT)\lib\ $(_CPUINDPATH)\coredll.lib
SOURCELIBS = $(_COMMONOAKROOT)\lib\ $(_CPUINDPATH)\ceddk.lib

INCLUDES = ..\..\inc;\
SOURCES = \
    aud_ac97.c \
    aud_sys.c \

FILE_VIEW_INCLUDES_FOLDER = aud_ac97.h \
! IF "$(BSP_NODISPLAY)" == "1"
SKIPBUILD = 1
! ENDIF
```

(2) Dirs 文件

编辑"BSP\drivers"下的 dirs 文件,使之包括新驱动目录。

(3) Makefile 文件

指定生成 image 的选项,一般包含通用的编译规则文件。例如:

```
! INCLUDE $(_MAKEENVROOT)\makefile.def
```

3. 映像配置文件

(1) 修改 Platform.bib 文件

修改 OS 平台的 platform.bib 文件,让内核映像包含指定的库文件,例如:

```
aud_ac97.dll         $(_FLATRELEASEDIR)\ aud_ac97.dll      NK  SH
```

(2) 修改 Platform.reg 文件

修改 OS 平台的 platform.reg 文件,让内核映像的注册表中包含该驱动的参数,例如:

```
[HKEY_LOCAL_MACHINE\Drivers\BuiltIn\CFC]
    "Prefix" = "AUD"
    "Dll" = "aud_ac97.dll"
```

11.3.3 向 OS 平台注入驱动

最后,介绍 Platform.CEC 文件,通过它可以很容易地在 OS Platform Builder 中,把一个驱动当一个组件加入到系统中。以便在设计一个特定的 WinCE 操作系统(OS)时,灵活地加入或排除某个系统组件,例如:某个设备驱动组件。通过 *.CEC,可以在 WinCE Platform Builder 中可视化地拖入或删除某个内核组件。

如下代码片段显示了在一个平台中加入"Audio"组件的示例:

第 11 章　WinCE 的设计

```
ComponentType
(
    Name ( "Audio" )
    GUID ( {4A25A750-B641-4AF3-9FDF-7CC044108418} )
    Description ( "Audio" )
    Group ( "\Device Drivers" )
    Vendor ( "Microsoft" )
    HelpID ( 477 )
    MaxResolvedImpsAllowed( 999 )
    RequiredCEModules( ALL,"waveapi device" )
    Implementations
    (
      Implementation
      (
        Name ( "Audio CODEC" )
        GUID ( {8D136074-1386-49D8-B1B8-2311050646AF} )
        Description ( "OEM Advanced Audio CODEC Interface to National
            Semiconductor LM4549 Audio chip" )
        BSPPlatformDir ( "MyPlat" )
        Version ( "1.0.0.0" )
        Locale ( 0409 )
        Vendor ( "OEM Corp.Ltd" )
        Date ( "2007-8-20" )
        Children ( "{679F95D2-0A63-485A-A602-1E329A38D452}" )
        Variable( "BSP_WAVEDEV_AACI","1" )
        SizeIsCPUDependent( 1 )
        BuildMethods
        (
          BuildMethod
          (
            GUID ( {1B8BAD31-AE3C-4729-91C8-52EE9F64CEB9} )
            Step ( BSP )
            CPU ( "ARMV4I" )
            Action ( ´#SRCCODE(SOURCES,"$(_WINCEROOT)\
              PLATFORM\$(_TGTPLAT)\SRC\DRIVERS\wavedev","")´)
          )
        )
      )
    )
)
```

第四篇 扩展篇

第 12 章

理解程序的内部结构

　　前面两篇详细讨论了嵌入式软件设计的基础,以及如何实际开发系统软件。嵌入式软件的开发归根结底是程序的开发。前面的章节都是从用户角度去编写程序,作为提高,本章将从系统角度去考察一个程序的内部结构。在很多时候,程序需要一些辅助的工具,需要一些平台的支持,使得一个静态的、死的软件程序变成活动的、可以运行起来的程序,这就是常说的进程。在系统程序中,常常会碰到一个可以运行其他程序的程序,例如:在 Linux 中的 Shell,还有平常不太注意的进程装载器(loader)。

　　对于嵌入式软件程序员而言,深入掌握程序的内部结构,对于程序设计是非常重要的。由于所开发的程序需要"烧"到 Flash,在运行时需要搬迁到内存,甚至在运行的过程中需要移动位置、被压缩、解压缩以及把一个静态存放在磁盘的程序加载到内存当中,并分别将它们的代码段,数据段复制到合适的位置。必要的时候还可能要与一个动态库相连接,从而解析运行时才能确定的一些符号地址。由此看来,深入了解程序,有助于对所设计的系统更精确地控制。

　　那么,程序是什么?一个程序由哪几部分组成?这个看似极其简单的问题,要想真正把它弄清楚,却不那么简单。

　　首先,无论是应用程序,还是系统程序,它们都是程序,也就是说,它们都是一些指令代码与指令所处理的数据的集合,即

$$程序 = \{代码 + 数据\}$$

代码是按照程序员的设计意图设计出来供 CPU 执行的指令序列。而数据可以看成是代

码的处理对象、工作状态等的集合。所以一个程序由最基本的代码段和数据段组成。

代码与数据在机器中都表现为 0,1 的二进制序列,在系统程序中,代码和数据并不严格区分,因为作为代码的机器表示,本身就是数据序列。所有的代码和数据在初始时都存于 Flash 或是别的存储设备中,例如:EEPROM、CF 卡、SD 卡,或是移动硬盘。代码都要被复制到内存或者直接读到 CPU 的指令队列之后才能运行。

在创建一个进程时,存储在外部介质上的代码会通过一段叫 Loader(Boot-loader 或是实用程序 Ld.exe)的软件工具,装载到系统内存。更进一步,程序在运行期间可能动态地改变代码,例如:中断向量常常是通过将一段处理代码从一个位置复制到处理器要求的特定位置。

程序在执行时由于需要搬迁,这时需要编写位置无关代码(PIC - 代码)来实现这一要求。在固件程序的设计中,代码有 2 个地址,一个是装入地址,一个是执行地址。在后面将进一步讨论。

一个程序除了代码段和数据段之外,为了储存临时数据变量(包括返回指针以及程序状态),一个完整的程序还必须有堆栈段。代码段、数据段和堆栈段是一个程序的基本组成部分。

实际过程中,数据段有许多的变种,例如常量数据,未初始化数据,临时变量数据,动态申请数据等,因而出现了一些特殊的数据段。这些数据段有些是在程序生成的过程中静态确立的,而有一些却是程序在执行过程中静态或动态分配并初始化的物理空间,这就是常见的 BSS 段,以及堆(HEAP)。

之所以有这些变种,有 2 个主要意图:
① 让系统中的其他程序实体共享有限的物理内存资源。
② 节省可执行程序在磁盘(或别的存储体)中的静态存储空间,即目标程序的大小。

下面的章节将深入分析这段程序段与数据段如何有序地组织起来,形成一个独立且完整的程序。

12.1　x86 汇编及其程序结构

下面从熟知的 x86 程序来考察一些常见的程序段。

(1) 代码段

代码段(.TEXT)是程序的执行体,它是许多函数例程的集合体。一个程序可能包含多个代码段,也就是说,它们在物理上不一定连续。需要注意的是,代码段中并不一定全是执行代码,一些数据也可能被放在代码段,例如:一些常量数据在有些体系中也称 Read - Only Segment(只读的段)。

(2) 数据段

数据段(.DATA)是程序中用到的数据。链接器(Link.exe)会将程序源文件中的数据链接到一起或是链接到一些大的分块中。一个程序可能包含多个数据段,也就是说,它们在物理上不一定连续。

(3) 未初始化数据段

未初始化数据段(.BSS)是数据段的一类变种,存储未初始化的数据。未初始化的数据不占有程序文件的静态空间,它只是在程序运行开始时才在内存中将数据初始化为 0。

除了这些静态的段之外,还有一些运行时附加的段:

(4) 堆

堆(.HEAP)是用来为程序动态分配的存储空间。

(5) 栈

栈(.STACK)是为了分配临时变量和函数调用时使用的存储区域,或工作区域。

12.1.1 x86 程序段定义

下面从一个例子来考察 x86 汇编对于程序段的定义。

```
STACK    SEGMENT   STACK
    DB     32    DUP(?)
STACK    ENDS

DATA     SEGMENT
MSG1     DB    'Hello,world.',0dh,0ah,'$'
    ;……                          ;各种数据项的定义
DATA     ENDS

CODE     SEGMENT
MAIN     PROC    FAR
    ASSUME   CS:CODE,
         DS:DATA
         ES:DATA
         SS:STACK
    PUSH    DS                    ;DS 值入栈
    MOV     AX,0
    PUSH    AX                    ;0 入栈
    MOV     AX,DATA
    MOV     DS,AX                 ;将数据段地址赋给 DS
    MOV     ES,AX                 ;将数据段地址赋给 ES
    ;……
    MOV     AX,4C00H              ;返回 DOS
    INT     21H
MAIN     ENDP                     ;过程结束
CODE     ENDS                     ;代码段结束
```

第12章 理解程序的内部结构

```
        END    MAIN                    ;程序结束,启动地址为MAIN
```

由这里可以看出,一个标准的汇编语言程序结构是由3个段组成的,在源程序中安排的段序是:STACK,DATA,然后是 CODE,这个段序决定了汇编系统中进行编译链接时,将按段序(即段排列的先后次序)来分配存储区,这也是 Microsoft 汇编所要求的段序,因为只有按此段序,先分配了变量和数据的存储区,代码段才能得知其操作的数据的地址。

但是,作为一个大型的工程项目,它往往有很多的模块,有很多的源文件。所以其代码段就会有很多片段,数据段、堆栈段也如此。由于段与段之间存在相互调用的关系,那么如何来安排它们的先后顺序呢?于是便产生了段组以及结合类型的概念,一个段定义的完整格式如图 12-1 所示:

```
        段名    SEGMENT    边界类型    结合类型    USE    '类别'
                语句
                ……
        段名    ENDS
```

图 12-1 x86 汇编段结构

其中段名为定义段的名字,该名字可以是唯一的,也可以和程序中的其他段同名,在同一程序,中同名的段就可看做是同一个段。这种方式常用在模块化程序结构中,同一段的不同部分,分别放置在不同的子模块中,在各子模块中,这些不同部分具有同一个名字,表示的是同一个段。

边界类型、结合类型、USE 和 '类别' 都是可选项,它用来告诉链接程序如何对段进行组合。

(1) 边界类型

边界类型表示段开始地址的对齐位置,有如下几种方式:

- BYTE——表示段开始地址位于字节地址,因此它可以起始于任意边界。
- WORD——表示段开始地址位于偶数地址,即字(16 位)地址边界。
- DWORD——表示段开始地址位于 4 的倍数,即双字(32 位)地址边界。
- PARA——表示段开始地址位于 16 的倍数。
- PAGE——表示段开始地址位于 256 的倍数。

边界类型表示了在存储区如何连续地存放各个段,段间有无间隙。该项一般省略,边界类型默认时是 PARA 型的。

(2) 结合类型

结合类型是告诉链接程序,该段和其他段的结合关系,链接程序可以将不同模块的同名段进行结合,根据结合类型,可将各段链接在一起,或重叠在一起,结合类型有以下几种:

- NONE——表明本段与其他各段在逻辑上不发生关系,当结合类型项省略时,便指定为这一缺少类型。有些编译器使用关键字 PRIVATE 来定义这种类型。

- PUBLIC——表示将所有该类型的同名段链接成一个连续的段,公用一个段地址,所有的原各分段内的偏移都转变成相对于连续段的开始地址的偏移量,运行时装入同一物理段中。
- STACK——表示该段为堆栈段,当进行链接时同名的堆栈段链接成一个连续段,链接方式同 PUBLIC,但不同的是连续段的段地址是放在 SS 段寄存器中,当用 STACK 类型说明后,SS 就自动初始化为堆栈段的段地址。
- COMMON——表示所有该类型的同名段都有相同的段地址,这些同名段可相互覆盖。段长度为其中最长的同名段的长度,利用这种同名段的链接法,可使不同模块的变量或标号使用同一存储区域,便于模块间通信或进行信息交换。
- MEMORY——表示将所有该类型的同名段链接成一个连续段,其处理同 PUBLIC 段。虽然链接程序不单独区分 MEMORY 类型,但 MASM 仍允许使用该类型,以使得和 INTEL 公司汇编程序的 MEMORY 类型兼容。
- AT 地址表达式——表示该段地址以地址表达式的值为段地址,段内标号和变量地址均以该地址进行确定。这由用户给段定义地址的方式,但这种方式不能用于代码段。

(3) USE 类型

这是为支持 32 位段而设置的属性。16 位 x86 CPU 默认的是 16 位段,即 USE16,而 32 位 x86 CPU 指令默认彩位段,即 USE32,但可以使用 USE16 指定标准的 16 位段。编写运行实地址方式(8086 工作方式)的汇编语言程序,必须采用了 16 位段。

(4) '类别'属性

当链接程序组织段时,将所有的同类别段相邻分配。段类别可以是任意名称,但必须位于单引号中,大多数 MASM 程序使用 'CODE','DATA','STACK' 来分别指明代码段、数据段和堆栈段,以保持所有代码和数据的连续。

下面来看一个实际的例子:

```
;------------------------------------------------
;     模块 1
;------------------------------------------------
STACK    SEGMENT    STACK       ;结合类型是 STACK
     DB    32    DUP(?)
STACK    ENDS

DATA     SEGMENT    COMMON      ;结合类型是 COMMON
DATA1    DB    64    DUP(?)
DATA     ENDS

CODE     SEGMENT    PUBLIC      ;结合类型是 PUBLIC
     ;……
CODE     ENDS
```

```
        END
;------------------------------------------------------------
;    模块2
;------------------------------------------------------------
STACK     SEGMENT     STACK
    DB    48   DUP(?)
STACK     ENDS
DATA      SEGMENT     COMMON
DATA1     DB    96   DUP(?)
DATA      ENDS
CODE      SEGMENT     PUBLIC
    ;……
CODE      ENDS
END
```

当汇编链接时,存储区域映像如图 12-2 所示。

两个模块中的堆栈段的结合类型为 STACK 类型,它跟 PUBLIC 类似,它们将链接成一个连续段,共用一个段地址。CODE 段的结合类型也都是 PUBLIC,所以它们也被链接成一个连续段。而数据段的结合类型是 COMMON,这 2 个模块中的数据段将相互重叠,其长度为模块 2 的数据段的长度,因为在这里,模块 2 的数据段比模块 1 的数据段要长。

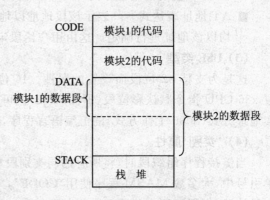

图 12-2 宏汇编中的段链接映像

12.1.2 关联段寄存器、确定段的种类

ASSUME 语句是一条伪指令,它只是告诉编译器在汇编代码的时候指定合适的段寄存器(CS,DS,ES,SS 等)。段定义 SEGMENT 伪指令只是说明了各逻辑段名字和起止位置以及属性,而 ASSUME 语句则说明了各逻辑段的种类。只有把这些段跟特定的段寄存器联系起来,才能确定段的种类。

12.1.3 段组伪指令

MASM 汇编程序允许程序员定义多个同类型段(代码段,数据段,堆栈段)。GROUP 伪指令允许将同类型的段组织在一起,它们都使用同一个起始地址(段地址)来作为基址,所有的段都以这个基址来计算相对偏移来寻址。

段组中各段间不一定连续,它们之间可以穿插到不是该段组中的其他段。由于段组中的所有段都采用同一个段基址来寻址,所以段组的总长度不得超过64K字节。

段组的定义如图12-3所示:

段组名　　GROUP　段名　[,段名,…]

图12-3　x86段组定义

定义段组后,OFFSET操作符取变量和标号则是相对于段组的偏移地址,如果没有段组的定义,则取得相对于段的偏移地址。

在这里不过多地去讨论x86汇编程序段的组织结构,有兴趣对这方面深入了解的读者,请参阅相关的x86汇编方面的书籍。

虽然这里的讨论是针对于汇编程序,但对于诸如C或C++之类的高级语言,同样也是由这些段组成的,只不过那里关于段和段组的定义更多地采用了默认值,而由编译器隐式地设置了。

小结:

上面讨论了大家熟知的x86中段的结构以及它们的组织关系。由此看出,x86中关于段的组织信息分布在各个源文件中,段的起始位置通过类似于ORG这样的伪指令来指示。这种分布式的管理不利于大型系统的配置管理。在嵌入式系统中,程序片段有更加精确的集中式管理方式,从而程序员可以非常灵活方便地管理诸如Linux这样的系统内核,精确地控制它们在内存执行映射中的位置。

12.2 嵌入式系统中的程序结构

如下所述,Microsoft早期的段结构从组织上来看是一种分散性的管理,各种结构属性遍布于各个模块中。在一个大型系统中管理这些段片段,对于系统设计的人来说增加了许多难度。本节将讨论现代的程序系统对于程序布局的管理,它们可以精确地定义代码或数据的位置以及工作地址,集中组织各个模块,从而便于系统的管理和维护。

12.2.1 嵌入式系统中执行程序的映像

下面先看一段简单的MIPS汇编程序,以及由这段程序编译链接之后所生成目标文件的符号表来考察一个嵌入式软件中,一个可执行程序映像的内部布局。

本小节采用MIPS汇编作为例子,如果读者不熟悉MIPS汇编也不要紧,完全可以不关心具体的指令以及语法,只需要看看程序的大致结构。为了简化,在这个简单的例子中没有定义数据段(.data)。

第 12 章 理解程序的内部结构

```
;--------------------------------------------------------
;       Jumptst.s
;--------------------------------------------------------
#include "regs.h"
#include "common.h"
    .set noat
    .set noreorder
    .text
    .globl start
    .ent start
start:
    LOGUESTART
    ori     $0,$0,0
##########################################################
# J TEST
    ori     t2,$0,0x1000            # 标记 JAL 测试
    j       j1
    addiu   t2,t2,0x0001            # 因为在跳转延时槽,这句应该被执行
    addiu   t2,t2,0x0002            # 因为跳转这句不应该被执行
j1: lui     t3,0x0000
    ori     t3,t3,0x1001
    bne     t2,t3,fail
    ori     s4,t2,0
##########################################################
# JAL TEST
    ori     t2,$0,0x2000            # 标记 JAL 测试
    ori     ra,$0,0                 # init ra
    jal     j2
    addiu   t2,t2,0x0001
L1: addiu   t2,t2,0x0002
    lui     t3,0x0000
    ori     t3,t3,0x2003
    bne     t2,t3,fail
    ori     $0,$0,0
    beq     $0,$0,jalr1
    ori     $0,$0,0

j2: lui     t3,0x0000               # 返回地址被存在 r31
    ori     t3,t3,0x2001
```

```
        bne        t2,t3,fail
        ori        $0,$0,0
        jr1ra                 # 跳转到标号 L1
        ori        $0,$0,0
####################################################
# JALR TEST
jalr1:
        ori        t2,$0,0x4000    # 标记 JALR 测试
        ori        ra,$0,0         # init ra
        jal        j3
        addiu      t2,t2,0x0001
L2:     addiu      t2,t2,0x0002
        lui        t3,0x0000
        ori        t3,t3,0x4003
        bne        t2,t3,fail
        ori        $0,$0,0
        jr         s0              # 应该跳转到"end"
        ori        $0,$0,0
j3:     lui        t3,0x0000       # 跳转到 j3 之后,返回地址(link)存放在 r31
        ori        t3,t3,0x4001
        bne        t2,t3,fail
        ori        $0,$0,0
        jalr       s0,ra           # 跳转到 L2,返回地址(link)存放在 r16
        ori        $0,$0,0
end:    addiu      t2,t2,0x0004
        lui        t3,0x0000
        ori        t3,t3,0x4007
        bne        t2,t3,fail
        ori        $0,$0,0
        b          pass
subroutine:
        addiu      t2,t2,0x0002
        addiu      t7,ra,4
        jr         t7
        ori        $0,$0,0
####################################################
# 程序执行到这儿表示正确通过,
```

第12章 理解程序的内部结构

```
#  否则 CPU 已经跳转到失败(fail)标签处
    .globl    pass
pass:
    b         common
    ori       v0,$0,0xabcd
    .globl    fail
fail:
    ori       v0,$0,0xdead
common:
    nop
LOGUEEXIT
    .end start
```

这个程序经编译链接后,产生一个可执行文件,为了看清楚这个可执行文件的内部结构,考虑编译链接时所生成的符号表:

```
;---------------------------------------------------
;       Jumptst.map
;---------------------------------------------------
Allocating common symbols
Common symbol     size            file
stack             0x2000          obj/tests/crt0.o

Memory Configuration
Name         Origin                      Length              Attributes
* default *  0x0000000000000000          0xffffffffffffffff

Linker script and memory map
             0x0000000080020000          RAM_TEXT_HIGH = 0x80020000
             0x0000000080060000          BSS_ADDR = 0x80060000

.text        0x0000000080020000          0x1b8
 *(.text)
 .text       0x0000000080020000           0x70 obj/tests/crt0.o
             0x0000000080020000             _start
             0x0000000080020018             _exit
 .text       0x0000000080020070           0x118 obj/tests/Jumptst.o
             0x0000000080020158             fail
             0x0000000080020150             pass
             0x0000000080020070             start
 *(.rdata)
 *(.rodata)
```

```
        *(.data)
        *(.reginfo)
        .reginfo        0x0000000080020188        0x18 obj/tests/crt0.o
        .reginfo        0x00000000800201a0        0x18 obj/tests/Jumptst.o
                        0x00000000800201b8             . = ALIGN(0x4)
                        0x0000000080060000             . = BSS_ADDR
                        0x00000000800281b0         _gp = (ALIGN(0x10) + 0x7ff0)
                        0x00000000800201b8             _fbss = .
        .sbss
         *(.sbss)
         *(.scommon)
        .bss            0x0000000080060000        0x2000
         *(.dynbss)
         *(.bss)
         *(COMMON)
        COMMON          0x0000000080060000        0x2000 obj/tests/crt0.o
                        0x0000000080060000             stack
         *(.comm)
         *(.lcomm)
                        0x0000000080062000             . = ALIGN(0x4)
                        0x0000000080062000             _end = .
                        0x0000000080062000             PROVIDE (end,.)
        LOAD obj/tests/crt0.o
        LOAD obj/tests/Jumptst.o
        OUTPUT(obj/tests/Jumptst elf32 – bigmips)
        .mdebug         0x0000000080062000        0x7ac
        .mdebug         0x0000000080062000        0x334 obj/tests/crt0.o
        .mdebug         0x0000000080062334        0x4b8 obj/tests/Jumptst.o
```

这个程序包含了2个源文件crt0.s和Jumptst.s所生成的可执行文件的映射表,Crt0.s是一个系统文件,是执行文件的初始化起始文件,它完成一个程序开始运行时所有的初始化工作,然后跳转到所编写的源程序中定义的入口,例如:main()函数。从这个映射表中可以清楚地看到:

代码段(.text)由0x80020000虚地址开始,代码的长度是0x1b8字节。

其中crt0.o中的代码是0x70字节。

Jumptst.o中的代码是0x118字节。

而register – information各占了0x18字节。即:

0x1b8 = 0x70 + 0x118 + 0x18 + 0x18

数据段(.data)、只读数据段(.rdata, .rodata)都为空。

.sbss 段为空,该程序中没有定义这种类型的段。

.bss 段有 0x2000 字节。它用于 crt0.o 中定义的栈段长度。

.mdebug 表示 debug 所占用的程序空间。

12.2.2　链接器与命令脚本

以下着重讨论如何通过链接脚本精确控制程序的内部结构。为此要考查链接器(linker),在 GNU 中,链接实用程序是 ld。

Linker 是一个功能强大的实用工具,它有许多参数选项。链接器的基本功能是合并大量的中间目标文件(object files)和归档文件(archive files),重新定位它们的数据,绑定符号引用,最终形成一个完整的可执行映像。

1. SECTIONS 命令

链接器接收命令文件脚本作为参数,通过命令文件脚本提供对链接过程完全的、精确的控制。在脚本文件中可以定义节(SECTIONS)来说明执行目标程序的内存布局。

通过 SECTIONS 命令来控制输入节(input sections)放在输出节(output sections)的位置。SECTIONS 命令精确控制下面这几项:

- 输入节放在输出节的什么位置。
- 在输出文件中的顺序。
- 源文件中的模块(或是程序段)放在那一个节。

在一个命令文件中,至多有一个节命令,但在节中可以有任意多的语句。节命令中的语句可以做下面 3 种事情:

- 定义入口点。
- 定义一个符号的值。
- 描述一个命名输出节中的布局,哪些输入节将放在其中以及它们之间的顺序。

如果不使用节命令,则链接器将所有的同类型输入节放在同一个命名节中,其顺序根据它们在输入文件输入节的顺序而确定。

2. 链接定位点

在理解链接器工作原理之前,介绍一下定位点(the location counter)。它是一个预定义变量(".."),是链接器在当前输出位置的一个计数器。它只能出现在 SECTIONS 命令中(该命令在后面小节中将详细讨论),定位点"."的值随着输出节中内容的增加而自动增加。"."可以出现在任意需要表达式的地方,可以把它作为一个值赋给一个符号(symbol)。定位点只能向前移动,而绝不能往后移动。

例如：

```
SECTIONS {
    file1 (.text)
    . = . + 0x1000
    file2 (.text)
    . = . + 0x1000
    file3 (.text)
} = 0x1234
```

在这个例子中，链接器首先从默认的起始位置开始输入 file1 中的.text 节，接下来，链接定位点向前移到了 0x1000 个字节，继续输出 file2 中的.text 节，之后，链接定位点又向前移到了 0x1000 个字节，接着输出 file3 中的.text 节。于是在输出节中，file1 的.text 部分跟 file2 的.text 部分之间出现了 0x1000 字节的间隙。大括号后面的"＝0x1234"给出了这些空隙里的数据填充式样。同理 file2 与 file3 之间的空隙也如此。

3. 节定义

在节命令中用得最多的是节定义，它指定一个输出节的特性：包括它的位置，对齐边界，内容，填充模式和目标内存区域。这些指定都是可选的，最简单的格式如图 12-4 所示：

```
SECTIONS {
    ……
    secname : {
        contents
    }
    ……
}
```

图 12-4 节的简单格式

例如：

```
SECTIONS
{
    ……
    .text :
    {
        foo.o(.text)
    }
    ……
}
```

它会在输出文件中产生一个名为.text 的节，并把目标文件 foo.o 的代码段(.text)放到输出文件的.text 段中。

secname 是输出节的名字。secname 可以是任意的名字,例如

```
.foo { *(.foo) }
```

但是节的名字必须符合输出目标文件(例如,a.out 或其他的 ELF 文件)的格式。某些目标执行文件只支持有限数目的节,例如:a.out 文件仅允许 .text,.data,.bss 节。

contents 指定节中的内容,例如一个输入文件的列表或输入文件中节的列表。如果 contents 为空,则链接器不产生对应的节,这在某些输入节可能存在也可能不存在(例如:源文件根据某种配置包含了不同的代码)时很有用。

指定节的内容,可以通过列出节中所含的输入文件,或是列出节中所含的输入节,或者指定二者的组合。在一个单一的节定义中,可以放置任意数目的内容条目(输入文件,或输入节),它们由空白字符分隔。

下面是可行的一些实际例子:

```
.foo1 :
{
    obj/mips_0.o (.text)
    obj/sbdreset_0.o (.text)
}
.foo2 :
{
    obj/entry.o (.text .rdata .rodata .data)
    obj/compress.o (.text)
    obj/command.o ( * )            /* "command.o"文件中的所有节 */
}
.foo3 :
{
    * (.text)                      /* 所有文件的 (.text)节 */
    * (.rdata .rodata .data)
    * (.reginfo)
}
.data : { afile.o  bfile.o  cfile.o }  /* 由空格分隔 */
```

其中"*"是通配符,表示所有的文件,如果某些文件在前面的节中引用了部分节,则这个节中包含所有的剩余文件。同样,如果一个文件后面没有跟节说明(指定"section"),则该节中包含这个文件中的所有节,如果该文件中的某些节被前面的节显示地包含了其中的某些节(例如:.text),则该节中将包含这个文件中的所有剩余节。

图 12-5 给出节完整定义的语义:

```
SECTIONS {
    ……
    secname    start BLOCK(align) (NOLOAD) : AT(ldaddr)
    {
    contents
    } > region : phdr = fill
    ……
}
```

图 12 - 5 节的完整定义

节的有些属性是可选的,其中节的名字和内容是必须的,其余属性都是可选的。

start   强制申明该节被装载到某个指定的位置。**start** 可以是任意的表达式,例如:

```
SECTIONS {
    ……
    output   0x80000000 : { …… }
    ……
}
```

BLOCK(align)   它把链接器的当前定位点向前移到指定边界对齐的位置,让节从新的定位点位置开始,而不一定跟上一节紧连在一起。align 是一个表达式。

NOLOAD   禁止一个节在执行时把它装入到内存。这对于 ROM 程序比较有用。

AT(ldaddr)   AT 关键字后面的 **ldaddr** 表达式指示这个节的装入地址(the load address)。默认情况下,装入地址跟重定位地址(the relocation address)是一致的,即在没有 AT(ldaddr)属性说明的时候。这个特性在设计 ROM 映像时很有用。

下面的例子中定义了 2 个输出节:第一个节叫".text",它开始于地址 0x10000000,另一个节叫".mdata",它的重定位地址开始于 0x10080000,但是它的装入地址却是紧跟在".text"之后。符号"_data"的值被定义为 0x10080000。

```
SECTIONS {
    ……
    .text   0x10000000 : { *(.text)   _etext = . ;
    .mdata  0x10080000 :   AT( ADDR(.text) + SIZEOF (.text))
        { _data = . ;   *(.data);   _edata = . ;   }
    .bss    0x100E0000 :
        { _bstart = . ;   *(.bss)   *(COMMON);   _bend = . ; }
}
```

如果一个 ROM 代码按照这个方法产生,那么运行时库初始化代码在程序运行前必须做类似于如下代码片段的初始化工作。

```
char * src   =   _etesxt;
```

第 12 章　理解程序的内部结构

```
    char * dst  =  _data;
    /* ROM 里面有数据存放在 .text 节的后面,复制它到执行地址 */
    while ( dst  <  _edata) {
        * dat ++  =  * src ++ ;
    }
    /* Zero bss */
    for (dst = _bstart;  dst < _bend;  dst ++ )
        * dst = 0;
```

➢ **region：phdr**　　是与物理内存相关的属性,在此不再赘述。
= **fill**　　是节之间空隙数据的填充模式。

4. ENTRY 命令

ENTRY 命令定义程序入口的起始点,其语法如图 12 - 6 所示：

ENTRY (symbol)

图 12 - 6　口(ENTRY)的定义

其中 symbol 是一个全局标号,例如：_start。如果没有 Entry 定义,则链接器将默认从代码段的起始位置作为程序的执行入口。

5. 链接命令脚本示例

下面来看一个完整的命令脚本的例子,它用于产生 12.2.1 小节中的程序映像表。

```
/******************************************************************/
/*   File: tests.mk                                               */
/*                                                                 */
/*   Author: Magellan                                              */
/*   Description:                                                  */
/*       测试程序的连接脚本                                        */
/*                                                                 */
/******************************************************************/
OUTPUT_FORMAT("elf32 - littlemips","elf32 - bigmips","elf32 - littlemips");
OUTPUT_ARCH(mips);
ENTRY(_start);

RAM_TEXT_HIGH    = 0x80020000;
BSS_ADDR         = 0x80060000;

SECTIONS
{
    .text RAM_TEXT_HIGH :
```

```
    {
        * (.text)
        * (.rdata .rodata .data)
        * (.reginfo)
        . = ALIGN(0x4);
    } = 0
    . = BSS_ADDR;
    /* -mgn- a trick here to force . forward */
    .__bsstart BSS_ADDR : { . = ALIGN(0x4); } = 0
    _gp = ALIGN(16) + 0x7ff0;
    _fbss = .;
    .sbss : { *(.sbss) *(.scommon) }
    .bss  :
    {
        *(.dynbss)
        *(.bss)
        *(COMMON)
        *(.comm .lcomm)
    }
    . = ALIGN(32 / 8);
    _end = . ;
    PROVIDE (end = .);
}
```

在 Makefile 中安排 make 执行下列命令就可以生成"12.2.1 嵌入式系统中执行程序的映像"中的例子所产生的符号映像表(map)。其中链接时所使用的命令如下所示：

$(LD) -T tests.mk -Map Jumptst.map crt0.o Jumptst.o -o Jumptst.out

小结：

本节通过实际例子讲解了如何在汇编源程序中定义节；如何通过在编译脚本中定义输入节以及输出节来控制代码或数据在目标执行文件中的位置；并在上一节中通过汇编源程序与编译链接后生成的目标文件的映像文件进行对照分析。通过对这些内容的学习，读者可以更加深入地了解程序的内部结构，从而在嵌入式软件设计实践中增加对程序的控制能力。

12.3 ELF 文件格式

12.3.1 ELF 文件格式概述

ELF(Executable and Linking Format)表示可执行和链接格式。从名字上来看，ELF 文

件不仅包含可执行文件(*.out),还包括可用于链接的中间文件,即是(*.obj,或*.o),以及可以动态链接的文件(*.a)。因此 ELF 文件格式是一种应用广泛的文件格式。

ELF 文件格式定义了 3 种类型的目标文件(object file):

① 可重定位的文件(relocatable file)。它包含代码和数据以用于与其它的目标文件相链接,从而建立一个可执行的文件或是一个共享的目标文件。

② 可执行文件(executable file)。它包含一个完整的可以执行的程序。这样的文件指定执行文件加载器(exec)如何创建一个新程序的进程映像,并开启新的进程的运行。

③ 共享的目标文件(shared object file)。它包含代码和数据以用于在如下 2 种上下文的链接:

■ 链接器将它与其他可重定位的目标文件一起,建立另一个目标文件。

■ 动态链接器将它与一个可执行文件或是另一个共享的目标文件结合起来,以建立一个进程映像。

需要说明的是:目标文件是编译器和链接器创建的以期望在处理机上直接运行的二进制表示形式。它们可能是一些代码或数据片段,而可执行文件才是可以完整运行的程序映像。

1. 目标文件格式

如上所述,目标文件参与到程序的链接和执行过程中。图 12-7 显示了目标文件的格式,为了方便和高效,目标文件提供了一个文件内容的 2 种视图,即链接视图和执行视图。

链接视图	执行视图
ELF 头部	ELF 头部
程序头部表格(可选的)	程序头部表格
节 1	段 1
⋮	
节 n	段 2
⋯⋯	
⋯⋯	⋯⋯
节头部表格	节头部表格 (可选)

图 12-7 ELF 目标文件格式

ELF 头部存在于一个文件的开始位置,它相当于整个文件的一个导航器,指示文件后面各部分的组织结构和内容信息。

程序头部表格(program header table)是可选的,它表示在系统中,装载器如何在内存中创建一个进程映像。用于创建进程映像的可执行文件必须有一个程序头部表格,重定位的目标文件不需要程序头部表格。

节头部表格(setction header table)包含了目标文件节的信息。每一个节在这个节头部表格中有一个条目,每一个条目给出诸如节的名字,节的起始,节的长度等信息。在链接过程中使用的目标文件必须有一个节头部表格,其他的文件不一定需要。因而节是可选的,从而节头部表格也可以不存在于一个目标文件中。

2. ELF 头部

ELF 文件头部包含整个文件的控制结构。一些 ELF 文件的头部可能随着版本的升高而扩张,所以早期版本的程序可以忽略这些额外信息。

ELF 头部定义如下如示:

```
#define EI_NIDENT            16
typedef struct {
        unsigned char        e_ident[EI_NIDENT];
        Elf32_Half           e_type;
        Elf32_Half           e_machine;
        Elf32_Word           e_version;
        Elf32_Addr           e_entry;
        Elf32_Off            e_phoff;
        Elf32_Off            e_shoff;
        Elf32_Word           e_flags;
        Elf32_Half           e_ehsize;
        Elf32_Half           e_phentsize;
        Elf32_Half           e_phnum;
        Elf32_Half           e_shentsize;
        Elf32_Half           e_shnum;
        Elf32_Half           e_shstrndx;
} Elf32_Ehdr;
```

ELF 头部结构中各变量的含义如下:

(1) e_ident

e_ident 是 16 个字节的标识字段,它表示该文件是 ELF 文件。其中:

开始的第 0~3 字节是 '7F'+'E'+'L'+'F',为 ELF 文件标识。

第 4 字节是 EI_CLASS 字段,它标识这个文件的类别:0 表示无效,1 表示 32 位目标,2 表示 64 位目标。

第 5 字节是数据字节顺序:0 表示无效,1 表示低字节顺序,2 表示高字节顺序。

第 6 字节表示 ELF 头部的版本。

随后的字节是填充字节。

(2) e_type

e_type 表示目标文件的类型,其中:

0　表示无效；
1　表示可重定位的目标文件；
2　表示可执行文件；
3　表示共享的目标文件；
4　表示核心文件。

(3) e_machine

e_machine 表示目标机器类型，例如：

3　表示 Intel 80386；

8　表示 MIPS R3000。

(4) e_version

e_version 表示文件的 ELF 版本号。

(5) e_entry

e_entry 表示可执行文件入口的虚地址，如果这不是可执行文件或是没有程序入口，则该字段为 0。

(6) e_phoff, e_phentsize, e_phnum

e_phoff 表示程序头部表格的起始偏移地址。e_phentsize 表示每一个程序头部条目的长度，而 e_phnum 表示程序头部条目的数目。程序头部可以没有，从而 e_phoff 可以等于 0。

(7) e_shoff, e_shentsize, e_shnum

e_phoff 表示节头部表格的起始偏移地址。e_shentsize 表示每一个节头部条目的长度，而 e_shnum 表示节头部条目的数目。节头部可以没有，从而 e_shoff 可以等于 0。

(8) e_flags

e_flags 包含一些标志位。

(9) e_shstrndx

e_shstrndx 指示节名字字符表的索引编号。

3. 节

在链接脚本中已经介绍了节的概念。一个目标文件的节头部表格给出了该文件所有节的位置、名字和长度等信息。这个节头部表是数据结构 Elf32_shdr 的一个数组，一个索引号当作下标可以寻址这个数组。e_shoff 给出了这个数据结构数组从文件开始位置处的字节偏移，e_shentsize 表示这个数据结构的长度，e_shnum 显示了这个数组中有多少个这样的数据结构，即这个文件中包含多少个节。

节头部的定义如下：

```
typedef struct {
        Elf32_Word              sh_name;
```

```
    Elf32_Word          sh_type;
    Elf32_Word          sh_flags;
    Elf32_Word          sh_addr;
    Elf32_Off           sh_offset;
    Elf32_Word          sh_size;
    Elf32_Word          sh_link;
    Elf32_Word          sh_info;
    Elf32_Word          sh_addralign;
    Elf32_Word          sh_entsize;
} Elf32_shdr;
```

节头部结构中各变量的含义如下：

(1) sh_name 节名字

sh_name 不是一个字符串，而是一个索引，它指示在节名字字符串表中的起始位置。节名字字符串表中包含了许多字符串，其中每一个字符串都是用 NULL 字符标识结尾。每一个节名字都是从索引所指示的起始位置开始直到遇见一个 NULL 字符时它们之间所包含的字符串。

(2) sh_type 节类型

sh_type 表示节的类型，按内容和意义对节进行分类。例如：符号表，字符串，重定位节等。

(3) sh_flags 节标志

sh_flags 表示节的标志。

(4) sh_addr 节内存地址

如果该节在内存中出现，则表示该节作为一个进程映像在内存中应该装载的位置。

(5) sh_offset 节偏移地址

指示这个节的实际内容在文件中相对于文件头部的字节偏移位置。

(6) sh_size 节的大小

指示这个节的实际内容在文件中所占空间的大小，即节的长度。

(7) sh_link 节的链接

该字段包含节头部表格中索引的链接。其含义依赖于节的类型。

(8) sh_info 节的信息

该字段包含关于节的一些额外信息。其含义依赖于节的类型。

(9) sh_addralign 节的地址对齐属性

一些节有地址对齐的约束。例如，假如一个节保存着双字，系统就必须确定整个节是否双字对齐。因此 sh_addr 的值以 sh_addralign 的值作为模，其结果一定为 0，否则文件信息错误。目前，仅仅 0 和正的 2 的次方是允许的。值 0 和 1 意味着该节没有对齐要求。

(10) sh_entsize 节的条目长度

有一些节包含固定长度的一些条目内容,例如一个符号表。对于这样的节,sh_entsize 给出这些条目内容的长度。

4. 字符串表

字符串表保存着以 NULL 结尾的一系列字符,一般称为字符串。作为特例,节名字字符串表也是一个字符串表,一个 ELF 文件中可以包含多个字符串表。目标文件使用这些字符串来描绘符号或节的名字。一个字符串的引用是对一个字符串表的所在节的索引。字符串表所在节的第一个字节的索引 0,每一个字符串节的第一个字符是 NULL 字符,从而字符串索引 0 是一个空串。同样的,一个字符串节的最后一个字节也保存着一个 NULL 字符,以确保所有的字符串都以 NULL 终止。由此索引 0 的字符串表示是 NULL,其他索引表示的字符串则是从索引所指示的位置开始,直到遇到一个 NULL 字符之间的字符串。一个空的符号表节是允许的;它的节头部的成员 sh_size 将为 0。对空的 string table 来说,非 0 的索引是没有意义的。

表 12-1 列出了一个有 25 字节的字符串表(这些字符串和不同的索引相关联):

表 12-1 字符串表简单例子

Index	+0	+1	+2	+3	+4	+5	+6	+7	+8	+9
0	\0	n	a	m	e	.	\0	V	a	r
10	i	a	b	l	e	\0	a	b	l	e
20	\0	\0	x	x	\0					

字符串索引所得到的相应字符串如表 12-2 例子所列:

表 12-2 对字符串表索引所得到的字符串

Index	String
0	NONE
1	"name."
7	"Variable"
11	"able"
16	"able"
24	NULL string

由上面例子可以看出,涉及到对一个字符串节的任意字节的引用(索引),不一定是紧接于 NULL 字符后的第一个字符。一个字符串可能不止一次被引用;引用字符串的情况是可能的;同样,不被引用的字符串也是允许的。

5. 符号表

目标文件的符号表保存着一个程序的符号定义以及符号引用所需要的定位和重定位所需

要的信息。一个符号表是定长数据结构的数组,因而可以通过下标对符号表进行索引。索引 0 表示对该表的第一个元素条目的索引,也表示是一个未定义的符号,也就是说,数组中第一个元素定义了一个"未定义的符号"。

符号表条目的数组结构定义如下:

```
typedef struct {
        Elf32_Word        st_name;
        Elf32_Addr        sh_value;
        Elf32_Word        sh_size;
        Unsigned char     sh_info;
        Unsigned char     sh_other;
        Elf32_Half        sh_shndx;
} Elf32_Sym;
```

符号表条目的数组结构中各变量之含义如下:

(1) st_name

这个字段包含了一个索引号,它通过索引目标文件的符号字符串表(symbol string table)来获得一个字符串,用以表示这个符号的名字。

(2) st_value

这个字段给出相应符号的值。符号值依赖于上下文,例如:这个值可以是一个绝对的值,或是一个地址等。

(3) st_size

许多符号和大小相关。例如,一个数据对象的大小是该对象所包含的字节数。如果一个符号的大小未知或没有大小,该字段为 0。

(4) st_info

这个字段指定一个符号的类型以及结合属性。其中低 4 位是符号的类型,高 4 位是符号的结合类型。

(5) st_other

保留。

(6) st_shndx

每一个符号表的条目都定义为和某个节相关;该字段保存了相关的节头部表格的索引。

6. 程序头部

目标文件的程序头部(program header)是一个结构数据,它描述了所有被装载到内存的程序段。程序段的内容存放在目标文件中,程序段的位置、大小、装载到内存的位置等信息,则由程序头部条目来描述。对于每一个程序段,都有一个程序头部条目来描述,程序所有这些描述信息集中存放在程序头部表当中。

程序头部条目的数组结构定义如下：

```
typedef struct {
        Elf32_Word              p_type;
        Elf32_Off               p_offset;
        Elf32_Addr              p_vaddr;
        Elf32_Addr              p_paddr;
        Elf32_Word              p_filesz;
        Elf32_Word              p_memsz;
        Elf32_Word              p_flags;
        Elf32_Word              p_align;
} Elf32_Phdr;
```

其中：

p_type   指示这个程序段的类型。是否被装载或是否动态链接等。
p_offset 指示程序段的内容从文件头部的字节偏移位置。
p_vaddr   指示这个程序段在内存中装载的起始字节的虚拟地址。
p_paddr   在一些系统中，内存是与物理地址相关的，则该字段保留用来指示物理地址。
p_filesz 指示这个程序段在内存映像中的大小。它可以是0。
p_flags   指示一些属性标志：
p_align   指示对齐属性。

7. 基地址

可执行和共享的目标文件都有一个基地址，该基地址是与程序的目标文件在内存映像中的最低虚拟地址。基地址的用途之一是在动态链接过程中重定位该程序的内存映像。一个可执行目标文件或一个共享的目标文件的基地址是在执行的时候通过3个值计算而来的，它们是内存装入地址、页面大小的最大值和程序的可装入段的最低虚拟地址。

8. 程序的装入

当系统创建一个进程映像的时候，从逻辑上说系统将复制一个文件的程序段到内存虚拟地址空间。系统什么时候实际地读文件，依赖于程序的执行行为和系统载入等。一个进程仅仅在执行时需要引用逻辑页面时才为一个程序段分配一个实质物理页面，因为进程在很多时候通常并不访问很多的逻辑页面。物理上的延迟读可以很好地改善系统的性能，而且可以节省物理内存空间，这就是系统的页面管理。当一个进程被启动时，系统将控制转入到由ELF头部所定义的 e_entry 所指示的虚地址开始执行。

12.3.2 ELF文件格式分析器

很多Linux可执行文件采用ELF文件格式或它的变种，ELF文件格式是理解和实现装载器的基础。通过分析 ELF 文件格式,可以帮助读者深入了解一个程序的内部结构,对于动态库的连接机制,对程序的运行机制的理解都会起到有益的帮助。

下面通过一个 ELF 文件格式分析器实例来加深对 ELF 文件格式的理解,在代码实例中穿插了一些说明注释,以便读者更容易对照。

```
/*****************************************************************
 *    File:    elfpars.c     - 分析 ELF 文件的一个工具
 *
 *    Copyright (c) 2006
 *    All rights reserved.
 ******************************************************************
DESCRIPTION:

Modification history
--------------------
2006/04/26   -   MGN initial created.
******************************************************************/
#include "stdio.h"
#include "stdlib.h"
#include "string.h"

#include "elf.h"
#include "elfpars.h"

//处理机以及内存有字节顺序的问题,例如:x86 体系属于低字节顺序。
#ifdef BGEN
#define BG_ENDIAN
#undef   LT_ENDIAN
#else
#define LT_ENDIAN
#undef   BG_ENDIAN
#endif

/* 对于多于一个字节的数据单元,低字节顺序与高字节顺序刚好相反,这影响数据单元在寄存器中的存放顺序以及在磁盘文件和内存中的存放顺序,如果它们的顺序不兼容,必须做转换,下面的宏就是这种转换的一个例子。
#define LT_ENDIAN
//#define BG_ENDIAN
*/
#ifdef   LT_ENDIAN
#define _swap2(x)    (x)
#define _swap4(x)    (x)
```

```c
#else
/* BG_ENDIAN */
#define _swap2(x)      ((((x)>>8)&0xff)|(((x)&0xff)<<8))
#define _swap4(x)      \
     ((((x)&0xff)<<24)|(((x)&0xff00)<<8)|(((x)>>8)&0xff00)|(((x)>>24)&0xff))

#endif /* LT_ENDIAN */
//#define MKHALF(a,b)          ((((a)&0xff)<<8)|((b)&0xff))
//#define MKWORD(a,b,c,d)      ((((a)&0xff)<<24)|(((b)&0xff)<<16)|(((c)&0xff)<<8)|
((d)&0xff))
#define MKHALF(a,b)          (((a)&0xff)|(((b)&0xff)<<8))
#define MKWORD(a,b,c,d)      (((a)&0xff)|(((b)&0xff)<<8)|(((c)&0xff)<<16)|(((d)&0xff)<<24))

static   int   swap_ehdr (Elf32_Ehdr * ehdr);
static   int   swap_shdr (Elf32_Shdr * shdr);
static   int   swap_symentry (Elf32_Sym * sym);

static   int   disp_sec_entry (Elf32_Shdr * shdr,char * strtbl,int idx);
static   int   disp_sym_entry (Elf32_Sym * sym,char * strtbl,int btitle);
static   int   disp_phdrtbl (Elf32_Phdr * pphdr,int num,int esize);

Elf32_Ehdr    ehdr;                    /* elf_file hdr */
Elf32_Shdr * pshdr;                    /* section hdr array */
Elf32_Phdr * pphdr;                    /* program hdr array */
Elf32_Shdr   shdr;                     /* section hdr */
char       * snstrtbl;                 /* section_name 的字符串表 */
char       * strtbl;                   /* 目标文件的字符串表 */
char       * symtbl;                   /* 目标文件的符号表 */

int main(int argc,char ** argv)
{
    FILE * fin;
    char fnin[256],buff[512], * p;
    int  i,n,res, * p32,bend,off,size;

    snstrtbl    = 0;     strtbl    = 0;
    symtbl      = 0;     res       = -1;
    pphdr       = 0;     pshdr     = 0;

    if(argc<2){
        printf("please select a target file\n",argv[0]);
        printf("usage: %s  a.out\n",argv[0]);
        return res;
```

第 12 章　理解程序的内部结构

```c
        }
        strcpy(fnin,argv[1]);

        /* open the target file */
        fin = fopen(fnin,"rb");
        if(fin == 0){
            printf("in_f o_err\n"); goto exit_m;}
```

/* 读 ELF 文件头部,ELF 文件头部应该是 16 个字节的标识字段,它表示该文件是 ELF 文件。其中:开始的第 0～3 字节是´7F´+´E´+´L´+´F´。*/

```c
        if((n =   fread(&ehdr,1,sizeof(Elf32_Ehdr),fin)) != sizeof(Elf32_Ehdr)) {
            printf("error read ELF file header.\n");
            goto   exit_i;
        }
        printf("\nParse the ELF file header\n");
        swap_ehdr(&ehdr);         /* swap it to right byte order */

        /* pase the ELF header.   */
        p32 = (int*)ehdr.e_ident;
        if( *p32 != (MKWORD(0x7f,´E´,´L´,´F´)))     //´7F´+´E´+´L´+´F´
        {
            printf("Input file is not ELF file (Error Magic code: %c.%c.%c.%c).\n",
                ehdr.e_ident[0],ehdr.e_ident[1],ehdr.e_ident[2],ehdr.e_ident[3]);
            goto   exit_i;
        }

        /* get the file type: reloc,executable,dynamic.. (目标文件各种类型)
         * machine type: MIPS,ARM..
         */
        disp_ihalf_desc (e_type_descA,ehdr.e_type,e_type_str);
        disp_ihalf_desc (e_machine_descA,ehdr.e_machine,e_machine_str);
        printf("   entry_point:   0x%08x \n",ehdr.e_entry);
```

（**注**：可执行目标文件才有程序头部,可链接的目标文件不一定有程序头部,即:程序头部是可选的,如果一个目标文件没有程序头部,则 p_hdr_off 等于 0,p_hdr_num 也等于 0。）

```c
        /* program header (程序头部:起始位置,条目长度,条目数目)*/
        printf("\n  program header info: \n");
        printf("     p_hdr_off:     0x%08x (%d)\n",  ehdr.e_phoff,ehdr.e_phoff);
        printf("     p_hdr_num:     %d \n"    ,  ehdr.e_phnum);
        printf("     p_hdr_entsize: %d (total: %d)\n",ehdr.e_phentsize,
            ehdr.e_phnum * ehdr.e_phentsize);
```

第12章 理解程序的内部结构

（**注**：同样地，一个目标文件是否有节也是可选的，用于连接的目标必须有节。链接器（Linker）把所有中间目标文件的节，或者按照脚本文件的精确定义，或者按照默认的组织顺序（同名的节按链接器处理的先后顺序）依次放在一起，并解析各个节（代码）内容中的符号引用（例如函数调用，或数据引用）的地址，将符号替换成实际的调用地址（数值）。对于可用于加载的可执行目标文件，或是动态库文件，节不是必须的。如果一个目标文件没有节，节头部也就可以不存在，这种情况下，e_shoff 等于 0）。

```
/* section header （节头部:起始位置,条目长度,条目数目） */
printf("\n  section header info: \n");
printf("     s_hdr_off:       0x%08x (%d)\n",  ehdr.e_shoff,ehdr.e_shoff);
printf("     s_hdr_num:       %d \n"        , ehdr.e_shnum);
printf("     s_hdr_entsize: %d (total: %d)\n",ehdr.e_shentsize,
      ehdr.e_shnum * ehdr.e_shentsize);
printf("     string section idx =  %d\n",ehdr.e_shstrndx);

/* read all sections （读目标文件中所有的节）
 *--------------------------------------------------------------
 *    if there is no section header in the file,<e_shoff = 0>.
 */
if(ehdr.e_shoff && ehdr.e_shnum)
{
```

（**注**：每一个节都有一个名字，节名字所包含的字符串存在于一个专门的节中。这个节的索引是在 ELF 文件头部定义的，字段 e_shstrndx 是节表的一个索引号。现在先把这个节的内容读出来。这个节的描述是在节头部第"e_shstrndx"个节，于是在文件中从文件起始的偏移地址是：off = ehdr.e_shoff + ehdr.e_shstrndx * ehdr.e_shentsize。）

```
      /* first get the string sections header
       */
      if (ehdr.e_shstrndx == SHN_UNDEF ||    /* no string table here. */
          ehdr.e_shstrndx >= ehdr.e_shnum )
          goto   no_str_tbl;

      off = ehdr.e_shoff + ehdr.e_shstrndx * ehdr.e_shentsize;
      fseek(fin,off,SEEK_SET);

      if((n =  fread(&shdr,1,sizeof(Elf32_Shdr),fin)) != sizeof(Elf32_Shdr){
          printf("error read STRING section header.\n");
          goto  exit_i;
      }
      swap_shdr(&shdr);
```

第12章 理解程序的内部结构

```c
/* now get the string table (the contents) */
snstrtbl = (char*) malloc (shdr.sh_size);
if(!snstrtbl)
    goto exit_i;
fseek(fin,shdr.sh_offset,SEEK_SET);
if((n =  fread(snstrtbl,1,shdr.sh_size,fin)) != shdr.sh_size) {
    printf("error read STRING table.\n");
    goto exit_i;
}
/* 节名字字符串表 */
printf("    the content of the sec_name string table is:");
bend = 0;
for (n = 0; n<shdr.sh_size; n++){
    if(! (n & 0x1f)) bend = 1;

    if(bend && (snstrtbl[n] == '\0')){
        printf("\n    ");
        bend = 0;
    }
    putchar(snstrtbl[n]);
}
printf("\n");
```

(**注**：现在读所有的节，对于每一个节，节的信息存放在节头部的一个描述字段中。如上所述，其中一个字是节名字字符串，上面已经预先读出。)

```c
/* now read all section headers,and print them（读所有的节头部）*/
for (i = 1; i<ehdr.e_shnum; i++){
    off = ehdr.e_shoff + i * ehdr.e_shentsize;
    fseek(fin,off,SEEK_SET);

    if((n = fread(&shdr,1,sizeof(Elf32_Shdr),fin))!= sizeof(Elf32_Shdr)) {
        printf("error read STRING section header.\n");
        goto exit_i;
    }
    swap_shdr(&shdr);
    disp_sec_entry (&shdr,snstrtbl,i);

    if((shdr.sh_type == SHT_STRTAB) && (i != ehdr.e_shstrndx))
    {
        if(!strtbl){     // currently i support only one string_table
            strtbl = (char*) malloc (shdr.sh_size);
```

```
                    if(!strtbl)
                        goto    exit_i;
                    fseek(fin,shdr.sh_offset,SEEK_SET);
                    if((n = fread(strtbl,1,shdr.sh_size,fin))!= shdr.sh_size){
                        printf("error read STRING table.\n");
                        goto    exit_i;
                    }
                    printf("      -------------\n");
                    printf("      the content of the string table is:");
                    bend = 0;
                    for(n = 0; n<shdr.sh_size; n++){
                        if(!(n & 0x1f)) bend = 1;
                        if(bend && (strtbl[n] == '\0')){
                            printf("\n        ");
                            bend = 0;
                        }
                        putchar(strtbl[n]);
                    }
                    printf("\n");
                }
            }//end of   < if(shdr.e_shtype == SHT_STRTAB... >
        }
no_str_tbl:
    }

    /* 读符号表
    *-------------------------------------------------------
    *   if there is no section header in the file,<e_shoff = 0>.
    */
    printf( "\n ------------------------------------------------------");
    printf( "\n          Read the SymTable contents      \n");
    printf( "\n ------------------------------------------------------");
    if(ehdr.e_shoff && ehdr.e_shnum)
    {
        int off,btitle;     /* btitle: a flag if print some title */
        /* 首先查看有没有一个符号表(symtable).
         */
        for (i = 1; i < ehdr.e_shnum; i++){
            off = ehdr.e_shoff + i * ehdr.e_shentsize;
            fseek(fin,off,SEEK_SET);
```

```c
        if((n = fread(&shdr,1,sizeof(Elf32_Shdr),fin)) != sizeof(Elf32_Shdr))
        {
            printf("error read STRING section header.\n");
            goto   exit_i;
        }
        if ((shdr.sh_type == _swap4(SHT_SYMTAB)) ||
            (shdr.sh_type == _swap4(SHT_DYNSYM)))
        {
            swap_shdr(&shdr);
            disp_sec_entry (&shdr,snstrtbl,i);
            if (shdr.sh_size){
                Elf32_Sym *  psym;
                        /* 现在获到字符串表 */
                symtbl = (char *) malloc (shdr.sh_size);
                if(!symtbl) goto   exit_i;
                fseek(fin,shdr.sh_offset,SEEK_SET);
                if((n =   fread(symtbl,1,shdr.sh_size,fin)) != shdr.sh_size) {
                    printf("error read SYMBOL table.\n");
                    goto   exit_i;
                }
                off = 0;
                btitle = 1;
                while (off < shdr.sh_size){
                    psym = (Elf32_Sym *)(symtbl + off);
                    swap_symentry (psym);
                    disp_sym_entry (psym,strtbl,btitle);
                    off += shdr.sh_entsize;
                    btitle = 0;
                }
                printf("\n");
                free (symtbl);
                symtbl = 0;
            }
        }
    }
}
```

(注:如上所述,程序头部不一定有,如果没有e_phoff 等于0。)

```
    /* 读程序头部
     *------------------------------------------------------------
```

第12章 理解程序的内部结构

```
         *    if there is no program header in the file,<e_phoff = 0>.
         */
        if(!ehdr.e_phoff || !ehdr.e_phnum){
            printf("    This object file contains no program header\n");
            goto  phdr_end_parse_end;
        }

        size  = ehdr.e_phnum * ehdr.e_phentsize;
        pphdr = (Elf32_Phdr *) malloc (size);
        if (!pphdr) goto  exit_i;

        fseek(fin,ehdr.e_phoff,SEEK_SET);
        if((n =   fread((char *)pphdr,1,size,fin)) != size) {
            printf("error read Prog_Hdr_Table.\n");
            goto  exit_i;
        }
        /*     由于 Phdr 的所有字段都是 32 位的,所以可以采用一个循环
         *     来调整它们的字节顺序。
         */
        p32 = (int *) pphdr;
        n = size >> 2;
        while (n > 0)
        {
            *p32 = _swap4( *p32);
            *p32 ++ ; n-- ;
        }
        disp_phdrtbl(pphdr,ehdr.e_phnum,ehdr.e_phentsize);

phdr_end_parse_end:
    res = 0;
exit_i:
    if(snstrtbl) free(snstrtbl);
    if(strtbl) free(strtbl);
    if(symtbl) free(symtbl);
    if(pphdr) free (pphdr);
    if(pshdr) free (pshdr);
    fclose(fin);
exit_m:
    return res;
}
```

(**注**:主程序结束,以下是一些数据字节交换以及显示的一些例程。)

第 12 章 理解程序的内部结构

ELF 文件头部的交换：

```c
static int swap_ehdr(Elf32_Ehdr * ehdr)
{
    ehdr->e_type      = _swap2((ehdr->e_type     ));
    ehdr->e_machine   = _swap2((ehdr->e_machine  ));
    ehdr->e_version   = _swap4((ehdr->e_version  ));
    ehdr->e_entry     = _swap4((ehdr->e_entry    ));
    ehdr->e_phoff     = _swap4((ehdr->e_phoff    ));
    ehdr->e_shoff     = _swap4((ehdr->e_shoff    ));
    ehdr->e_flags     = _swap4((ehdr->e_flags    ));
    ehdr->e_ehsize    = _swap2((ehdr->e_ehsize   ));
    ehdr->e_phentsize = _swap2((ehdr->e_phentsize));
    ehdr->e_phnum     = _swap2((ehdr->e_phnum    ));
    ehdr->e_shentsize = _swap2((ehdr->e_shentsize));
    ehdr->e_shnum     = _swap2((ehdr->e_shnum    ));
    ehdr->e_shstrndx  = _swap2((ehdr->e_shstrndx ));
    return 0;
}
```

节头部的字节顺序的交换（如果机器的字节顺序不一致的话）：

```c
static int swap_shdr(Elf32_Shdr * shdr)
{
    /*  由于 Shdr 的所有字段都是 32 位的,所以可以采用一个循环
     *  来调整它们的字节顺序。它有 10 个字段。
     */
    int i, * p = (int *)shdr, val;
    for (i = 0; i<10; i++){
        val = * p;
        * p++ = _swap4(val);
    }
    return 0;
}

/*
typedef struct {
  Elf32_Word    sh_name;
  Elf32_Word    sh_type;
  Elf32_Word    sh_flags;
  Elf32_Addr    sh_addr;
  Elf32_Off     sh_offset;
```

第12章 理解程序的内部结构

```c
    Elf32_Word    sh_size;
    Elf32_Word    sh_link;
    Elf32_Word    sh_info;
    Elf32_Word    sh_addralign;
    Elf32_Word    sh_entsize;
} Elf32_Shdr;
*/
```

节信息的显示:

```c
static int disp_sec_entry(Elf32_Shdr * shdr,char * strtbl,int idx)
{
    char *p;
    /* get the name */
    if(strtbl){
        p = (strtbl + shdr->sh_name);
        printf("\n   sec_(%d)_name: [%s]\n",idx,p);
    }else
        printf("\n   sec_(%d)_name: unknown <poff = 0x%x>\n",idx,
            shdr->sh_name);

    /* sec_type: SHT_SYMTAB,SHT_PROGBITS,... */
    disp_iword_desc(sec_type_decA,shdr->sh_type,"    sec_type:    ");

    /* sec_flags: write,alloc,instr */
    disp_iword_desc(sec_flags_descA,shdr->sh_flags,"    sec_flags:    ");

    printf("    mem_img_addr:  0x%08x",shdr->sh_addr);
    if(!shdr->sh_addr) printf(" (sec not reside in memory)");
    printf("\n");

    printf("    sec_offset:   0x%08x\n",shdr->sh_offset);
    printf("    sec_size:     0x%08x\n",shdr->sh_size);

    printf("    addr_align:   %d",shdr->sh_addralign);
    if(!(shdr->sh_addralign & ~0x1))
        printf(" (sec no need alignment)");
    printf("\n");

    printf("    ent_size:     %d",shdr->sh_entsize);
    if(!shdr->sh_entsize)
        printf(" (sec not a fixed-size entry table)");
    printf("\n");
    return 0;
}
```

```
/*
typedef struct elf32_phdr{
    Elf32_Word    p_type;
    Elf32_Off     p_offset;
    Elf32_Addr    p_vaddr;
    Elf32_Addr    p_paddr;
    Elf32_Word    p_filesz;
    Elf32_Word    p_memsz;
    Elf32_Word    p_flags;
    Elf32_Word    p_align;
} Elf32_Phdr;
*/
```

程序头部信息的显示：

```
static int disp_phdrtbl (Elf32_Phdr * pphdr,int num,int esize)
{
    int idx = 0,i;
    printf("    ------------------------------------------------------------\n");
    printf("    PHDR_TYPE    OFFSET    VIR_ADDR    PHY_ADDR    FILESZ    MEMSZ    FLAGS    ALIGN \n");
    printf("    ------------------------------------------------------------\n");
    for(idx = 0; idx < num; idx ++)
    {
        //disp_iword_desc(prg_type_decA,pphdr[idx].p_type," ");
        for (i = 0; prg_type_decA[i].pdesc != 0; i ++){
            if(prg_type_decA[i].idx == pphdr[idx].p_type){
                printf("   (%d)%s",pphdr[idx].p_type,prg_type_decA[i].pdesc);
                goto  next_phdrtbl;
            }
        }
        printf("   (%d)%s",idx,"UN_PTP");
next_phdrtbl:
        printf(" 0x%08x",pphdr[idx].p_offset);
        printf(" 0x%08x",pphdr[idx].p_vaddr);
        printf(" 0x%08x",pphdr[idx].p_paddr);
        printf(" 0x%08x",pphdr[idx].p_filesz);
        printf(" 0x%08x",pphdr[idx].p_memsz);
        printf(" 0x%08x",pphdr[idx].p_flags);
        printf(" 0x%08x",pphdr[idx].p_align);
```

```c
        printf("\n");
    }
    return 0;
}
```

符号表:

```c
/*
typedef struct elf32_sym{
    Elf32_Word      st_name;
    Elf32_Addr      st_value;
    Elf32_Word      st_size;
    unsigned char   st_info;
    unsigned char   st_other;
    Elf32_Half      st_shndx;
} Elf32_Sym;
*/
static int swap_symentry(Elf32_Sym * sym)
{
    sym->st_name    = _swap4(sym->st_name);
    sym->st_value   = _swap4(sym->st_value);
    sym->st_size    = _swap4(sym->st_size);
    sym->st_shndx   = _swap2(sym->st_shndx);
    return 0;
}
static int disp_sym_entry(Elf32_Sym * sym,char * strtbl,int btitle)
{
    char *p,temp[] = "                    ",name[64],buf[16];
    int  t;

    if(btitle){
    printf("    ----------------------------------------------------- \n");
    printf("    SYM_NAME        VALUE       SIZE        INFO        OTHER   SEC_IDX \n");
    printf("    ----------------------------------------------------- \n");
    }

    if (strtbl && sym->st_name){
        p = (strtbl + sym->st_name);
        sprintf(name,"    [(%d)%s]",sym->st_name,p);
        if (strlen(name) < strlen(temp))
            strcat(name,&temp[strlen(name)]);
        else
```

```c
            name[strlen(temp)] = '\0';
        printf(name);
    }else
        printf("    [%08x:no_name]",sym->st_name);
    printf(" 0x%08x ",sym->st_value);
    printf(" 0x%08x ",sym->st_size);
    t = sym->st_info > 4;
    switch(t){
        case STB_LOCAL : sprintf(buf,":LC"); break;
        case STB_GLOBAL: sprintf(buf,":GL"); break;
        case STB_WEAK  : sprintf(buf,":WK"); break;
        default: sprintf(buf,":UN"); break;
    }
    t = sym->st_info & 0xf;
    switch(t){
        case STT_NOTYPE : strcat(buf,":NTP  "); break;
        case STT_OBJECT : strcat(buf,":DATA "); break;
        case STT_FUNC   : strcat(buf,":FUNC "); break;
        case STT_SECTION: strcat(buf,":SECN "); break;
        case STT_FILE   : strcat(buf,":FILE "); break;
        default: strcat(buf,"UN   "); break;
    }
    printf(" 0x%02x%s",sym->st_info,buf);
    printf(" 0x%02x   ",sym->st_other);
    printf(" 0x%04x ",sym->st_shndx);
    printf("\n");
    return 0;
}
```

小结:

本节完整地讨论了 ELF 文件的格式。ELF 文件实际上是源程序文件通过编译链接脚本的指示,由各种编译链接工具处理所生成的目标文件,包含可执行文件。本节通过具体的程序代码,加深读者结合对程序内部结构,链接脚本的理解。

ELF 文件格式是 Loader(程序装载器)实用程序的基础,动态链接库装入及其符号解析的基础;也是构建 Boot-loader,操作系统核心的重要骨架;同时,深入掌握 ELF 文件格式对于内核调试也有极大的帮助。

第13章

嵌入式系统的设计思想

嵌入式设计的方法在前面的章节中已经讲得很多，本篇主要介绍笔者在嵌入式软件开发工作中的一些经验以及嵌入式软件设计的一些思想。虽然有些说教性质，但也是笔者的一些心得，以供大家借鉴和参考。

方法是一门学问，杰得微电子的总裁欧阳合博士就常常提到"Methodology"（方法学）。复杂系统的设计，首先是要有思路，其次是要有方法。只有寻求到正确、并能有效解决问题的方法，任何的设计与开发才会取得卓有成效的结果。

方法取决于一个人的经验和思维方式，创新的方法更是与一个人的思维方式密切相关。一个人的思想并不是什么神秘的产物，平常思考问题，或对某事的立场、观点，都是一个人的思想的反映。嵌入式软件的设计是一项极其复杂的工程，运用正确的思路，寻找正确解决问题的方法是至关重要的。

事实上，讨论思想与方法已经超过了本人的能力，这里所要谈到的嵌入式软件设计的思想只是介绍笔者的一些切身感受。将它强调地提出来，目的是唤起读者的注意与共鸣。只要我们在设计实践中心细意坚、锐意进取，就会变成一把锋利的尖刀，任何问题都会迎刃而解，就能设计出非常优秀的项目。

13.1 直截了当的思想

在解决一些数学难题或是智力题目时，人们常常讲究"直接思维"。所谓"直接思维"是依赖于一个人对于某个专业领域的深刻理解与掌握，对于问题的解决方法有一种直觉的思考。这种直觉的思考并没有严密的逻辑性，因而它并不一定完全正确，但是却可以为解决问题提供可能的途径与方法。"直接思维"是智能高低的一个重要体现。

笔者在这里所要谈到的直截了当的思想，有点类似于"直接思维"，但又有所不同。由于嵌入式系统的复杂性和代码的庞大，它要求开发人员对于自己所设计的范畴有深入的理解与掌握，弄清楚设计边界。那么"直截了当"意思就是说设计者首先应该看到终极目标，然后在设计的过程中，直奔目标。用英文"straightforward"来表达这个意思应该更确切一点。

一些软件工程师所开发的程序写得很复杂，看上去一片混乱，犹如一团乱麻。相互间的调用层次关系不明确。举个例说,有一位工程师开始写驱动的时候讲,他写的 init( )、open( )、read( )、write( )等函数都实现好了,也执行对了,可就是不能正常工作。为什么执行对了还不能工作呢? 答案只有一个,没有执行对。之后我去分析他写的代码,发现根本就没有操作硬件。所以开发者认为对,但实现是没有对的。解决的办法是,要搞清楚每一个模块,每一个函数,它们的目标是什么,要达到那些目标,从软件和硬件上需要作什么样的操作才能实现。这就是我这里要谈的"直截了当"的思想。

如何才能做到"直截了当"呢? 我们可以从前人的经验当中得到一些借鉴。比如在学习数据结构、操作系统原理或网络原理的时候,对于一段复杂的描述与讲解,往往让我们觉得很玄妙。如果要让我们自己去实现,那简直是无从着手,但是一看别人对于数据结构的定义以及三两行的代码实现,就会让我们恍然大悟,茅塞顿开,这就是"直截了当"。

写那些系统原理、网络原理实现的人可谓专家或是大师,他们对于所要解决的问题理解非常深刻。因而在数据结构的描述,算法的实现上就可以做到直奔主题。数据结构中的变量定义绝不会多一个,也不会少一个,代码实现上,让人感觉也是不会多一行,也不会少一行,完美之至。

理解了这个目标,然后再来看应该如何实现这一目标吧。

首先,它要求我们对于所要要解决的问题,能够深入理解它的实质。这句话说来轻松,但真正要做到却不是一件简单的事情。一个设备往往与一个或多个协议相关联。例如一个声卡设备,它往往与 AC97、I²S 等协议相关联,在程序设计的时候还得要理解 OSS 之类的设计模型。面对一大叠的协议,程序员如何能够抓住要领,理解协议所反映的实质内容,这只有靠刻苦的学习才能达到。

如果一个程序员只是把自己的要求定位于了解大概,不求甚解上,那么在设计的过程中就会屡犯错误,无法做到直奔问题。

初学者由于没有相关的行业经验,对于一些专业术语缺乏背景知识,因而无法正确理解协议的内容,而且往往是看了后面丢了前面,或者是抓不住与设计相关的实质内容,而只注意到了那些特性,或是应用领域的介绍,这些都是对协议理解不深的表现。

对一个协议的深刻理解,表现在两个方面:

一是可以用简短的话把一个协议全面描述出来。我们可以从一些协议入门简介中得到启示。换句通俗的话就是说"要把厚书读薄"。

二是用简短的话讲述协议的关键点而忽略那些描述性、介绍性的内容。直截了当还体现在表达能力上,它要求我们能清楚描述自己的问题,讲清楚上下文,讲清楚问题的实质。

理解了协议,理解了硬件行为,理解了设计的要求以及软件需要解决的问题,才是做到"直截了当"的第一步,也就是说已经做到了设计目标明确,心中有数。接下来的问题是如何去实现,在实现上如何做到"直截了当"。

程序是软件设计的表现形式,要在程序实现上做到"直截了当",才是最终的目的。所以这

第13章 嵌入式系统的设计思想

方面又要求程序员具有深厚的程序设计能力以及解决问题的能力。

如何在程序设计中做到结构清晰,有的放矢,去除程序设计中在空间和时间上的冗余,同样需要程序员有高度的敬业精神,需要在工作实践中吸取他人长处,对自己的设计精益求精,从而不断提高自己的程序设计能力。

为了更清楚说明"直截了当"的思想,举几个简单的例子来说明不同的程序设计思路,看看你属于哪一类?

第一类程序员是不知道该从哪里开始写?或者是写了很长的程序后,在中途不知怎么继续往下写。简单地说,不知道自己写的程序在做什么,目的是什么?这类人可能对程序没有太多的灵感!如果没有足够的毅力和信念的话,建议还是转行比较好。

第二类程序员可能从 main( ) 开始吧!当他想到某个功能可以被独立出来作为一个函数模块时,他会设计一个新的函数。当一个函数需要保存一些状态时,他会想到去设置一个全局变量。

第三类程序员可能是先去建立需要操作的数据结构,然后再来建立需要对数据操作的方法(函数)。

容易想到,值得推荐的做法是数据驱动的思想。

一些程序员在设计中也会想到写各种各样的过程函数,写各种各样的接口。但是接口函数与其他模块的层次关系没有想好,模块内部的相互关系也纠缠不清楚,其结果是写出来的函数没有其他模块来调用,或者不知道如何调用。模块内部以及模块之间的相互纠缠导致接口不清晰,任务不明确,结果是程序无法按预定的目标去实现特定的任务,或者是一个模块的目标任务都没有明确想清楚。这些都是无法"直截了当"设计程序的反例。

归纳一下,要做到"直截了当"地设计程序模块,首先需要深刻理解与设计相关的一些专业技术,例如一些书籍中所讲述的原理,或是一些协议标准中所定义的软件和硬件行为规范;其次需要在软件设计中正确定义明确的接口,模块内部的设计任务;第三则是反应在程序设计功底上,能够"直截了当"地把设计任务用简明、高效的代码表示出来。

一些程序员在设计一些模块时,经常遇到编写了一些函数,却从来没有使用过;或本来是简单的问题,却把它复杂化了。这些都是没有深入理解问题的实质,没有很好地掌控驾驭自己的设计,不能进行直截了当设计的反例。

为此,再看一个例子:

问题:"实现一个函数,在一个输入字符串中,查找最后一个指定的子串。如果找到,返回这个子串的起始地址;所有其他情形,返回空(NULL)。"

看看某个程序员的实现:

```
int n = 0;
struct  stringfind
{
```

```c
        char * string_f;
        long    num;
        struct stringfind   * next;
}
struct stringfind * head;
struct stringfind * p1, * p2;
struct stringfind * creat (void)
{
    p1 = p2 = (stringfind * ) malloc(sizeof(struct stringfind));
    scanf (" %s, %ld",&p1->string_f,&p1->num);
    head = null;
    while (p1->num != 0)
    {
        n = n+1;
        if(n == 1)
            head = p1;
        else
            p2->next = p1;
        p2 = p1;
        p1 = (struct stringfind * )malloc(sizeof(struct stringfind));
        scanf ("%s, %ld",&p1->string_f,&p1->num);
    }
    p2->next = NULL;
    return (head);
}
struct stringfind * find(char * sub_string)
{
    struct stringfind * p1, * p2;
    if (head == NULL) return NULL;
    p1 = head;
    while (!(strcmp(sub_string,p1->string_f) && p1->next != NULL)
    {
        p2 = p1; p1 = p1->next;
    }
    if(p1 != NULL)
        return p1;
    else
        return NULL;
```

}

点评:本例中,有几点是比较费解的。

① Creat()函数没有看到被使用。

② 函数 Creat()中使用了大量的 malloc,没有见任何地方被释放。

这种只管分配而不管释放的做法跟一个家庭主妇只喜欢做菜而不负责洗碗、不喜欢收拾是一样的道理。试想,如果这个家庭主妇每次都备料、炒菜,然后将剩下来的残料,以及用过的碗筷到处乱扔,天长日久,可以想见再多的碗筷、再大的厨房也是不够用的。系统中的内存,以及其他一些资源的管理与之非常相似,一旦使用了,就得负责清理,随时谨记释放。只有这样,才能保证日复一日,年复一年地过去,每天都可以做出干净、卫生和可口的饭菜,同时也能保证整个厨房整洁、干净,甚至赏心悦目。

另一方面,如果一个大的数组在几乎整个进程的生存周期都存在,那么使用静态分配与动态分配,对于系统开销而言,是没什么区别的。一旦进程停止工作,为它所分配的资源,包括静态分配的内存将全部被释放。而对于小的内存,有限次的分配,对于系统开销没有实质的影响的话,还是建议使用静态分配。除了循环分配,分配的长度只有在运行的时候才能确定的情形,才使用动态分配。

小结:

条件容许的情况,尽量使用静态分配来代替动态分配;使用了动态分配,要随时谨记释放。

回到本例中所讨论的话题,这个设计题目应当是相当简单的,就是一个简单的字符串操作的函数。但设计者却将问题复杂化得有一点看不懂,为什么要设计一个 Creat()函数?设计了还不见使用。为什么要设计一个复杂的数据结构?

仔细分析一下,大概是设计者对于问题产生了歧义,把输入串想像成需要从键盘终端接收大量的用户输入,而将它们保存到一个结构队列中。Creat()就用于创建这个输入队列。这个结果让人有点啼笑皆非。

如果能写出一个原型:

char *   find_last_substring (char * inp_str,char * substr);

问题就可能迎刃而解。

假如设计者真希望设计一个复杂的模块,那么也应该有一个完整的框架,加上必要的注释说明。例如:

Creat();建立输入字符串队列。

Release();释放清除 Creat()过程所使用的内存资源。

Find();从输入字符串队列中查找所要找的子串。

从这个例子可以看出,直截了当的思路要求我们首先要清楚理解问题,准确理解问题是关键。其次是要在解决问题(程序设计)的时候,清楚、规范、直奔主题,把握全局。理解协议文档、模块的实现和工程项目的实施,正确理解是决定性的一环。只有正确理解了问题,并对症下药解决问题,才能避免少走弯路,避免将简单的问题复杂化。

13.2 层次化的思想

程序设计中讲求模块化的设计。由于操作系统是一个高度复杂、非常庞大的系统,所以嵌入式系统软件不但讲求模块化,而且还要讲求设计的层次化。由于操作系统的终极目标是要提供给应用程序一个通用、功能丰富的运行平台,而它所面对的对象是基于系统本身赖以运行的硬件平台。因此大体上来看,一个系统分为3个层次,其中,最上层是应用程序,最底层是硬件平台,中间层是操作系统。操作系统本身维护着复杂的内部对象,即内部数据结构,以及一些内部的内核对象,例如:进程、信号量和内存管理器等。

除了这种比较粗旷的分层结构,操作系统内部也区分不同的层次,我们在"1.1.3 嵌入式软件的分层结构"小节中,已经讨论了这种层次结构,除此之后,对于处在操作系统底层的驱动程序,还可以进一步分层,例如:在 WinCE 中把那些与硬件无关的统一的程序实现抽象出来,作为一个驱动中间层,而把那些与特定硬件相关的代码与实现分离出来,作为驱动的物理实现层。

在应用程序中,也使用分层结构,例如数字电视开发中,广泛采用中间件的结构,即是把与数字电视(例如 DVB,ATSC)节目信息系统的管理提取出来,作为一个统一的层次,从而上层应用只关心界面的实现以及程序系统的整体运作,使得上层应用的设计可以高度面向对象化。

1. 分层设计的优点

分层结构的重大优点有两个:
① 层次结构清楚,调用关系明确,层次间接口定义分明。
② 每个层次的软件实现者可以只关注自己所开发模块的实现,从而形成了项目的协作开发。

使用分层结构,其基本要求是下层为邻近的上层提供服务,当然,必要的时候,上层也会为下层提供回调函数。层次之间的调用都是邻近的,理论上说,禁止跨越层次的调用。即是说,最上层不能跨过与它邻近的第二层而直接调用第三层或是第四层所提供的服务。

2. 如何实现软件的层次化

(1) 层次以及接口定义

为了实现软件的层次化设计,最基本也是最重要的就是接口的定义。接口的定义必须以显示的、完整的文档描述出来,这是一个大型工程项目所必须的,而这正恰恰是一些公司或是一些软件开发人员所忽略的。

接口一旦定义,就必须相对稳定,不能轻易改动。接口的变动需由专门的机构以及相应的项目会议讨论通过。

(2) 模块的定义

在一个软件层次中,还要有彼此关联的各个模块。一般地,模块间相互关系越小,模块越独立,代码复用性以及代码的效率都会得到提升。另一方面,同一层次中的各个模块还要注重协调,相互间有些同层次的调用。如何把相互间的牵连做得最小,如何把模块间的协作性提升到最高,这要求程序设计员有较高的专业知识和业务设计能力。

除了层次之间的接口定义外,模块之间的接口定义也相当重要。所以一旦大的项目分层下来,同一个层次之中的小的项目也必须做到很好的分离,确定明确的模块的接口。

(3) 模块的实现

一旦接口定义好,特定层次中特定模块的设计者就要专注于自己的实现。

所谓"专注",就是说,模块的设计者只全力实现自己的模块,而"忘记"其他的模块与任务。"专注"要求"博",而且"深"。

模块的实现首先要深刻地理解这个模块所要实现的任务和所要达到的目标。这要求设计人员对于所设计的对象进行深入钻研,深入理解设计所要处理的对象,中间所涉及的过程和最终实现的目标。

这里所提到的"博"就是说设计者不仅仅着眼于解决应用所遇到的问题和需求,而且应该就现有的需求举一反三,从特例推广到一般。从广泛的、一般的需求入手,这样定义的接口才会在未来"相当"长一段时间内满足设计的需求,而不至于在所设计的模块软件还没有被有效地利用之前就已经过时,需要升级更改。

"深"在于理解的深入,实现的透彻。

"忘记"意味着专注于一般的需求,而忘记现有的特定需求。

举个例子具体地说,例如一个驱动的设计或是一个中间模块,它的用途只是一个带有信息处理的通道,它不应该做任何额外的事情,特别是不应该做这个模块不需要实现的事情。只有这样,才能达到模块化,才能实现层次化。

再举个例子,例如一个驱动,它并不像应用程序那样完成具体的任务,只是根据用户的请求去完成特定的功能。就好比一个处理机,它不应该记住一些不必要的事情。说得更清楚一点,那就是一个设计的打开操作只是执行与打开操作相关的软件与硬件的初始化操作;而一个数据传输,只关心数据传输(读或写),而不应该去关心、去解析数据中特定的内容以及含义。可以把驱动想像成一个通道,它并不做具体实际的事情,而是把具体的控制交给上层应用去完成。

只借助于现有的需求,又要忘记现有的特定需求,不是为了解决一个特定问题而设计,这样设计的驱动才可以通用。其他模块的设计,其思路亦必须如此。

13.3 循序渐进的思想

对于一个复杂的系统，上手是非常重要的，一个不会游泳的人，如果把他扔到大海里，答案只有一个。如果能从一些简单的项目入手，就可以慢慢地融入到了大的系统中。当然不是每个人都有简单项目的机会，你的项目经理也未必那么热情或是细心，给你安排简单的项目。遇到这种情况，就要善于把一个复杂的项目简单化，虚心向一些经验丰富的工程师请教。先搭一个简单的框架，或是先从一些简单的验证入手。

项目的设计也允许循序渐进。由于经验不足，很难一下子就把一个接口做得很完善，程序的效率很难一下子就满足需求。同样的，这种情况下，也需要一步一步把项目做完善。在设计的过程中，可以发现一些新的问题，找到一些新的思路，一段时间之后，对过去的设计做一些整理，必要的时候，也可能推翻以前的设计重新开始。这些都是循序渐进的例子。

虽然循序渐进并不等于反复，但一些时候反复是免不了的，因为人非圣贤，重要的是，如何减少不必要的反复，如何在每次的反复过程中，有一个较大的提高和完善。

程序的设计也是一个不断地优化、不断改进、不断总结、不断创新和不断提高的过程。学习是永无止境的，设计亦然如此。

13.4 实践是最好的老师

一个只懂得游泳理论的人，不经过实践，掉进深水里，终归还是会被淹死。同样，只看教科书，只学习理论，不从事实际的项目开发，其收效是很微薄的。因此，在学习的过程中，要勇于参与到项目开发当中去，新的项目到来时，也不要拈轻怕重。要敢于吃苦，敢于在实践中学习，实践才是最好的老师。

当然，在敢于实践的同时，还必须把每一个项目都做得很完善、很深入。其一，只有把项目做好，才能有机会开发新的项目，别人才会信任你，把新的任务交给你。其二，只有把项目做深入，才能触类旁通，掌握了设计的实质，其他同类项目做起来才能得心应手。如果每一样开发都停留在表面，只知道皮毛，只求泛泛地了解，只求学一把，就换一个项目，东打一枪，西瞄一把，最终只是假把式，消灭不了敌人，也成不了正果。所以，实践必须深入。

另一方面，在实践的同时，还必须结合理论的学习，学习前人的经验，学习系统的理论知识。只有实践与理论相结合，才能提高自己的专业能力，有效地提高自己的设计水平。

在勇于实践的过程中，应该学会虚心向一些经验丰富的工程师请教。努力寻求各种资源，借鉴别人的思想和方法。

在勇于实践的过程中，还必须不断地给自己定位更高的目标，严格要求自己，不断提高自己的设计能力。

实践过程中,困难甚至于挫折都是免不了的。在困难面前要敢于迎着困难上,寻求各种解决问题的办法。失败后再重来,不能有任何畏难的情绪,必须具备不达目的不罢休的战斗精神。从而要求设计人员在实践中不断的锻炼自己的意志力。

13.5 团队协作意识

最后,谈谈团队合作的意识。团队协作在任何一项事情中都很重要,在软件开发中更是如此。系统越来越复杂,质量、性能和功能要求越来越多,单靠个人英雄主义已经没有可能去完成一个稍微大一点的项目。一个人的知识和能力是非常非常有限的,所以必须借助于团队的力量。

"十根筷子"的原理大家都很清楚。在团队中,互相学习,互相进步。如果十个人,每人学一小块,加起来就有十小块,如果大家共同分享,每个人就获得了十倍的收效。

良好的团队永远是公司发展的基石和个人成长的先导。最为难忘的工作经历是我在深圳联想 QDI 分公司从事 BIOS 设计期间,团队给我的深刻影响。在我刚走出校门的时刻,就在那里不但有幸接触到 Intel IA32 的核心技术——AWARD BIOS 汇编源代码,更重要的是置身于一个优秀、无私的开发团队。公司对我们新员工组织了近两个月的知识技能培训,在培训会上,部门经理鼓励新员工"长江后浪推前浪","如果后一代不超过我们,我们的事业就得不到发展和进步"的言语深深地震撼了我。另一方面,培训经理严谨的研发精神,不懂就是不懂的学术作风给我以后的研发工作带来了深刻的影响。

13.6 大胆尝试与积极创新

嵌入式软件设计中,常常会面临很多新的课题,在开发过程中,也会遇到一些新的问题,而周围的同事又没有现存的方法。遇到这种情况,必须自己想办法,尝试一些可能解决问题的办法,最终创造出新的方法。

大胆尝试,勇于创新,在嵌入式软件开发中尤为重要。

其一,系统很复杂,涉及庞大的操作系统,涉及复杂的编译系统,涉及繁多的协议规范,涉及各种各样的应用软件、开源代码、网络资源和各种各样的工具,一个人没办法在需要某些知识的时候,手边就恰好有这项资源。

其二,许多新的问题,没有现存的答案。或者就项目的需求,还没有类似的解决办法。

无论是不知道,还是没有类似的方法,都要求我们不能坐以待毙,必须积极寻求方法,解决问题。

比如说,在移植软件的时候,系统中没有这一方法,或者是由操作系统实现的,而这个系统中没有,或者是实现的方法不匹配。遇到这种没有现成方法的情况,直接的办法就是尝试用各种各样的方法去努力实现它。

之所以提出大胆尝试这一思想,是因为一些设计人员对于系统程序有一种神秘感,或是有一种依赖性。他们认为那些应该是操作系统去做的,而操作系统又很复杂、很神秘,似乎距己千里,高不可攀。这些想法都是错误的。

童话"小马过河"的教训值得我们很好地学习。嵌入式软件设计的范畴本就是系统程序的一部分。虽然作为一个项目团队,不能从头设计一个完整的系统,但是我们在某一部分或在某一个特定的问题上是完全有能力、有义务去实现它们的。而且对于操作系统中的某些实现,还可以针对自己的应用平台做一些优化的工作。

世上本没有路,走的人多了,便成了路。只有学会自己走路,不断创新,才是最好的解决方法。在嵌入式设计的具体问题之中,永远没有一种现成的方法。未知的问题很多,遇到问题时应该想办法去解决。

只有敢于大胆尝试,破除对系统的神秘,消除对旁人的信赖心理,才能使自己的设计生涯走得更远,走得更有意义。

结 束 语

全书对嵌入式软件设计,特别是系统软件所需要的各种基础知识、基本技能作了系统的分析讲解。深入讨论了驱动的设计模型和 BSP/OAL 开发的核心组件元素。书中还提供了大量编程实例,从而为嵌入式软件爱好者提供了全面的学习素材。

从选材和编排上,本书首先介绍了嵌入式软件开发所必备的基础与方法方面的知识,然后讲解如何着手从头开始编写系统软件,再深入到系统软件的各个重要方面,到进一步讲解如何建立编译脚本创建复杂的内核映射,最后深入讨论程序的内结构及可执行文件的格式。内容由浅入深,循序渐进,知识覆盖面非常广泛,讨论深刻,所探讨的内容都是与嵌入式软件项目开发息息相关的实质内容。

书中采取了理论、实践和教学相结合的三位一体的方式,体现了本书的实用性。同时与读者共享了笔者在实际项目开发中大量的经验技巧,从而增添了本书对嵌入式软件设计学习和实践开发的重要指导性。

本书是一个引子,就像一个导游图,为游客指引了一条通往美妙风景点的道路。然而要达到成功的顶点,却需要经过艰苦的跋涉。旅途是艰辛的,也是愉快的!有挑战,也有豁然开朗和驾驭工作的乐趣!

参考文献

[1] 陈利学,孙彪,赵玉连. 微机总线与接口设计[M]. 北京:电子科技大学出版社,1998.
[2] 王士元. C高级实用程序设计[M]. 北京:清华大学出版社,1996.
[3] ARM Limited. ARM Architecture Reference Manual 1996—2000.
[4] ARM Limited. ARM Developer Suite 1.2:Assembler Guide;Developer Guide 1999—2001.
[5] MIPS Technologies, Inc. MIPS32™ Architecture For Programmers, Volume I:Introduction to the MIPS32™;Volume II:The MIPS32™ Instruction Set;Volume III:The MIPS32™ Privileged Resource Architecture,2001.
[6] Sillicon Graphics,Inc. MIPSpro™ Assembly Language Programmer's Guide,1996.
[7] WindRiver Systems Inc. VxWorks Programmer's Guide 5.4,2003.
[8] ALESSANDRO RUBINI,JONATHAN CORBET. Linux Device Drivers. 2nd ed. O'REILLY,Inc.,2001.
[9] William Gatliff. The Linux 2.4 Kernel's Startup Procedure. ITE,Inc.,2001.
[10] IT8172G Ultra RISC Companion Chip,Preliminary Specification V0.5.2. ITE,Inc.,2001.
[11] Executable and Linkable Format (ELF),Tol Interface Standards (TIS).
[12] GNUPro® Toolkit,GNUPro Development Tools. Using make Free Software Foundation,Inc.,2000.